教育部高等学校电子信息类专业教学指导委员会规划教材

高等学校电子信息类专业系列教材·新形态教材

天线理论

李莉 编著

清华大学出版社

北京

内 容 简 介

本书从天线理论的最基本原理和分析方法出发,详细而系统地对天线的相关知识及典型常用的天线进行了介绍。

全书共 6 章,分别介绍了天线基础知识、均匀媒质中的对称振子及相关天线、天线阵的分析与综合,驻波天线、宽带天线和面状天线;随书附赠习题、习题答案、习题详解及电子课件等,并通过二维码的形式提供相关扩展资源。

本书适合作为高等院校电子工程、集成电路、通信工程和电子信息等专业"天线理论"等相关课程的教材,也可供相关工程技术人员参考。

图书在版编目(CIP)数据

天线理论/李莉编著. -- 北京:清华大学出版社,2025.8. --(高等学校电子信息类专业系列教材).
ISBN 978-7-302-69575-2

Ⅰ. TN82

中国国家版本馆 CIP 数据核字第 2025KQ9586 号

责任编辑:曾 珊 李 晔
封面设计:李召霞
责任校对:王勤勤
责任印制:杨 艳

出版发行:清华大学出版社
   网 址:https://www.tup.com.cn,https://www.wqxuetang.com
   地 址:北京清华大学学研大厦 A 座   邮 编:100084
   社 总 机:010-83470000   邮 购:010-62786544
   投稿与读者服务:010-62776969,c-service@tup.tsinghua.edu.cn
   质量反馈:010-62772015,zhiliang@tup.tsinghua.edu.cn
印 装 者:三河市铭诚印务有限公司
经 销:全国新华书店
开 本:185mm×260mm   印 张:13.75   字 数:338 千字
版 次:2025 年 8 月第 1 版   印 次:2025 年 8 月第 1 次印刷
印 数:1~1500
定 价:59.00 元

产品编号:095310-01

前言
FOREWORD

"天线理论"是高等院校电子工程、集成电路、通信工程和电子信息专业的一门重要的专业基础理论课程。本书从天线理论的最基本原理和分析方法出发,详细而系统地对天线理论的相关知识及典型常用的天线进行了介绍。

第1章为天线基础知识,内容较为详尽,使学生可以很好地掌握天线理论的基础知识。第2章均匀媒质中的对称振子及相关天线、第4章驻波天线和第5章宽带天线为线天线的相关内容。第3章为天线阵的分析与综合,给出了折合振子天线等天线阵理论应用的例子以及导电地面对附近天线性能影响的分析。第6章为面状天线,由于分析原理类似,本章中也包含了缝隙天线和微带天线的内容。

书中充分利用数学工具,通过数学的推导,可以更加容易地理解各种天线参数的计算和概念。教材内容具有较强的系统性、逻辑性和全面性。第1章、第3章和第6章的基础理论部分知识内容较为详尽,使学生可以打下坚实的天线理论基础。通过对所推得公式的分析,将其中所包含的物理概念清晰地展现给读者,使读者能更好地掌握天线的物理概念。通过对各类天线的分析与介绍,使读者可以较为全面地掌握天线的各种类型。

通过任课教师在教学中对内容的取舍,本书可以适用于不同专业、不同学时的课程。本书的参考学时为50~70学时,也可根据不同专业或研究方向的要求有所侧重。为方便教学,编者已完成与本书相配套的电子课件、习题详解及其他相关资料,可赠送给使用本书的任课教师。通过书中的二维码可观看和下载相关扩展的教学资源。

本书由北京邮电大学电子工程学院姚远教授、丌丽梅教授和西安电子科技大学天线与电磁散射研究所傅光教授审阅,在此表示衷心的感谢;感谢我的硕士导师刘其中教授、博士导师高攸纲教授对我的培养;感谢王华芝教授、董维仁教授和马澄波教授对编者多年的关心和在天线专业方向上所给予的指导;感谢我的研究生殷家阳、黄云伟、胡潇丹、钟子修、范豪杰和余照华等为本书编写所作的贡献。本书是在北京邮电大学多年天线理论教学经验和教材的基础上编写而成的,在此感谢北京邮电大学电子工程学院和电子实验中心对编者在工作上的支持。在本书的编写过程中借鉴了有关参考文献,在此对参考文献的作者表示感谢。最后感谢我的家人在本书编写的过程中所给予的支持和理解。

由于编者水平及编写时间的限制,书中难免存在不足之处,恳请广大读者批评指正。

编 者
2025 年 5 月

学习建议

本书适合作为高等院校电子工程、通信工程、电子信息、集成电路等专业"天线理论"相关课程的教材,也可供相关工程技术人员参考。本书的建议学时为 48,也可根据实际情况对课时进行调整及对授课内容进行删减。下面以 48 学时为例给出的学习建议。

各章序号	知识单元(章节)	知 识 点	要求	推荐学时
1	天线基础知识	1.1 天线概述	了解	12
		1.2 基本振子的辐射	掌握	
		1.3 发射天线的特性参数	掌握	
		1.4 接收天线理论	掌握	
2	均匀媒质中的对称振子及相关天线	2.1 均匀媒质中的对称振子	掌握	4
		2.2 宽频带对称振子	理解	
		2.3 V 形对称振子	理解	
		2.4 蝙蝠翼天线	理解	
		2.5 旋转场天线	掌握	
3	天线阵的分析与综合	3.1 天线阵的基础知识及应用	掌握	10
		3.2 导电地面对附近天线性能的影响	掌握	
		3.3 一般直线阵	掌握	
		3.4 线性相位渐变等间距线阵	掌握	
		3.5 均匀激励等间距线阵	掌握	
		3.6 典型常用均匀激励等间距线阵	掌握	
		3.7 非均匀激励等间距线阵	理解	
		3.8 道尔夫-契比雪夫线阵法	理解	
		3.9 平面阵	理解	
4	驻波天线	4.1 水平对称天线	掌握	5
		4.2 引向天线	掌握	
		4.3 背射天线	掌握	
		4.4 直立天线	掌握	
		4.5 环天线	掌握	
5	宽带天线	5.1 行波单导线及菱形天线	理解	5
		5.2 螺旋天线	理解	
		5.3 双锥天线	理解	
		5.4 套筒天线	理解	
		5.5 非频变天线	理解	

续表

各章序号	知识单元(章节)	知　识　点	要求	推荐学时
6	面状天线	6.1　等效原理和面元的辐射场	掌握	10
		6.2　口面场的一般表达式	掌握	
		6.3　口面场辐射特性的一般分析	掌握	
		6.4　喇叭天线	掌握	
		6.5　抛物面天线	掌握	
		6.6　双反射器天线(卡塞格伦天线)	掌握	
		6.7　缝隙天线	了解	
		6.8　微带天线	了解	
	综合复习	归纳总结		2

目 录
CONTENTS

第 1 章

CHAPTER 1

天线基础知识

1.1 天线概述

天线是用来辐射或接收无线电波的装置,是一种用于完成导行波与自由空间波之间转换的器件。近年来,随着无线通信和信息技术的发展,对天线的需求不断增长。天线的性能对系统性能的提高也起到了至关重要的作用。同时天线技术与其他技术的紧密结合使各种新型天线和新的天线技术应运而生。目前与天线相关的研究方向有平面天线、单脉冲天线、线天线、天线馈电网络、面天线、共形天线、多频段/宽带天线、天线测量、相控阵天线、波束形成与波束赋形、自适应阵列天线与智能天线、低 RCS 天线/隐身天线、电小天线、天线罩、阵列天线、槽缝天线、孔径天线与馈源、漏波天线、可重构天线、毫米波天线、亚毫米波/太赫兹天线、准光学天线、瞬态天线、有源天线和天线新技术。由此可见,天线研究方向的种类繁多。

在我国的重大工程中,也有许多与天线相关的建设与应用。例如,我国的 500 米口径球面射电望远镜(Five-hundred-meter Aperture Spherical radio Telescope,FAST),目前为全球最大的射电望远镜。我国的深空天线组阵系统坐落于西安卫星测控中心,由 4 座 35 米口径天线组成,达到等效 66 米口径天线的数据接收能力。在我国的移动通信中,天线也起到了重要的作用。在一个与天线相关的工程建设中,需要综合考虑很多工程因素。

天线的种类繁多,但都是基于电磁场与电磁波的基本理论,其对于发射天线空间场和接收天线接收功率的求解都是基于对麦克斯韦方程的求解。由这些解我们可以求得发射天线和接收天线的特性。因此,利用数学的工具对天线进行求解,是我们了解天线的特性,并对天线进行设计的非常重要和有效的途径。对数学推导结果进行分析可以使我们更加有效地建立与天线相关的概念,在此概念的基础上更加深入地理解什么是天线及天线有哪些特性。下面从天线在无线电系统中的作用、天线的特性、天线的分类和天线的研究方法 4 个方面对天线进行初步介绍,以形成对天线的基本认知。

1.1.1 天线在无线电系统中的作用

图 1.1 为最基本的无线通信系统的结构图。在发射端信号经发射机调制成高频电流能量,经馈线送至发射天线。这里的馈线为将能量由发射机馈送到天线上的装置,其可以为双

导线、同轴线、微带线和波导等。发射天线将高频已调电流(或导波能量)变换为空间传播的电磁波能量,并将电磁波辐射到预定的方向。在接收端,接收天线将无线电波的能量变换为高频电流(或导波能量)经馈线传输到接收机。

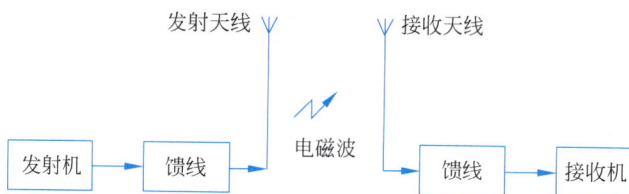

图 1.1　无线通信系统的结构图

　　无线通信系统(例如,移动通信、卫星通信、广播电视、个人通信终端、物联网等)都需要利用天线完成电磁波的辐射和接收。除了无线通信系统,在其他无线电技术领域,例如,雷达、气象、遥感等,它们都是依靠空间传播的无线电波来进行信息的传播,无线电波的辐射和接收都必须依靠天线来完成。因此,作为利用无线电波进行信息和能量传输的系统的射频前端的重要组件,天线是这些系统不可缺少的重要组成部分。

1.1.2　天线的特性

　　如图 1.2(a)所示,对于终端开路的传输线,导线上电流呈驻波分布。由于两导线的电流方向相反,线间距远小于波长,所以两导线在远区场空间产生的电磁场反相叠加相互抵消,它的辐射作用很小;如果两导线终端逐渐张开,如图 1.2(b)所示,那么此时两导线上的电流沿传输线方向的分量仍然反相,而垂直于传输线方向的分量同相,因而在空间产生的场可以同相叠加,使空间辐射场增强。如果两导线末端完全张开,如图 1.2(c)所示,那么此时两臂上的电流方向完全相同,在离开传输线与张开的两臂垂直的方向上,两臂上各点到此方向上远区场点的行程差近似为零,其产生的场同相叠加,辐射场显著增强。由上面的分析可见,传输线是一个将能量束缚在传输线的周围,并将这些能量沿传输线(若终端接匹配负载)

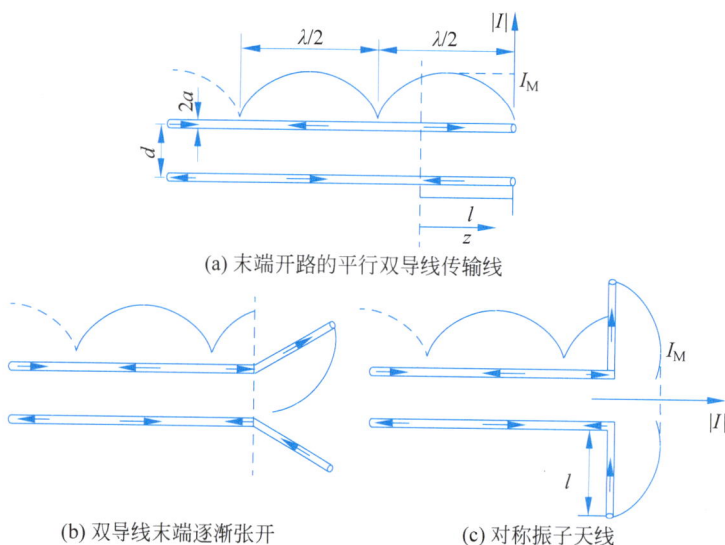

(a) 末端开路的平行双导线传输线

(b) 双导线末端逐渐张开　　　　　(c) 对称振子天线

图 1.2　将末端开路的平行双导线传输线张开形成对称振子天线

传输出去的设备,其所辐射的能量非常小,辐射能力很低,不适合作为发射天线使用。同样,如果有一个电磁波辐射到一个开路的传输线上,那么这个电磁波可以在两导线之间的空间中引起电场,此电场将引起两个导线之间的电压,此电压会引起开路传输线始端产生电压。若在开路传输线的始端接一个负载,则在此负载中,就会有电流存在,因此电磁波能量可以被负载所吸收,但吸收的信号功率非常小,因此,其接收效率很低,不适合作为接收天线使用。若将传输线张开为如图 1.2(c)所示的对称振子天线,则当电磁波辐射过来时,在天线的输出端接收下来的电动势较大,与天线相连的负载上的接收功率较大,此时,天线的接收效率高。

图 1.3 为平板电容器到天线的演变。如图 1.3(a)所示,当平板电容器上加上交流电压时,由于平板电容器边缘的电磁泄漏,有能量辐射到空间,因此平板电容器可以辐射电磁波。但由于大部分电场能量集中在平板电容器中,束缚在两平板之间,因此其辐射效率很低。图 1.3(b)为电容器接收电磁波的示意图。当电磁波照射到平板电容器时,会有一部分电磁能量进入平板电容器中间,两板之间的电场使上下两个平板之间存在电位差,如果将两个平板用导线与负载相连,则在负载上会有电流流过,此时电磁能量被电容器接收,因此平板电容器可以接收无线电波,但其接收效率很低,不能作为接收天线使用。若将两个平板分开如图 1.3(c)所示,在两板之间加上高频电压,则其辐射效率得到很大的提高,同样其接收效率也得到提高,此时该天线被称为平板天线。若将两个平板换成两个金属球,则为赫兹偶极子天线,如图 1.3(d)所示。

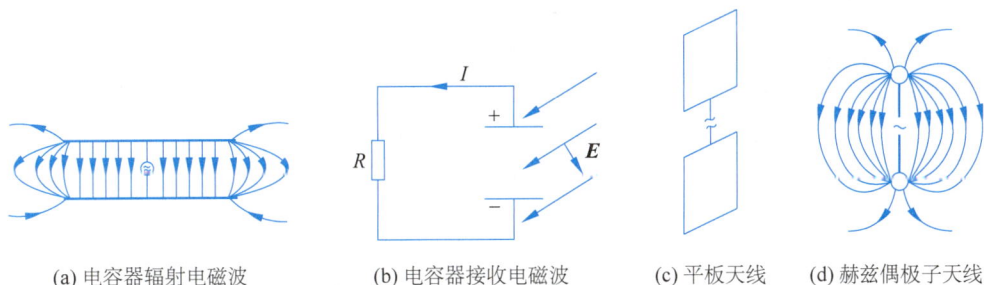

(a) 电容器辐射电磁波 (b) 电容器接收电磁波 (c) 平板天线 (d) 赫兹偶极子天线

图 1.3 平板电容器到天线的演变

可见,并不是所有能辐射或接收无线电波的器件都能作为天线,作为天线它需要具有一定的效率,天线的效率与它的结构有很大的关系,只有开放的结构才能有效地辐射或接收无线电波。因此一个好的天线,其结构需要精心地设计。

除了要具有一定的辐射效率之外,对于不同的应用一般要求天线的辐射能量在一定的区域内分布,即天线应具有系统所需要的方向性。例如,对于广播,需要天线在水平面内具有全向辐射特性并辐射水平极化波;对于定点通信,需要天线形成一个很窄的波束将能量集中向指定的方向辐射;对于雷达天线,当雷达进行目标搜索时,希望天线的波束在一定的范围内进行辐射,以尽快找到目标;当雷达对目标进行跟踪时,则需要一个很窄的针状波束,当目标离开天线的最大辐射方向时,接收信号强度迅速下降,雷达会马上进行再搜索和跟踪;移动通信中的基站天线的方向性需要在水平面内具有全向或扇形的波束或根据覆盖区域的不同来确定天线的方向性;卫星通信需要根据所覆盖的区域的形状对波束进行设计;智能天线对天线的方向性提出了更高的要求,它要求天线能在用户的方向形成一个很窄的波束,并实时跟踪用户,在有干扰的方向形成零点,以减少对干扰的接收,提高天线接收信号的信噪比,从而提高系统的性能。从上面的分析可以看出,天线的方向性对于系统性能的提高具有重要的作用,天线应具有系统所需要的方向性。

对天线的研究主要集中在两个方面:一是天线的方向特性,即对天线所辐射的能量在空间的分布情况进行研究;二是天线的阻抗特性,它包括天线的辐射阻抗、输入阻抗和互阻抗。辐射阻抗反映了一个天线辐射功率的大小,同时也反映了天线辐射能力的大小。为了实现天线与收发射设备之间的良好匹配,还必须知道天线的输入阻抗。此外,天线阵中各辐射单元间的相互影响也可以通过对互阻抗的研究得到。

1.1.3　天线的分类

天线的分类方法很多,不同类型的天线在结构和特性上有较大的差别。按使用范围分类,有通信天线、广播和电视天线、雷达天线、导航天线、测向天线等。由于使用的范围不同,因此对天线的特性有不同的要求。按照工作波长,天线可分为长波、超长波天线、中波天线、短波和超短波天线、微波天线。不同波段的天线由于波长不同,所使用的天线的结构与形式也有很大的差别。当频率较低时,主要使用线天线;当频率较高时,主要使用面天线。按照天线上电流分布的形式,天线可分为驻波天线和行波天线。驻波天线的阻抗带宽相对较窄,而行波天线的阻抗带宽相对较宽。按极化特性,天线可分为线极化天线、圆极化天线和椭圆极化天线。按照频率函数的性能分类,有电小天线、谐振天线、宽带天线和口径天线等。

天线的分析方法与它的结构有很大的关系,为了便于进行理论分析,通常按照结构的不同,将天线分为两类。一类是由半径远小于波长的金属导线构成的线天线,主要用于长波、短波和超短波。常见的线天线包括对称振子、圆环天线、螺旋天线等,如图 1.4 所示。另一类是由尺寸大于波长的金属或介质面构成的面天线,主要用于微波波段,包括如图 1.5 所示的喇叭天线、抛物面天线等。从天线的基本分析方法出发,可将天线分为线天线、阵列天线、缝隙与微带天线和面天线。

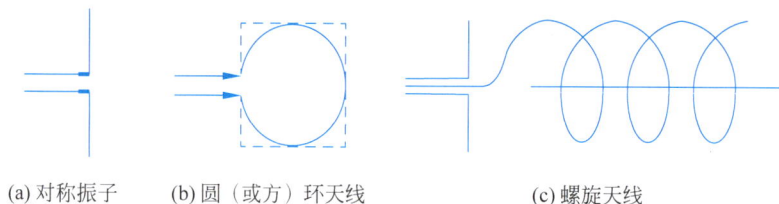

(a) 对称振子　　(b) 圆(或方)环天线　　(c) 螺旋天线

图 1.4　线天线

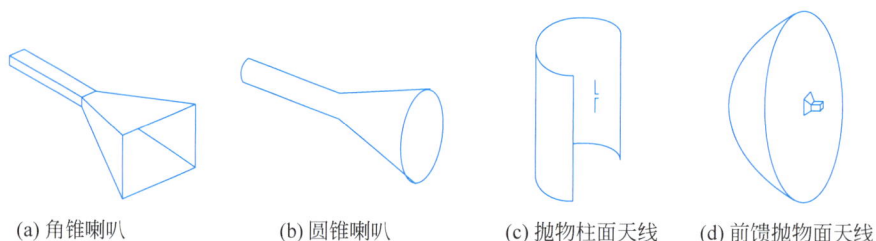

(a) 角锥喇叭　　(b) 圆锥喇叭　　(c) 抛物柱面天线　　(d) 前馈抛物面天线

图 1.5　面天线

1.1.4 天线的研究方法

天线的研究主要涉及分析、设计和综合3个方面。天线的分析是确定给定天线结构的方向和阻抗特性。对于天线的理论分析,实质上是研究天线所产生的空间电磁场分布,以及该场分布所决定的天线特性。空间任一点的电磁场一定满足麦克斯韦方程和边界条件,所以,求解天线问题即是根据天线上特定边界条件(如激励条件、边界条件和辐射条件等)来求电磁场的解;天线的设计是确定产生期望方向图和阻抗的特定天线的硬件特性(如长度、角度等);天线的综合从广义上说是首先给定期望的方向图,而后采用综合的方法得到天线的形式,使之产生的方向图能够满意地逼近期望方向图,并满足系统的其他限制;从狭义上说,是确定给定天线形式的激励,使之产生的方向图能够满意地逼近期望方向图。

1.2 基本振子的辐射

1.2.1 电基本振子的辐射

线天线上的电流分布一般是不均匀的,当对线天线在空间的辐射场进行求解时,可以将其分成很多小段,首先求出每一段在空间的辐射场,然后通过积分的方式求出整个线天线在空间的辐射场。对于电流分布不均匀的线天线上的一小段,如果其长度远小于波长,那么其上的电流分布可近似认为是均匀同相的,可称此小段为一个电基本振子。电基本振子(又称电流元、赫兹偶极子、电偶极子)为一段载有高频电流、带有等值异号电荷的短导线,如图 1.6 所示。其直径 $d \ll l$,长度 $l \ll \lambda$。在此短导线上,电流的振幅和相位分布是均匀的。在实际中,由于在振子终端开路,电流为零,因此要实现这样的电流分布是困难的。一个中心馈电的电小线天线(短对称振子),其电流分布从中心点的最大值接近线性地变为端点的零值,相位接近同相,此短对称振子与电基本振子具有相同的方向图,因此,有时也将其称为电基本振子或电偶极子。

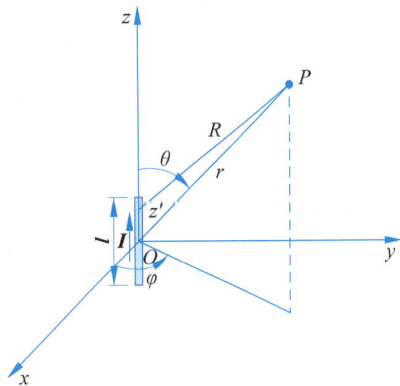

图 1.6 电基本振子

电基本振子在空间所产生的电磁场可通过矢量磁位 $\boldsymbol{A}$ 求得,矢量磁位 $\boldsymbol{A}$ 的计算公式为

$$\boldsymbol{A} = \iiint_{v'} \mu \boldsymbol{J} \frac{\mathrm{e}^{-\mathrm{j}kR}}{4\pi R} \mathrm{d}v' \tag{1-1}$$

式中,$R = \sqrt{(x-x')^2 + (y-y')^2 + (z-z')^2}$ 为源点到场点的距离。(x', y', z') 为源点的坐标,(x, y, z) 为场点的坐标。

将式(1-1)代入磁感应强度的定义式 $\boldsymbol{B} = \nabla \times \boldsymbol{A}$ 可求得磁场强度为

$$\boldsymbol{H} = \frac{1}{\mu} \nabla \times \boldsymbol{A} \tag{1-2}$$

由麦克斯韦第一方程 $\nabla \times \boldsymbol{H} = \mathrm{j}\omega\varepsilon\boldsymbol{E}$ 可求得电场强度为

$$E = \frac{1}{\mathrm{j}\omega\varepsilon} \nabla \times H \tag{1-3}$$

由式(1-1)、式(1-2)和式(1-3)可计算电基本振子在空间所产生的电磁场。

设电基本振子的几何中心位于坐标原点,轴线沿 z 轴,如图 1.6 所示。电基本振子为线元,则矢量磁位的积分中的 $J\,\mathrm{d}V'$ 可用 $I(z')\mathrm{d}z' = I\,\mathrm{d}z'e_z$ 代替,代入式(1-1)可得其在空间所产生的矢量磁位为

$$A = e_z \frac{\mu I}{4\pi} \int_{-l/2}^{l/2} \frac{\mathrm{e}^{-\mathrm{j}kR}}{R} \mathrm{d}z' \tag{1-4}$$

由于 $l \ll R$ 和 $l \ll r$,因此在分母中可近似认为 $R \approx r$,又由于 $l \ll \lambda$,所以 $z' \ll \lambda$,$|R-r| \ll \lambda$,则将相位中的 R 近似为 r 所引起的相位误差为 $k\,|R-r| = \frac{2\pi}{\lambda}|R-r| \ll 1$,因此,在相位中也可将 R 近似为 r,采用以上近似可将式(1-4)化简为

$$A = \frac{\mu Il}{4\pi r}\mathrm{e}^{-\mathrm{j}kr}e_z \tag{1-5}$$

将 $e_z = e_r\cos\theta - e_\theta\sin\theta$ 代入式(1-5)得矢量磁位的球坐标分量为

$$\begin{cases} A_r = A_z\cos\theta = \dfrac{\mu Il}{4\pi r}\mathrm{e}^{-\mathrm{j}kr}\cos\theta \\[2mm] A_\theta = -A_z\sin\theta = -\dfrac{\mu Il}{4\pi r}\mathrm{e}^{-\mathrm{j}kr}\sin\theta \\[2mm] A_\varphi = 0 \end{cases} \tag{1-6}$$

将式(1-6)代入式(1-2)并利用式(1-3)得电基本振子的辐射场为

$$\begin{cases} E_r = \dfrac{Il}{4\pi}\dfrac{2}{\omega\varepsilon}\cos\theta\left[\dfrac{k}{r^2} - \dfrac{\mathrm{j}}{r^3}\right]\mathrm{e}^{-\mathrm{j}kr} \\[3mm] E_\theta = \dfrac{Il}{4\pi}\dfrac{1}{\omega\varepsilon}\sin\theta\left[\mathrm{j}\dfrac{k^2}{r} + \dfrac{k}{r^2} - \mathrm{j}\dfrac{1}{r^3}\right]\mathrm{e}^{-\mathrm{j}kr} \\[3mm] E_\varphi = 0 \\[2mm] H_r = H_\theta = 0 \\[2mm] H_\varphi = \dfrac{Il}{4\pi}\sin\theta\left[\dfrac{\mathrm{j}k}{r} + \dfrac{1}{r^2}\right]\mathrm{e}^{-\mathrm{j}kr} \end{cases} \tag{1-7}$$

式(1-7)也可以写为如下的形式:

$$\begin{cases} E_r = \dfrac{Il}{4\pi}\dfrac{2}{\omega\varepsilon}\cos\theta k^3\left[\dfrac{1}{(kr)^2} - \dfrac{\mathrm{j}}{(kr)^3}\right]\mathrm{e}^{-\mathrm{j}kr} \\[3mm] E_\theta = \dfrac{Il}{4\pi}\dfrac{1}{\omega\varepsilon}\sin\theta k^3\left[\mathrm{j}\dfrac{1}{kr} + \dfrac{1}{(kr)^2} - \mathrm{j}\dfrac{1}{(kr)^3}\right]\mathrm{e}^{-\mathrm{j}kr} \\[3mm] E_\varphi = 0 \\[2mm] H_r = H_\theta = 0 \\[2mm] H_\varphi = \dfrac{Il}{4\pi}\sin\theta k^2\left[\dfrac{\mathrm{j}}{kr} + \dfrac{1}{(kr)^2}\right]\mathrm{e}^{-\mathrm{j}kr} \end{cases} \tag{1-8}$$

式中，$k = 2\pi/\lambda = \omega\sqrt{\mu\varepsilon}$ 为相移常数（波数），ε 为介电常数，μ 为磁导率。在自由空间中 $\varepsilon = \varepsilon_0 = \dfrac{1}{36\pi} \times 10^{-9}(\text{F/m})$，$\mu = \mu_0 = 4\pi \times 10^{-7}(\text{H/m})$。

对式(1-7)和式(1-8)进行分析可得电基本振子所产生的电磁场具有以下特点：

（1）电场仅有 E_r 和 E_θ 两个分量，磁场仅有 H_φ 分量，3 个场分量相互垂直。

（2）电力线在子午面内（含 z 轴的平面），磁力线在赤道面内（垂直于 z 轴的平面）。

（3）电磁场的各分量均随 r 的增大而减小，每个分量的表达式中的不同项，随 r 的增大而减小的速度不同。当 $kr < 1$ 时，$\dfrac{1}{kr}$ 最小，$\dfrac{1}{(kr)^3}$ 最大。但 $\dfrac{1}{kr}$ 随着 kr 的增大衰减速度最慢，所以当 $kr > 1$ 时，$\dfrac{1}{kr}$ 变为最大。

根据 r 的大小，将电基本振子的场所在的空间分为两个主要区域，即近区和远区。

1. 近区

$kr \ll 1(r \ll \lambda/2\pi)$ 的区域为近区。在近区内，由于 $(kr)^{-3} \gg (kr)^{-2} \gg (kr)^{-1}$，则在此区域内的电场与磁场中，场值较大的项为 $(kr)^{-3}$ 和 $(kr)^{-2}$ 项，$(kr)^{-1}$ 项由于很小故可忽略。因此，$(kr)^{-3}$ 和 $(kr)^{-2}$ 项为近区场，是天线近区内的主要分量。又由于 $kr \ll 1$，所以 $\mathrm{e}^{-\mathrm{j}kr} \approx 1$。将以上近似应用于式(1-7)，得到近区场的简化表示式如下：

$$\begin{cases} E_r = -\mathrm{j}\dfrac{Il}{4\pi r^3}\dfrac{2}{\omega\varepsilon}\cos\theta \\[2mm] E_\theta = -\mathrm{j}\dfrac{Il}{4\pi r^3}\dfrac{1}{\omega\varepsilon}\sin\theta \\[2mm] E_\varphi = 0 \\[2mm] H_r = H_\theta = 0 \\[2mm] H_\varphi = \dfrac{Il}{4\pi r^2}\sin\theta \end{cases} \tag{1-9}$$

分析式(1-9)可得电基本振子的近区场的特点如下：

（1）E_r 和 E_θ 与静电场问题中电偶极子的电场相似。而 H_φ 与恒定电流元的磁场相似。因此，近区又称为似稳区，近区场又称为似稳场。

（2）近区场随距离 r 的增大而迅速减小；因此在离开天线较远的地方，近区场变得很小。

（3）电场相位滞后于磁场相位 $90°$，因而坡印廷矢量是纯虚数，近区场每周期平均辐射的功率为零。即近区场没有能量向外辐射，近区场的能量束缚在天线的周围。在此区域电磁能量在源和场之间来回振荡，在一个周期内，场源供给场的能量等于从场返回到场源的能量，因而没有能量向外辐射，这种场称为感应场。

2. 远区

$kr \gg 1(r \gg \lambda/2\pi)$ 的区域为远区。在远区内，$(kr)^{-3} \ll (kr)^{-2} \ll (kr)^{-1}$，$(kr)^{-2}$ 和 $(kr)^{-3}$ 项由于很小故可忽略，电磁场主要由 $(kr)^{-1}$ 项决定，$(kr)^{-1}$ 项为远区场。在远区，可将式(1-7)化简为

$$
\begin{cases}
E_\theta = \mathrm{j}\,\dfrac{Il}{4\pi r}\omega\mu\sin\theta\,\mathrm{e}^{-\mathrm{j}kr} = \mathrm{j}\,\dfrac{Il}{2\lambda r}\eta\sin\theta\,\mathrm{e}^{-\mathrm{j}kr} \\[3mm]
H_\varphi = \mathrm{j}\,\dfrac{Il\omega\sqrt{\mu\varepsilon}}{4\pi r}\sin\theta\,\mathrm{e}^{-\mathrm{j}kr} = \mathrm{j}\,\dfrac{Il}{2\lambda r}\sin\theta\,\mathrm{e}^{-\mathrm{j}kr} \\[3mm]
E_r \approx 0 \\[2mm]
H_r = H_\theta = E_\varphi = 0
\end{cases}
\tag{1-10}
$$

定义电场的复数单位矢量(也称为极化单位矢量)为

$$
\boldsymbol{e}_{\mathrm{E}} = \frac{\boldsymbol{E}}{|\boldsymbol{E}|}
\tag{1-11}
$$

磁场的复数单位矢量为

$$
\boldsymbol{e}_{\mathrm{H}} = \frac{\boldsymbol{H}}{|\boldsymbol{H}|}
\tag{1-12}
$$

电场和磁场的复数单位矢量分别反映了电场和磁场的相位与极化的情况。

将式(1-10)代入式(1-11)和式(1-12),可得电基本振子的电场和磁场的复数单位矢量分别为

$$
\boldsymbol{e}_{\mathrm{E}} = \frac{\boldsymbol{E}}{|\boldsymbol{E}|} = \mathrm{j}\mathrm{e}^{-\mathrm{j}kr}\boldsymbol{e}_\theta
\tag{1-13}
$$

$$
\boldsymbol{e}_{\mathrm{H}} = \frac{\boldsymbol{H}}{|\boldsymbol{H}|} = \mathrm{j}\mathrm{e}^{-\mathrm{j}kr}\boldsymbol{e}_\varphi
\tag{1-14}
$$

由式(1-13)和式(1-14)可以看出,电场和磁场的相位项均为 $\mathrm{j}\mathrm{e}^{-\mathrm{j}kr}$,所以两者同相。

分析式(1-10),可得远区场的特点如下:

(1) 远区场仅有 E_θ 和 H_φ 两个分量,两者在时间上同相,在空间上互相垂直,并与矢径 r 的方向垂直。坡印廷矢量 $\boldsymbol{S} = \dfrac{1}{2}\boldsymbol{E}\times\boldsymbol{H}^*$ 是纯实数,方向为矢径 r 的方向。可见,电基本振子在远区的场是一沿着径向向外传播的横电磁波。电磁能量离开场源向空间辐射,不再返回,这种场被称为辐射场。

(2) E_θ 和 H_φ 两个分量均与 $\dfrac{1}{r}$ 成正比,这是由扩散引起的。当距离增加时,场强相对于近区场减少得比较缓慢,因而可以传播到离发射天线很远的地方。

(3) 电基本振子的辐射场与 $\sin\theta$ 成正比,即在不同 θ 方向上,它的辐射强度是不同的。在 θ 等于 $0°$ 和 $180°$ 方向上,即振子轴线的方向上辐射为零,而在通过振子中心并垂直于振子轴线的方向上,即 $\theta = 90°$ 方向,辐射最强,因此辐射场是有方向性的。其方向图如图1.7所示。其中,E面为最大辐射方向和电场所在的平面,为通过 z 轴的平面;H面为最大辐射方向与磁场所在的平面,为 xOy 面。

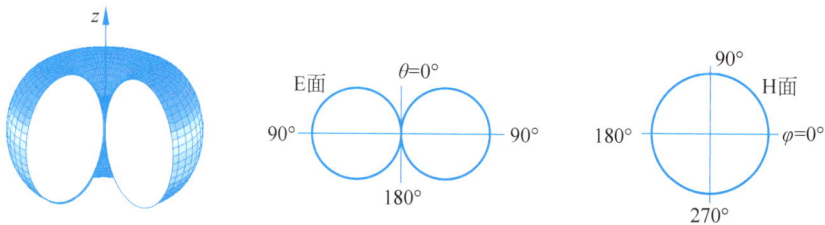

(a) 方向图的立体模型　(b) E面(通过z轴的平面)方向图　(c) H面(垂直z轴的平面)方向图

图1.7　电基本振子的方向图

（4）E_θ 和 H_φ 的比值为 $\dfrac{E_\theta}{H_\varphi}=\sqrt{\dfrac{\mu}{\varepsilon}}=\eta$（欧姆），是一个实数，它具有阻抗的量纲，称为波阻抗。在自由空间中，$\eta=\eta_0=120\pi$（欧姆）。由于电场与磁场成比例，在对天线的远区场进行研究时，一般只对电场进行研究，磁场的特点可通过电场的特点得到。

将 $\eta=\eta_0=120\pi$ 代入式(1-10)可得在自由空间中电流元远区辐射场的实用表示式：

$$
\begin{cases}
\boldsymbol{E}=E_\theta\boldsymbol{e}_\theta=\mathrm{j}\eta_0\,\dfrac{Il}{2\lambda r}\sin\theta\,\mathrm{e}^{-\mathrm{j}kr}\boldsymbol{e}_\theta=\mathrm{j}\,\dfrac{60\pi Il}{\lambda r}\sin\theta\,\mathrm{e}^{-\mathrm{j}kr}\boldsymbol{e}_\theta\\[3mm]
\boldsymbol{H}=H_\varphi\boldsymbol{e}_\varphi=\mathrm{j}\,\dfrac{Il}{2\lambda r}\sin\theta\,\mathrm{e}^{-\mathrm{j}kr}\boldsymbol{e}_\varphi
\end{cases}
\tag{1-15}
$$

式(1-15)是电基本振子沿 z 轴放置，电流的参考方向沿 z 方向时的远区场表达式。下面求电基本振子的中心位于坐标原点沿任意方向 $\boldsymbol{e}_I$ 放置且其上电流参考方向为 $\boldsymbol{e}_I$ 时的远区场表达式。

由球坐标系中单位矢量 $\boldsymbol{e}_r$、$\boldsymbol{e}_\theta$ 和 $\boldsymbol{e}_\varphi$ 与直角坐标系中单位矢量 $\boldsymbol{e}_x$、$\boldsymbol{e}_y$ 和 $\boldsymbol{e}_z$ 的关系可得

$$
\begin{cases}
\boldsymbol{e}_\varphi=\dfrac{\boldsymbol{e}_z\times\boldsymbol{e}_r}{|\boldsymbol{e}_z\times\boldsymbol{e}_r|}=\dfrac{\boldsymbol{e}_z\times\boldsymbol{e}_r}{\sin\theta}\\[3mm]
\boldsymbol{e}_\theta=\boldsymbol{e}_\varphi\times\boldsymbol{e}_r=\dfrac{\boldsymbol{e}_z\times\boldsymbol{e}_r\times\boldsymbol{e}_r}{|\boldsymbol{e}_z\times\boldsymbol{e}_r|}=\dfrac{\boldsymbol{e}_z\times\boldsymbol{e}_r\times\boldsymbol{e}_r}{\sin\theta}
\end{cases}
\tag{1-16}
$$

将式(1-16)代入式(1-10)可得电基本振子的远区场表达式为

$$
\begin{cases}
\boldsymbol{E}=E_\theta\boldsymbol{e}_\theta=\mathrm{j}\eta\,\dfrac{Il}{2\lambda r}\sin\theta\,\mathrm{e}^{-\mathrm{j}kr}\boldsymbol{e}_\theta=\mathrm{j}\eta\,\dfrac{Il}{2\lambda r}\mathrm{e}^{-\mathrm{j}kr}\boldsymbol{e}_z\times\boldsymbol{e}_r\times\boldsymbol{e}_r\\[3mm]
\boldsymbol{H}=H_\varphi\boldsymbol{e}_\varphi=\mathrm{j}\,\dfrac{Il}{2\lambda r}\sin\theta\,\mathrm{e}^{-\mathrm{j}kr}\boldsymbol{e}_\varphi=\mathrm{j}\,\dfrac{Il}{2\lambda r}\mathrm{e}^{-\mathrm{j}kr}\boldsymbol{e}_z\times\boldsymbol{e}_r
\end{cases}
\tag{1-17}
$$

式(1-17)中 $\boldsymbol{e}_z$ 为电基本振子上参考电流的方向，$\boldsymbol{e}_r$ 为电基本振子到空间场点方向的单位矢量。当电基本振子沿 $\boldsymbol{e}_I$ 方向放置，其上电流的参考方向为 $\boldsymbol{e}_I$ 时，将式(1-17)中的 $\boldsymbol{e}_z$ 换成 $\boldsymbol{e}_I$ 得其远区场的表达式为

$$
\begin{cases}
\boldsymbol{E}=\mathrm{j}\eta\,\dfrac{Il}{2\lambda r}\mathrm{e}^{-\mathrm{j}kr}\boldsymbol{e}_I\times\boldsymbol{e}_r\times\boldsymbol{e}_r\\[3mm]
\boldsymbol{H}=\mathrm{j}\,\dfrac{Il}{2\lambda r}\mathrm{e}^{-\mathrm{j}kr}\boldsymbol{e}_I\times\boldsymbol{e}_r
\end{cases}
\tag{1-18}
$$

由以上分析可以看出，电基本振子的远区场具有平面波的特性，这是近区场所不具备的。在大多数应用中，接收天线处于发射天线的远区，因此，在以后对天线的研究中主要是研究天线远区场的特性。

若定义电基本振子的矢量长度为 $\boldsymbol{l}=l\boldsymbol{e}_I$，即其大小为电基本振子的长度，方向为电基本振子上电流的参考方向，则式(1-18)可表示为

$$
\begin{cases}
\boldsymbol{E}=\mathrm{j}\eta\,\dfrac{I}{2\lambda r}\mathrm{e}^{-\mathrm{j}kr}\boldsymbol{l}\times\boldsymbol{e}_r\times\boldsymbol{e}_r\\[3mm]
\boldsymbol{H}=\mathrm{j}\,\dfrac{I}{2\lambda r}\mathrm{e}^{-\mathrm{j}kr}\boldsymbol{l}\times\boldsymbol{e}_r
\end{cases}
\tag{1-19}
$$

在电基本振子的最大辐射方向（$\theta=90°$）上，$\boldsymbol{l}$ 与 $\boldsymbol{e}_r$ 垂直，则电基本振子在最大辐射方向上的辐射电场可表示为

$$E_{\max} = -\mathrm{j}\eta \frac{I}{2\lambda r} \mathrm{e}^{-\mathrm{j}kr} l \tag{1-20}$$

1.2.2　磁基本振子的辐射

磁基本振子又称磁偶极子、磁流元,是自由空间一半径远小于波长、载有高频电流的小

图 1.8　磁基本振子

环。如图 1.8 所示,取圆环中心为坐标原点,环轴与 z 轴重合,环面位于 xOy 面上。设环的半径为 a,环的周长为 l。由于 $l \ll \lambda$,故可认为环上各点电流等幅同相。环上电流的瞬时值 $i = I_{\mathrm{m}}\cos(\omega t)$,其复振幅值 $I = I_{\mathrm{m}}$。

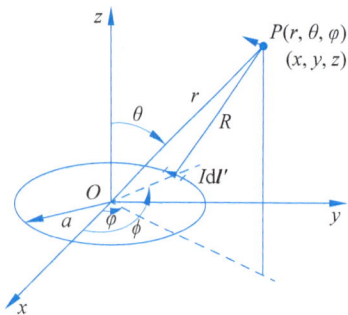

如图 1.8 所示,以圆环的中心点为坐标原点,建立直角坐标系 (x,y,z) 和球坐标系 (r,θ,φ)。小圆环上的电流源所对应的直角坐标和球坐标分别为 (x',y',z') 和 $(r'=a,\theta'=90°,\varphi'=\phi)$。现利用矢位法求空间一点 $P(r,\theta,\varphi)$ 的电磁场。利用式(1-1)并将其中的 $\boldsymbol{J}\mathrm{d}v'$ 换成 $I\mathrm{d}l'\boldsymbol{e}_{\phi}$,可得磁基本振子在空间所产生的矢量磁位为

$$\boldsymbol{A} = \frac{\mu I}{4\pi}\int \frac{\mathrm{e}^{-\mathrm{j}kR}}{R}\mathrm{d}\boldsymbol{l}' = \frac{\mu I}{4\pi}\int \frac{\mathrm{e}^{-\mathrm{j}kR}}{R}\boldsymbol{e}_{\phi}\mathrm{d}l' \tag{1-21}$$

式中,$R = \sqrt{(x-x')^2 + (y-y')^2 + (z-z')^2}$ 为源点到场点的距离。

环电流是沿 $\boldsymbol{e}_{\phi}$ 方向圆对称的,则整个电流环在 P 点产生的矢位 $\boldsymbol{A}(P)$ 也是圆对称的,且为 φ 方向,即

$$\boldsymbol{A}(P) = \boldsymbol{e}_{\varphi}A_{\varphi} = \boldsymbol{e}_{\varphi}\int \mathrm{d}\boldsymbol{A} \cdot \boldsymbol{e}_{\varphi} = \boldsymbol{e}_{\varphi}\frac{\mu Ia}{4\pi}\int_0^{2\pi} \frac{\mathrm{e}^{-\mathrm{j}kR}}{R}\boldsymbol{e}_{\phi} \cdot \boldsymbol{e}_{\varphi}\mathrm{d}\phi$$

$$= \boldsymbol{e}_{\varphi}\frac{\mu Ia}{4\pi}\int_0^{2\pi} \frac{\mathrm{e}^{-\mathrm{j}kR}}{R}\cos(\varphi-\phi)\mathrm{d}\phi \tag{1-22}$$

式中,$\boldsymbol{e}_{\phi} \cdot \boldsymbol{e}_{\varphi} = \cos(\varphi-\phi)$。

直角坐标与球坐标之间的变换关系为

$$\begin{cases} x = r\sin\theta\cos\varphi \\ y = r\sin\theta\sin\varphi \\ z = r\cos\theta \end{cases} \tag{1-23}$$

对于圆环上的源点,$\theta'=90°$,$r'=a$,$\varphi'=\phi$,将其代入式(1-23),得源点的直角坐标与极坐标之间的关系为

$$\begin{cases} x' = a\cos\phi \\ y' = a\sin\phi \\ z' = 0 \end{cases} \tag{1-24}$$

将式(1-23)和式(1-24)代入 $R = \sqrt{(x-x')^2 + (y-y')^2 + (z-z')^2}$,经整理得

$$R = [r^2 + a^2 - 2ra\sin\theta\cos(\varphi-\phi)]^{1/2} = r\left[1 + \left(\frac{a}{r}\right)^2 - 2\frac{a}{r}\sin\theta\cos(\varphi-\phi)\right]^{1/2}$$

$$\tag{1-25}$$

由于 $r \gg a$, $\dfrac{a}{r} \ll 1$, 故可得 $\left(\dfrac{a}{r}\right)^2 - 2\dfrac{a}{r}\sin\theta\cos(\varphi-\phi) \ll 1$。利用数学中的近似关系, 当 $x \ll 1$ 时, $(1+x)^{-1/2} \approx 1 - \dfrac{1}{2}x$, $(1+x)^{1/2} \approx 1 + \dfrac{1}{2}x$, $e^x \approx 1 + x$, 由式(1-25)及 $ka \ll 1$ 可得以下近似公式:

$$R \approx r - a\sin\theta\cos(\varphi-\phi) \tag{1-26}$$

$$\frac{1}{R} \approx \frac{1}{r} + \frac{a\sin\theta\cos(\varphi-\phi)}{r^2} \tag{1-27}$$

$$e^{jka\sin\theta\cos(\varphi-\phi)} \approx 1 + jka\sin\theta\cos(\varphi-\phi) \tag{1-28}$$

则

$$e^{-jkR} \approx e^{-jk[r-a\sin\theta\cos(\varphi-\phi)]} = e^{-jkr}e^{jka\sin\theta\cos(\varphi-\phi)}$$
$$\approx e^{-jkr}[1 + jka\sin\theta\cos(\varphi-\phi)] \tag{1-29}$$

将式(1-27)和式(1-29)代入式(1-22), 舍去高阶项积分得

$$\boldsymbol{A} = \frac{\mu ISk}{4\pi r}\left(j + \frac{1}{kr}\right)\sin\theta e^{-jkr}\boldsymbol{e}_\varphi = \frac{\mu P_m k}{4\pi r}\left(j + \frac{1}{kr}\right)\sin\theta e^{-jkr}\boldsymbol{e}_\varphi \tag{1-30}$$

式中, $S = \pi a^2$ 为圆环的面积, $P_m = I\pi a^2$ 为磁偶极矩的模值。

也可以将式(1-30)写成如下形式:

$$\boldsymbol{A} = \frac{\mu \boldsymbol{P}_m \times \boldsymbol{e}_r}{4\pi r \mid \boldsymbol{e}_z \times \boldsymbol{e}_r \mid}k\left(\frac{1}{kr} + j\right)\sin\theta e^{-jkr} = \frac{\mu \boldsymbol{P}_m \times \boldsymbol{e}_r}{4\pi r}k\left(\frac{1}{kr} + j\right)e^{-jkr} \tag{1-31}$$

式中, $\boldsymbol{P}_m$ 为磁偶极矩, 可表示为

$$\boldsymbol{P}_m = (I\pi a^2)\boldsymbol{e}_z \tag{1-32}$$

即 $\boldsymbol{P}_m$ 的方向为圆环面的法线方向, 与电流 I 的参考方向满足右手螺旋关系。

式(1-30)和式(1-31)即为交流磁偶极子矢量磁位 $\boldsymbol{A}$ 的表示式, 它表示的是在 $r \gg a$ 条件下的近似的矢量磁位 $\boldsymbol{A}$。

将式(1-30)代入式(1-2)并利用式(1-3)可求得小圆环的辐射场为

$$\begin{cases} H_r = j\dfrac{kIS}{2\pi r^2}\cos\theta\left[1 + \dfrac{1}{jkr}\right]e^{-jkr} \\[3mm] H_\theta = -\dfrac{k^2 IS}{4\pi r}\sin\theta\left[1 + \dfrac{1}{jkr} + \dfrac{1}{(jkr)^2}\right]e^{-jkr} \\[3mm] H_\varphi = 0 \\[2mm] E_r = E_\theta = 0 \\[2mm] E_\varphi = \dfrac{\eta k^2 IS}{4\pi r}\sin\theta\left(1 + \dfrac{1}{jkr}\right)e^{-jkr} \end{cases} \tag{1-33}$$

对式(1-33)进行分析可得磁基本振子所产生的电磁场具有以下不同于电基本振子的特点:

(1) 磁场仅有 H_r 和 H_θ 两个分量, 电场仅有 E_φ 分量, 3个场分量相互垂直;

(2) 磁力线在通过 z 轴的平面内, 电力线在 xOy 的平面内。

可见, 磁偶极子的电场、磁场与电基本振子的磁场、电场之间有对应的关系。与电基本

振子类似,根据 r 的大小,可将磁基本振子的场所在的空间分为两个区域,即 $kr \ll 1$ 的区域为近区,$kr \gg 1$ 的区域为远区。

磁基本振子的远区场近似式为

$$
\begin{cases}
H_\theta = -\dfrac{k^2 IS}{4\pi r}\sin\theta \mathrm{e}^{-jkr} = -\dfrac{\pi IS}{\lambda^2 r}\sin\theta \mathrm{e}^{-jkr} \\[2mm]
E_\varphi = \dfrac{\eta k^2 IS}{4\pi r}\sin\theta \mathrm{e}^{-jkr} = \dfrac{\eta\pi IS}{\lambda^2 r}\sin\theta \mathrm{e}^{-jkr} \\[2mm]
H_r = H_\varphi = 0 \\[2mm]
E_r = E_\theta = 0
\end{cases}
\tag{1-34}
$$

将 $\eta = \eta_0 = 120\pi$ 代入式(1-34)可得在自由空间中磁基本振子辐射场的实用表示式:

$$
\begin{cases}
H_\theta = -\dfrac{k^2 IS}{4\pi r}\sin\theta \mathrm{e}^{-jkr} = -\dfrac{\pi IS}{\lambda^2 r}\sin\theta \mathrm{e}^{-jkr} \\[2mm]
E_\varphi = \dfrac{30k^2 IS}{r}\sin\theta \mathrm{e}^{-jkr} = \dfrac{120\pi^2 IS}{\lambda^2 r}\sin\theta \mathrm{e}^{-jkr} \\[2mm]
H_r = H_\varphi = 0 \\[2mm]
E_r = E_\theta = 0
\end{cases}
\tag{1-35}
$$

磁基本振子的归一化场强方向函数为 $F(\theta,\varphi) = \sin\theta$,与电基本振子相同,但其电场方向沿 $\boldsymbol{e}_\varphi$,磁场方向沿 $\boldsymbol{e}_\theta$,与电基本振子相反。其 E 面为 $\theta = 90°$ 的平面,E 面方向图为一个圆,因此磁基本振子在 E 面内没有方向性。其 H 面为通过 z 轴的平面,在 $\theta = 90°$ 方向有最大的辐射,H 面的方向图为一个 8 字形。这与电基本振子 E 面、H 面方向图正好相反。

类似于电基本振子,可得在自由空间中位于中心坐标原点、磁偶极距为 IS、沿任意方向 $\boldsymbol{e}_{I^m}$ 放置的磁基本振子在远区所产生的辐射场为

$$
\begin{cases}
\boldsymbol{H} = -\dfrac{\pi IS}{\lambda^2 r}\mathrm{e}^{-jkr}\boldsymbol{e}_{I^m} \times \boldsymbol{e}_r \times \boldsymbol{e}_r \\[2mm]
\boldsymbol{E} = \dfrac{120\pi^2 IS}{\lambda^2 r}\mathrm{e}^{-jkr}\boldsymbol{e}_{I^m} \times \boldsymbol{e}_r
\end{cases}
\tag{1-36}
$$

由以上分析可知,磁基本振子的场与电基本振子的场在场量上具有对偶关系,在远区均具有平面波的特性。近区为似稳区,近区场为似稳场和感应场。远区场为辐射场,具有远区场的特性。由于天线所产生的场基本上都可认为是由电基本振子和磁基本振子所产生的,所以由电基本振子和磁基本振子所推出的近区场和远区场的特性也适用于所有天线所产生的场在近区和远区的特性。

1.2.3 对偶定理

1. 磁流、磁荷

在各向同性媒质中,电磁场满足的麦克斯韦方程的微分形式为

$$
\nabla \times \boldsymbol{H} = \boldsymbol{J} + \frac{\partial \boldsymbol{D}}{\partial t}
\tag{1-37a}
$$

$$
\nabla \times \boldsymbol{E} = -\frac{\partial \boldsymbol{B}}{\partial t}
\tag{1-37b}
$$

$$\nabla \cdot \boldsymbol{B} = 0 \tag{1-37c}$$

$$\nabla \cdot \boldsymbol{D} = \rho \tag{1-37d}$$

由麦克斯韦方程可以看出,方程中包含电流体密度 $\boldsymbol{J}$ 和电荷体密度 ρ,自然界中有电荷和传导电流,电力线可以有源头而不闭合。但在自然界中不存在磁荷和传导磁流,磁力线没有源头,是处处连续的。由于以上原因,麦克斯韦方程的第一式和第二式不对称,第三式和第四式不对称。

然而,在自然界中又存在许多电场与磁场的对偶关系。如前面所提到的电基本振子与磁基本振子之间的对偶关系。现在具体分析一下电基本振子与载流螺线管之间的对偶关系。如图 1.9(a) 所示,电基本振子(电流元)的表面电流密度可以根据边界条件求得。设电基本振子上电流为 I,振子的截面周长为 L。若振子为理想导体,其表面电场的切线分量为零,表面磁场的切线分量等于表面电流密度,即 $\boldsymbol{J}_s = \boldsymbol{n} \times \boldsymbol{H} = H_t \boldsymbol{e}_t$, $H_t = J_s = I/L$,方向如图 1.9(a) 中虚线所示。这样,电基本振子可以等效为一个基本表面 F,F 上存在切向磁场 H_t,H_t 由 F 内的电流 I 产生。基本表面 F 的外部电磁场既可以由 I 求得,也可以由 F 上的 H_t 求得。

下面再来研究载电流螺线管(磁基本振子)附近的场分布,参看图 1.9(b)。如果螺距充分小,且绕螺线管的导线的长度远远小于波长,则螺线管上每一匝线圈都可用具有同样强度和方向的电流来代替。也就是说,螺线管也可以等效为一个基本表面 F,在 F 上存在着电场的切向分量 E_t,方向如图 1.9(b) 所示。

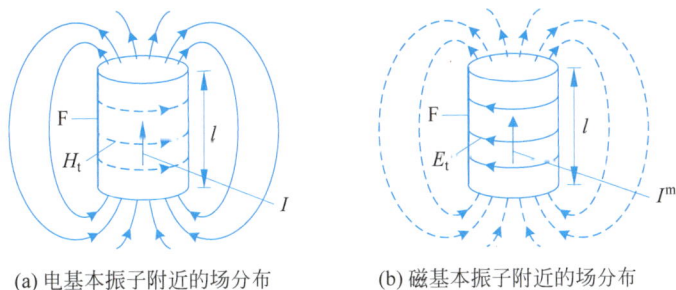

(a) 电基本振子附近的场分布　　　　(b) 磁基本振子附近的场分布

图 1.9　电基本振子与磁基本振子对比(实线为电力线,虚线为磁力线)

对比上述两种情况,载电流的螺线管的电场对应电基本振子的磁场,螺线管的磁场对应电基本振子的电场。前两者方向相反,后两者方向相同。对于电基本振子来说,内部有传导电流 I,两端有自由电荷 $+q$ 和 $-q$,电流、电荷交变时,会产生交变电磁场,并相应地产生位移电流,位移电流体密度为 $\boldsymbol{J}_{cm} = \dfrac{\partial \boldsymbol{D}}{\partial t}$。对于载交变电流的细螺线管来说,在其外部产生电磁场,磁场的交变产生位移磁流,位移磁流体密度为 $J_{cm}^m = \dfrac{\partial \boldsymbol{B}}{\partial t}$。

仿照电荷与电流,假想一个磁荷与磁流,即假想在载电流螺线管的内部存在传导磁流 I^m,在它的两端存在自由磁荷 $+q^m$ 和 $-q^m$,磁流磁荷交变时产生交变电磁场。这样,求载电流螺线管外部的电磁场便可用求磁流、磁荷产生的电磁场来代替。类比电流、电荷形成的电基本振子,磁流、磁荷形成磁基本振子(振子长为 $l \ll \lambda$,振子上磁流为 I^m,振子两端的磁荷为 q^m 和 $-q^m$)。

电基本振子和螺线管的场量对应关系如下:

	电基本振子		螺线管
	$\boldsymbol{E}$	——	$\boldsymbol{H}$
	$\boldsymbol{H}$	——	$-\boldsymbol{E}$
	$\boldsymbol{I}$	——	$\boldsymbol{I}^{\mathrm{m}}$
	q	——	q^{m}

可用"电变磁不变号""磁变电变符号"来帮助记忆上面的对应关系。

2. 电磁场理论中的对偶定理

引入了磁流、磁荷以后,麦克斯韦方程可以写成对称形式为

$$\nabla \times \boldsymbol{H} = \boldsymbol{J} + \frac{\partial \boldsymbol{D}}{\partial t} \tag{1-38a}$$

$$\nabla \times \boldsymbol{E} = -\boldsymbol{J}^{\mathrm{m}} - \frac{\partial \boldsymbol{B}}{\partial t} \tag{1-38b}$$

$$\nabla \cdot \boldsymbol{B} = \rho^{\mathrm{m}} \tag{1-38c}$$

$$\nabla \cdot \boldsymbol{D} = \rho \tag{1-38d}$$

式中,$\boldsymbol{J}$ 为外加电流体密度,$\boldsymbol{J}^{\mathrm{m}}$ 为外加磁流体密度,ρ 为电荷体密度,ρ^{m} 为磁荷体密度。

包含磁流和磁荷的麦克斯韦方程的复数形式为

$$\begin{cases} \nabla \times \boldsymbol{H} = \boldsymbol{J} + \mathrm{j}\omega\varepsilon\boldsymbol{E} \\ \nabla \times \boldsymbol{E} = -\boldsymbol{J}^{\mathrm{m}} - \mathrm{j}\omega\mu\boldsymbol{H} \\ \nabla \cdot \boldsymbol{B} = \rho^{\mathrm{m}} \\ \nabla \cdot \boldsymbol{D} = \rho \end{cases} \tag{1-39}$$

对于导电媒质,$\sigma \neq 0$,ε 应换为 $\varepsilon + \sigma/\mathrm{j}\omega$。式(1-38b)右端的负号是由于电流产生的磁场方向符合右手法则、磁流产生的电场符合左手法则而引入的。在实际中,目前还没有发现磁流和磁荷的存在,在某些问题的研究中将部分电流密度和电荷等效为磁流和磁荷,再利用磁流和磁荷计算空间的场,将使场的计算变得更加简单和容易。

根据线性媒质中的电磁场叠加定理,电流、电荷和磁流、磁荷共同产生的场 $\boldsymbol{E}$ 和 $\boldsymbol{H}$ 可以分解为当电流、电荷单独存在时产生的场 $\boldsymbol{E}^{\mathrm{e}}$、$\boldsymbol{H}^{\mathrm{e}}$ 和当磁流、磁荷单独存在时产生的场 $\boldsymbol{E}^{\mathrm{m}}$、$\boldsymbol{H}^{\mathrm{m}}$ 之和,即

$$\begin{cases} \boldsymbol{E} = \boldsymbol{E}^{\mathrm{e}} + \boldsymbol{E}^{\mathrm{m}} \\ \boldsymbol{H} = \boldsymbol{H}^{\mathrm{e}} + \boldsymbol{H}^{\mathrm{m}} \end{cases} \tag{1-40}$$

当 $\rho^{\mathrm{m}} = 0$、$\boldsymbol{J}^{\mathrm{m}} = \boldsymbol{0}$ 和 $\rho \neq 0$、$\boldsymbol{J} \neq \boldsymbol{0}$ 时,空间场为只有电流和电荷产生的场 $\boldsymbol{E}^{\mathrm{e}}$ 和 $\boldsymbol{H}^{\mathrm{e}}$,其所满足的复数麦克斯韦方程组(见式(1-39))变为

$$\begin{cases} \nabla \times \boldsymbol{H}^{\mathrm{e}} = \boldsymbol{J} + \mathrm{j}\omega\varepsilon\boldsymbol{E}^{\mathrm{e}} \\ \nabla \times \boldsymbol{E}^{\mathrm{e}} = -\mathrm{j}\omega\mu\boldsymbol{H}^{\mathrm{e}} \\ \nabla \cdot \boldsymbol{B}^{\mathrm{e}} = 0 \\ \nabla \cdot \boldsymbol{D}^{\mathrm{e}} = \rho \end{cases} \tag{1-41}$$

当 $\rho = 0$、$\boldsymbol{J} = \boldsymbol{0}$ 和 $q^{\mathrm{m}} \neq 0$、$\boldsymbol{J}^{\mathrm{m}} \neq \boldsymbol{0}$ 时,空间场为只由磁流和磁荷产生的场 $\boldsymbol{E}^{\mathrm{m}}$、$\boldsymbol{H}^{\mathrm{m}}$,其所满足的复数麦克斯韦方程组(见式(1-39))变为

$$\begin{cases} \nabla \times \boldsymbol{H}^{\mathrm{m}} = \mathrm{j}\omega\varepsilon\boldsymbol{E}^{\mathrm{m}} \\ \nabla \times \boldsymbol{E}^{\mathrm{m}} = -\boldsymbol{J}^{\mathrm{m}} - \mathrm{j}\omega\mu\boldsymbol{H}^{\mathrm{m}} \\ \nabla \cdot \boldsymbol{B}^{\mathrm{m}} = \rho^{\mathrm{m}} \\ \nabla \cdot \boldsymbol{D}^{\mathrm{m}} = 0 \end{cases} \tag{1-42}$$

若空间的场是电流、电荷和磁流、磁荷共同产生的,则可通过分别对式(1-41)和式(1-42)求解得到 $\boldsymbol{E}^{\mathrm{e}}$、$\boldsymbol{H}^{\mathrm{e}}$ 和 $\boldsymbol{E}^{\mathrm{m}}$、$\boldsymbol{H}^{\mathrm{m}}$,再利用式(1-40)求得空间的电场 $\boldsymbol{E}$ 和磁场 $\boldsymbol{H}$。

电流和电荷产生的场 $\boldsymbol{E}^{\mathrm{e}}$、$\boldsymbol{H}^{\mathrm{e}}$ 的求解,可利用矢量位的方法,而且已对许多典型问题的解进行了研究。磁流和磁荷产生的场 $\boldsymbol{E}^{\mathrm{m}}$、$\boldsymbol{H}^{\mathrm{m}}$ 的求解也可用类似的方法,但这样的求解很复杂。在这里,利用式(1-41)和式(1-42)的对偶关系,可以直接从式(1-41)的解求得式(1-42)的解,使对式(1-42)的求解变得更容易。

具有相同形式的方程为对偶方程,式(1-41)和式(1-42)为对偶方程。在对偶方程中,占据同样位置的量为对偶量。式(1-41)和式(1-42)的对偶量为 $\boldsymbol{E}^{\mathrm{e}} \rightarrow \boldsymbol{H}^{\mathrm{m}}$、$\boldsymbol{H}^{\mathrm{e}} \rightarrow -\boldsymbol{E}^{\mathrm{m}}$、$\boldsymbol{J} \rightarrow \boldsymbol{J}^{\mathrm{m}}$、$\rho \rightarrow \rho^{\mathrm{m}}$、$\varepsilon \rightarrow \mu$ 和 $\mu \rightarrow \varepsilon$。由上述对偶量的关系可以看到,$\boldsymbol{H}^{\mathrm{e}}$ 与 $-\boldsymbol{E}^{\mathrm{m}}$ 为对偶量,其中符号发生了变化。将式(1-41)用对偶量进行替换,可得式(1-42)。

数学中的对偶性原理(二重性原理)为"如果描述不同现象的方程具有同样的数学形式,那么它们的解也将具有相同的数学形式"。可见式(1-41)和式(1-42)具有相同的解的形式。可以利用对偶关系由式(1-41)的解直接求得式(1-42)的解。在电磁场理论中,利用对偶关系直接求得对偶量的场分布称为对偶定理。

由对偶定理,可由电流、电荷产生的场的边界条件得到磁流、磁荷产生的场的边界条件。它们也是对偶的。图 1.10 为分界面法向分量示意图。电流、电荷产生的场在此分界面处所满足的边界条件为

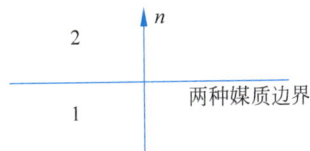

图 1.10 分界面法向分量示意图

$$\begin{cases} n \times (\boldsymbol{E}_2^{\mathrm{e}} - \boldsymbol{E}_1^{\mathrm{e}}) = \boldsymbol{0} \\ n \times (\boldsymbol{H}_2^{\mathrm{e}} - \boldsymbol{H}_1^{\mathrm{e}}) = \boldsymbol{J}_{\mathrm{s}} \\ n \cdot (\boldsymbol{D}_2^{\mathrm{e}} - \boldsymbol{D}_1^{\mathrm{e}}) = \rho_{\mathrm{s}} \\ n \cdot (\boldsymbol{B}_2^{\mathrm{e}} - \boldsymbol{B}_1^{\mathrm{e}}) = 0 \end{cases} \tag{1-43}$$

式中,$\boldsymbol{J}_{\mathrm{s}}$ 为面电流密度、ρ_{s} 为面电荷密度。

由对偶定理,将电流、电荷产生的场满足的边界条件用其对偶量进行替换可得磁流、磁荷产生的场满足的边界条件为

$$\begin{cases} n \times (\boldsymbol{H}_2^{\mathrm{m}} - \boldsymbol{H}_1^{\mathrm{m}}) = \boldsymbol{0} \\ n \times (\boldsymbol{E}_2^{\mathrm{m}} - \boldsymbol{E}_1^{\mathrm{m}}) = -\boldsymbol{J}_{\mathrm{s}}^{\mathrm{m}} \\ n \cdot (\boldsymbol{B}_2^{\mathrm{m}} - \boldsymbol{B}_1^{\mathrm{m}}) = \rho_{\mathrm{s}}^{\mathrm{m}} \\ n \cdot (\boldsymbol{D}_2^{\mathrm{m}} - \boldsymbol{D}_1^{\mathrm{m}}) = 0 \end{cases} \tag{1-44}$$

式中,$\boldsymbol{J}_{\mathrm{s}}^{\mathrm{m}}$ 为面磁流密度、$\rho_{\mathrm{s}}^{\mathrm{m}}$ 为面磁荷密度。

若空间总场为电流、电荷和磁流、磁荷共同产生的,则总场可由式(1-40)求得。

由式(1-43)和式(1-44)可得总场满足的边界条件为

$$\begin{cases} \boldsymbol{n} \times (\boldsymbol{H}_2 - \boldsymbol{H}_1) = \boldsymbol{J}_s \\ \boldsymbol{n} \times (\boldsymbol{E}_2 - \boldsymbol{E}_1) = -\boldsymbol{J}_s^m \\ \boldsymbol{n} \cdot (\boldsymbol{B}_2 - \boldsymbol{B}_1) = \rho_s^m \\ \boldsymbol{n} \cdot (\boldsymbol{D}_2 - \boldsymbol{D}_1) = \rho_s \end{cases} \tag{1-45}$$

类比矢量磁位 $\boldsymbol{A}$ 和标量电位 φ，由对偶关系可引入矢量电位 $\boldsymbol{F}$ 和标量磁位 φ_m，已知由电流分布求远区矢量磁位和空间场的计算公式为

$$\boldsymbol{A} = \frac{\mu}{4\pi} \iiint_{v'} \boldsymbol{J} \, \frac{e^{-jkR}}{R} dv' \tag{1-46}$$

$$\boldsymbol{H}^e = \frac{1}{\mu} \nabla \times \boldsymbol{A} \tag{1-47}$$

$$\boldsymbol{E}^e = -j\omega \boldsymbol{A} + \frac{\nabla(\nabla \cdot \boldsymbol{A})}{j\omega\varepsilon\mu} \tag{1-48}$$

由对偶关系可得由磁流分布求远区矢量电位 $\boldsymbol{F}$ 和空间场的计算公式为

$$\boldsymbol{F} = \frac{\varepsilon}{4\pi} \iiint_{v'} \boldsymbol{J}^m \, \frac{e^{-jkR}}{R} dv' \tag{1-49}$$

$$\boldsymbol{E}^m = -\frac{1}{\varepsilon} \nabla \times \boldsymbol{F} \tag{1-50}$$

$$\boldsymbol{H}^m = -j\omega \boldsymbol{F} + \frac{\nabla(\nabla \cdot \boldsymbol{F})}{j\omega\varepsilon\mu} \tag{1-51}$$

当空间既有电流源又有磁流源时，利用矢位法计算空间源产生的总场的计算公式为

$$\boldsymbol{E} = -j\omega \boldsymbol{A} + \frac{\nabla(\nabla \cdot \boldsymbol{A})}{j\omega\varepsilon\mu} - \frac{1}{\varepsilon} \nabla \times \boldsymbol{F} \tag{1-52}$$

$$\boldsymbol{H} = -j\omega \boldsymbol{F} + \frac{\nabla(\nabla \cdot \boldsymbol{F})}{j\omega\varepsilon\mu} + \frac{1}{\mu} \nabla \times \boldsymbol{A} \tag{1-53}$$

有时为了表达上的方便，也按式(1-54)～式(1 61)对矢量磁位和矢量电位进行定义。由电流分布产生的相应的矢量磁位及相应的电场和磁场的计算公式变为

$$\boldsymbol{A} = \frac{1}{4\pi} \iiint_{v'} \boldsymbol{J} \, \frac{e^{-jkR}}{R} dv' \tag{1-54}$$

$$\boldsymbol{H}^e = \nabla \times \boldsymbol{A} \tag{1-55}$$

$$\boldsymbol{E}^e = -j\omega\mu \boldsymbol{A} + \frac{\nabla(\nabla \cdot \boldsymbol{A})}{j\omega\varepsilon} \tag{1-56}$$

由对偶关系可得，由磁流分布求远区相应的矢量电位及相应的电场和磁场的计算公式为

$$\boldsymbol{F} = \frac{1}{4\pi} \iiint_{v'} \boldsymbol{J}^m \, \frac{e^{-jkR}}{R} dv' \tag{1-57}$$

$$\boldsymbol{E}^m = -\nabla \times \boldsymbol{F} \tag{1-58}$$

$$\boldsymbol{H}^m = -j\omega\varepsilon \boldsymbol{F} + \frac{\nabla(\nabla \cdot \boldsymbol{F})}{j\omega\mu} \tag{1-59}$$

当空间既有电流源又有磁流源时，利用矢位法计算空间源产生的总场的计算公式为

$$E = -\mathrm{j}\omega\mu A + \frac{\nabla(\nabla \cdot A)}{\mathrm{j}\omega\varepsilon} - \nabla \times F \tag{1-60}$$

$$H = -\mathrm{j}\omega\varepsilon F + \frac{\nabla(\nabla \cdot F)}{\mathrm{j}\omega\mu} + \nabla \times A \tag{1-61}$$

由式(1-46)~式(1-53)或式(1-54)~式(1-61)就可通过矢量位的方法计算电流源和磁流源在空间产生的场。

3. 利用对偶定理求磁偶极子产生的场

利用矢量位的方法,可由磁流分布求出磁偶极子产生的电磁场。也可根据对偶定理,经过对偶量的替换,由电偶极子在空间产生的场得到磁流为 I^m、长为 l 的磁偶极子在空间产生的场为

$$\begin{cases} H_r = \dfrac{I^m l}{4\pi} \dfrac{2}{\omega\mu} \cos\theta \left[\dfrac{k}{r^2} - \dfrac{\mathrm{j}}{r^3} \right] \mathrm{e}^{-\mathrm{j}kr} \\[3mm] H_\theta = \dfrac{I^m l}{4\pi} \dfrac{1}{\omega\mu} \sin\theta \left[\mathrm{j}\dfrac{k^2}{r} + \dfrac{k}{r^2} - \dfrac{1}{r^3} \right] \mathrm{e}^{-\mathrm{j}kr} \\[3mm] H_\varphi = 0 \\[2mm] E_r = E_\theta = 0 \\[2mm] E_\varphi = -\dfrac{I^m l}{4\pi} \sin\theta \left[\mathrm{j}\dfrac{k}{r} + \dfrac{1}{r^2} \right] \mathrm{e}^{-\mathrm{j}kr} \end{cases} \tag{1-62}$$

同样根据对偶定理,可由电偶极子的远区场求得磁偶极子的远区场表达式为

$$\begin{cases} H_\theta = \mathrm{j} \dfrac{1}{\eta} \dfrac{I^m l}{2\lambda r} \sin\theta \mathrm{e}^{-\mathrm{j}kr} \\[3mm] E_\varphi = -\mathrm{j} \dfrac{I^m l}{2\lambda r} \sin\theta \mathrm{e}^{-\mathrm{j}kr} \end{cases} \tag{1-63}$$

磁偶极子产生的场也可写成矢量的形式为

$$\begin{cases} H = \mathrm{j} \dfrac{1}{\eta} \dfrac{I^m l}{2\lambda r} \mathrm{e}^{-\mathrm{j}kr} e_{I^m} \times e_r \times e_r \\[3mm] E = -\mathrm{j} \dfrac{I^m l}{2\lambda r} e_{I^m} \times e_r \end{cases} \tag{1-64}$$

式中, e_{I^m} 为磁偶极子上磁流的参考方向。

将磁偶极子的电磁场的表达式(1-62)和式(1-63)与前面所介绍的小圆环磁基本振子的电磁场的表达式(1-33)和式(1-34)进行对比,可以看出,两者空间场结构的表达式形式是相同的。如果令式(1-62)和式(1-63)中的 $I^m l = \mathrm{j}\dfrac{2\pi\eta IS}{\lambda}$,则式(1-62)和式(1-63)与磁基本振子的电磁场的表达式(1-33)和式(1-34)相同。可见,磁基本振子(小电流环)在空间产生的场与一个磁矩为 $I^m l = \mathrm{j}\dfrac{2\pi\eta IS}{\lambda}$ 的磁偶极子产生的场相同。而磁矩为 $I^m l$ 的磁偶极子的空间场的计算要比小电流环的空间场的计算容易得多。因此,在某些情况下,将电流源等效为磁流源可使场的计算更简单。磁基本振子的磁场与电基本振子的电场相对应,而它的电场与电基本振子的磁场相对应。即磁基本振子的电力线与电基本振子的磁力线是相同的,而磁基本振子的磁力线与电基本振子的电力线是相同的。可见,在场结构上电基本振子与磁基

本振子存在对偶关系。电基本振子辐射场的源是在一个长度远小于波长的短导线上的电流和电荷。磁基本振子辐射场的源是在一个长度远小于波长的圆环上的电流和电荷。由于两者场结构具有对偶性,那么是否可以设想它们的源也具有对偶性,即磁基本振子辐射场的源可以用在一个长度远小于波长的短导线上的磁流和磁荷所形成的磁偶极子来等效。在这里这一设想得到了证明。

1.3 发射天线的特性参数

天线的特性参数反映了天线的各项性能。根据互易定理,同一个天线既可以作为发射天线辐射无线电波,同时也可以作为接收天线接收无线电波。当一个天线用作发射天线时,我们关心的主要是其辐射场的空间分布及天线的输入阻抗等;当一个天线用作接收天线时,我们关心的是其接收下来的电磁波的功率的大小及接收功率与来波方向之间的关系和接收天线的输入阻抗等。因此将一个天线作为发射天线进行分析时,必须计算其在空间的辐射场,然后再通过辐射场计算天线的方向性、辐射功率和输入阻抗等参数。将一个天线作为接收天线分析时,必须从空间来波的大小计算接收天线的接收功率,再分析接收功率的大小与来波方向之间的关系以判断接收天线的方向性及接收天线的输入阻抗等参数。由此可见,对发射天线和接收天线的分析方法是不同的,本书将其分为两节内容单独进行分析和讲解。在一般的天线应用中,接收天线基本上是处于发射天线的远区,因此在对天线的研究中,主要是研究天线远区场的特性,天线的特性参数主要是指反映其远区场特性的参数。天线具有多方面的特性参数,分别表征它们的方向特性、阻抗特性和极化特性等。发射天线与接收天线具有某些相同的特性参数,同时也有一些不同的特性参数。本节仅讨论天线用于发射时的各种特性参数。

1.3.1 天线场区的划分和远区场计算的近似公式

利用矢量位法求解天线在空间产生的电磁场,矢量磁位的计算公式为

$$\boldsymbol{A} = \iiint_{v'} \mu \boldsymbol{J} \frac{\mathrm{e}^{-\mathrm{j}kR}}{4\pi R} \mathrm{d}v' \tag{1-65}$$

式中,R 是源点到场点的距离,其计算公式为

$$R = |\boldsymbol{R}| = |\boldsymbol{r} - \boldsymbol{r}'| = \sqrt{(x-x')^2 + (y-y')^2 + (z-z')^2} \tag{1-66}$$

式中,$\boldsymbol{r}$ 为空间场点的位置矢量,$\boldsymbol{r}'$ 为天线上源点的位置矢量,如图 1.11 所示。

R 也可以写为

$$R = |\boldsymbol{r} - \boldsymbol{r}'| = [(\boldsymbol{r} - \boldsymbol{r}') \cdot (\boldsymbol{r} - \boldsymbol{r}')]^{\frac{1}{2}}$$

$$= (r^2 - 2\boldsymbol{r} \cdot \boldsymbol{r}' + r'^2)^{\frac{1}{2}}$$

$$= r\left[1 - \frac{r'}{r}2\boldsymbol{e}_r \cdot \boldsymbol{e}_{r'} + \frac{r'^2}{r^2}\right]^{\frac{1}{2}} = r\left[1 - \frac{r'}{r}2\cos\alpha + \frac{r'^2}{r^2}\right]^{\frac{1}{2}} \tag{1-67}$$

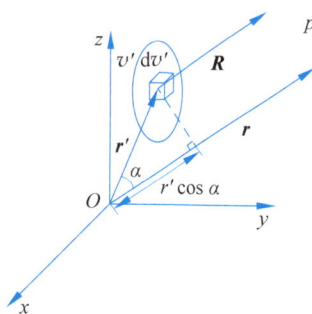

图 1.11 r、r' 和 R 示意图

式中，α 为 r 和 r' 之间的夹角，如图 1.11 所示。

若将坐标原点取在天线（源点）附近，空间场点离开天线的距离远大于天线的尺寸，即有 $r' \ll r$，则 $\dfrac{r'}{r} \ll 1$，因此 $-\dfrac{r'}{r}2\cos\alpha + \dfrac{r'^2}{r^2} \ll 1$，令

$$x = -\frac{r'}{r}2\cos\alpha + \frac{r'^2}{r^2} \tag{1-68}$$

则式（1-67）可写为

$$R = r\left[1 + x\right]^{\frac{1}{2}} \tag{1-69}$$

式中，$x \ll 1$。

可应用二项式定理将式（1-69）展开为

$$R = r\left[1 + x\right]^{\frac{1}{2}} = r\left(1 + \frac{1}{2}x - \frac{1}{2 \cdot 4}x^2 + \frac{1 \cdot 3}{2 \cdot 4 \cdot 6}x^3 - \frac{1 \cdot 3 \cdot 5}{2 \cdot 4 \cdot 6 \cdot 8}x^4 + \cdots\right) \tag{1-70}$$

将式（1-68）代入式（1-70）得

$$R = r\left[1 - \frac{r'}{r}\cos\alpha + \frac{1}{2}\left(\frac{r'}{r}\right)^2\sin^2\alpha + \frac{1}{2}\left(\frac{r'}{r}\right)^3\cos\alpha\sin^2\alpha + \cdots\right] \tag{1-71}$$

由于 $\dfrac{r'}{r} \ll 1$，随着 $\dfrac{r'}{r}$ 幂次的增大，级数中的项依次减小。因此，可用式（1-71）中的前几项作为 R 的近似值。

由于 r' 远小于 r，则 R 与 r 的差值和 r 相比很小，因此在式（1-65）的分母中，R 可取式（1-71）中的第一项作为近似，即

$$R \approx r \tag{1-72}$$

这样的近似对空间场幅值的影响不大。

在相位项 $-kR = -\dfrac{2\pi}{\lambda}R$ 中，由于天线的尺寸与波长之比可能不是很小，则 r' 可能与波长相比不是很小，因此 R 与 r 的差值可能与波长 λ 接近，则 kR 与 kr 之间的相位差不能被忽略，此时，R 必须取得更精确些，相位项中的 R 可取式（1-71）中的前两项作为近似式，即

$$R \approx r - r' \cdot e_r \approx r - r'(e_r \cdot e_{r'}) \approx r - r'\cos\alpha \tag{1-73}$$

此近似也可从几何上进行分析得到。若坐标原点取在天线上或天线附近，在远区，假设空间场点到天线的距离远大于天线的最大直径 D，则 r 和 R 可近似认为是平行的，如图 1.11 所示，即有 $R \approx r - r'\cos\alpha$，得出与式（1-73）相同的近似式。式（1-72）和式（1-73）称为远区场近似。

在对电基本振子的分析中，天线周围的场被分为了远区场和近区场。远区场具有平面波的特性。为了使天线远区中的场具有平面波的特性，即场只保留 $1/r$ 项，则远区中的点到天线的距离应远大于波长，即 $kr \gg 1$ 或 $r \gg \lambda$。

为了使远区中场的计算更加简单，可以用式（1-72）和式（1-73）的远区场近似。远区离天线的最近距离 r_{ff} 应远大于天线的最大直径 D，r_{ff} 的取值应大于由天线上的各点到空间场点的平行射线近似不再成立的距离和由于 R 的近似所引起的最大路程偏差为 $\lambda/16\bigg($ 对应相位差为 $\dfrac{2\pi}{\lambda}\dfrac{\lambda}{16} = \dfrac{\pi}{8}\text{rad} = 22.5°\bigg)$ 时的距离。可令式（1-71）的第 3 项的最大值等于 $\lambda/16$，得到

所对应的 r_{ff}。

若坐标原点取在天线的几何中心点,则 r' 的最大值为 $\dfrac{D}{2}$,$\alpha=90°$ 时,$\sin^2\alpha=1$ 为最大,将 $r'=\dfrac{D}{2}$ 和 $\alpha=90°$ 代入式(1-71)的第 3 项得其最大值的模值为

$$\left|\frac{1}{2}\frac{r'^2}{r}\sin^2\alpha\right|=\frac{1}{2}\frac{\left(\dfrac{D}{2}\right)^2}{r}\sin^2 90°=\frac{1}{8}\frac{D^2}{r} \tag{1-74}$$

令式(1-74)小于 $\lambda/16$,得

$$r>\frac{2D^2}{\lambda} \tag{1-75}$$

通过以上的分析,可得远区的最近距离 r_{ff} 应满足的条件为

$$\begin{cases} r>\dfrac{2D^2}{\lambda} \\[2mm] r\gg D \\[2mm] r\gg\lambda \end{cases} \tag{1-76}$$

通常远区的距离由 $r>\dfrac{2D^2}{\lambda}$ 给定。对于工作在 VHF 或高于 VHF 波段的天线,$r>\dfrac{2D^2}{\lambda}$ 通常是充分条件,而在天线可能比波长小的较低频率,为满足 $r\gg D$ 和 $r\gg\lambda$,r_{ff} 可能远大于 $2D^2/\lambda$,因此,远区场可由 $r\gg D$ 和 $r\gg\lambda$ 给定。满足式(1-76)的远区的定义就可以保证在远区的场为远区场,并可以应用远区场近似。在远区中,场的角分布与距离无关,而在近区中,场的角分布与距离有关。

近区又常分为电抗近区和辐射近区。电抗近区的定义为近区中紧包围天线的区域。在这个区域中电抗场占主导地位。对于大多数的天线,电抗近区由 $r<0.62\sqrt{D^3/\lambda}$ 确定。对于非常短的偶极子或等效的辐射天线,电抗近区通常由 $kr<1$ 或 $r<\lambda/2\pi$ 确定。辐射近区的定义为在电抗近区和远区之间的区域,因此,辐射近区由 $0.62\sqrt{D^3/\lambda}<r<2D^2/\lambda$ 确定。在这个区域中,辐射场占主导地位,场的角分布与离开天线的距离有关。如果天线的最大尺寸与波长比不是很大,且这个区域不大,则可能被忽略,例如电基本振子。在这个区域中,场的方向图与距离有关,沿传播方向的场分量不能被忽略。

从以上分析可见,包围天线周围的空间通常可被分为 3 个区域——电抗近区、辐射近区和远区。这 3 个区域的场结构有明显的不同,但没有明显的界线。场区划分的标准不是唯一的。

实际上,人们最关心的是辐射场,即远区场。求解辐射场的方法可以应用远区场近似通过以下步骤完成:

(1)利用远区场近似求矢量磁位 $\boldsymbol{A}$。

将远区场近似式(1-72)和式(1-73)代入式(1-65),得矢量磁位的近似计算公式为

$$\boldsymbol{A}=\frac{\mu\mathrm{e}^{-\mathrm{j}kr}}{4\pi r}\iiint\limits_{v'}\boldsymbol{J}\mathrm{e}^{\mathrm{j}k\boldsymbol{e}_r\cdot\boldsymbol{r}'}\mathrm{d}v' \tag{1-77}$$

对于面电流源,式(1-77)可写为

$$\boldsymbol{A}=\frac{\mu\mathrm{e}^{-\mathrm{j}kr}}{4\pi r}\iint\mathrm{e}^{\mathrm{j}k\boldsymbol{e}_r\cdot\boldsymbol{r}'}\boldsymbol{J}_s\mathrm{d}s \tag{1-78}$$

对于线电流源,式(1-77)可写为

$$A = \frac{\mu e^{-jkr}}{4\pi r} \int e^{jk e_r \cdot r'} I \, dl \qquad (1-79)$$

（2）求电场强度 E。

由 $E = -j\omega A + \frac{\nabla(\nabla \cdot A)}{j\omega\varepsilon\mu}$ 可求得电场矢量 E。根据天线远区场的特点,可只取其中的

r^{-1} 项。由于 A 与 $\frac{1}{r}$ 成正比,$\nabla(\nabla \cdot A)$ 为对 A 的空间坐标的微分运算,应该是与 $\frac{1}{r}$ 的高阶

项相关,因此可以略去,则得

$$E = -j\omega A \qquad (1-80)$$

由于远区场矢量与传播方向垂直,因此可仅保留相对于传播方向 e_r 垂直的分量,可以由下式计算远区的电场

$$E = -j\omega A - (-j\omega A \cdot e_r)e_r \qquad (1-81)$$

（3）求磁场强度 H。

一般可采用平面波关系 $H = \frac{1}{\eta} e_r \times E$ 求出远区磁场强度。当有磁流源时,类似地可得

到矢量电位和由磁流和磁荷产生的电磁场的远区场近似公式。

以上介绍了场区的划分和远区场的求解方法。这为后面对天线特性的分析奠定了基础。由于对天线的研究基本上是针对其远区场的,因此,在对天线进行理论研究和测量时,首先要确定天线的远区,然后在远区利用远区场近似计算或测量得到远区场。由此可见,了解远区的划分和熟悉远区场的特性和近似计算公式是非常重要的。

1.3.2 天线的辐射强度和辐射功率

天线在空间的辐射场可以由天线上的电流分布求出。有了辐射场就可以求出空间辐射的功率密度,即坡印廷矢量 $S = \frac{1}{2} E \times H^*$。

整个球面所张的立体角为 4π,因此,由球心所张开的单位立体角所对应的球面面积为 $4\pi r^2/4\pi = r^2$。立体角的单位为立体弧度(Sr),$1\text{Sr} = 1\text{rad}^2 = \left(\frac{180}{\pi}\right)^2$ 平方度 ≈ 3282.8064 平方度。每单位立体角内天线辐射的功率为辐射强度。天线在 (θ,φ) 方向上远区场的辐射强度为 $U(\theta,\varphi) = S(\theta,\varphi)r^2 = \frac{1}{2\eta}|E|^2 r^2$ (W/Sr)。由于在远区,电场与离开天线的距离 r 成反比,因此,天线的辐射强度是一个与距离 r 无关的量。辐射强度反映了天线在空间能量辐射的分布情况。

如果做一包围天线的封闭面,通过此闭合面的电磁波功率密度通量的总和为辐射功率,可由坡印廷矢量或辐射强度的定义计算天线的辐射功率。

$$P_{rf} = \int_s S \cdot ds = \int_s S r^2 \cdot \frac{1}{r^2} ds = \int_s U(\theta,\varphi) d\Omega = \frac{1}{2} \int_s E \times H^* \cdot ds \qquad (1-82)$$

式中,S 为坡印廷矢量,$U(\theta,\varphi)$ 为辐射强度,$d\Omega$ 为立体角元,P_{rf} 为天线辐射的复功率。

若将封闭面取在天线导体表面附近,此时,积分面处于近区场中。在近区场中,坡印廷

矢量为复数,既有辐射到远区的有功功率密度,又有在天线周围振荡的无功功率密度。因此,用式(1-82)所计算出来的功率为复功率,用 P_{rf} 表示。对于远区场,由于其电场与磁场均与 $1/r$ 成正比,而面元 $\mathrm{d}s$ 与 r^2 成正比,因此, $\boldsymbol{E} \times \boldsymbol{H}^* \cdot \mathrm{d}s$ 与距离 r 无关,即天线远区场所辐射的实功率与积分中包围天线的封闭面的大小无关。而近区场的电场与磁场均与 $1/r^2$ 或 $1/r^3$ 成正比,因此, $\boldsymbol{E} \times \boldsymbol{H}^* \cdot \mathrm{d}s$ 随距离 r 的增大而减小,即近区场所产生的虚功率与积分中包围天线的封闭面的大小有关,随着封闭面的增大,穿过封闭面的虚功率减小。当封闭面距离天线较远时,用式(1-82)所计算出来的功率基本上为实功率,即为辐射到远区的功率。辐射功率通常是指其实部即辐射到远区的功率,用 P_{r} 表示。它表示通过包围天线的闭合面的电磁波在时间上平均功率通量的总和。下面利用天线的远区场计算天线辐射到远区的实功率。

以天线为中心,取 r 足够大的一个球面,在此面上天线的辐射场为天线的远区场,其坡印廷矢量为

$$S = \frac{1}{2} \boldsymbol{E} \times \boldsymbol{H}^* = \frac{1}{2} \mid \boldsymbol{E} \mid \mid \boldsymbol{H} \mid \boldsymbol{e}_r = \frac{\mid E \mid^2}{2\eta} \boldsymbol{e}_r \tag{1-83}$$

式中, $\boldsymbol{E}$、$\boldsymbol{H}$ 为天线远区电场和磁场的复振幅值。

$$\mathrm{d}s = \boldsymbol{e}_r r^2 \sin\theta \mathrm{d}\theta \mathrm{d}\varphi = \boldsymbol{e}_r r^2 \mathrm{d}\Omega \tag{1-84}$$

式中, $\mathrm{d}\Omega = \sin\theta \mathrm{d}\theta \mathrm{d}\varphi$。

将式(1-83)和式(1-84)代入式(1-82),得远区场辐射的实功率为

$$P_{\mathrm{r}} = \frac{1}{2\eta} \int_0^{2\pi} \int_0^{\pi} \mid \boldsymbol{E} \mid^2 r^2 \sin\theta \mathrm{d}\theta \mathrm{d}\varphi = \int_0^{2\pi} \int_0^{\pi} U(\theta, \varphi) \sin\theta \mathrm{d}\theta \mathrm{d}\varphi \tag{1-85}$$

对于自由空间 $\eta = \eta_0 = 120\pi$,则辐射功率的计算公式为

$$P_{\mathrm{r}} = \frac{1}{240\pi} \int_0^{2\pi} \int_0^{\pi} \mid \boldsymbol{E} \mid^2 r^2 \sin\theta \mathrm{d}\theta \mathrm{d}\varphi = \int_0^{2\pi} \int_0^{\pi} U(\theta, \varphi) \sin\theta \mathrm{d}\theta \mathrm{d}\varphi \tag{1-86}$$

例 1.1 求电基本振子的辐射功率。

解 由电基本振子在自由空间中的远区电场的计算公式(1-15),得其辐射强度为

$$U(\theta, \varphi) = \frac{\mid \boldsymbol{E} \mid^2}{240\pi} r^2 = 15\pi \left(\frac{Il}{\lambda}\right)^2 \sin^2\theta \tag{1-87}$$

代入自由空间辐射功率的计算式(1-86),积分后得电基本振子的辐射功率为

$$P_{\mathrm{r}} = 40 I^2 \left(\frac{\pi l}{\lambda}\right)^2 \tag{1-88}$$

对式(1-88)进行分析可得,电基本振子的辐射功率与 I^2 和 $\left(\frac{l}{\lambda}\right)^2$ 成正比,即当天线上电流增大时,其辐射功率增大;当天线的电长度增大时,其辐射功率增大。

例 1.2 求自由空间磁基本振子的辐射功率。

解 将磁基本振子的远区场表达式(1-35)代入自由空间辐射功率的计算式(1-86),积分后得磁基本振子的辐射功率为

$$P_{\mathrm{r}} = 10(IS)^2 k^4 = 10(I\pi a^2)^2 k^4 = 160\pi^6 I^2 \left(\frac{a}{\lambda}\right)^4 \tag{1-89}$$

式中, a 为小圆环的半径。

对式(1-89)进行分析可得,磁基本振子的辐射功率与 I^2 和 $\left(\dfrac{a}{\lambda}\right)^4$ 成正比,即当天线上电流增大时,其辐射功率增大;当天线的半径的电长度增大时,其辐射功率增大。

1.3.3 辐射阻抗和输入阻抗

1. 辐射阻抗

由于天线的辐射功率与天线上的电流的大小有关,不便于通过辐射功率对天线的辐射能力进行比较,因此,定义天线的辐射阻抗来反映天线的辐射能力。天线的辐射阻抗定义为"假设天线的辐射功率被一等效阻抗所'吸收',该阻抗上所流过的电流为天线上某处的电流,则此等效阻抗为天线的辐射阻抗。"即

$$P_{\mathrm{rf}} = \frac{1}{2} \mid I \mid^2 Z_{\mathrm{r}} \tag{1-90}$$

式中,I 为参考电流,可取为天线上某处的电流,一般选取天线上输入端电流或波腹电流。

由式(1-90)得辐射阻抗为

$$Z_{\mathrm{r}} = \frac{2P_{\mathrm{rf}}}{\mid I \mid^2} \tag{1-91}$$

设 Z_{r0} 和 Z_{rm} 分别为选取天线上的输入端电流和波腹电流为参考电流的天线辐射阻抗。由于辐射功率一般为复数,则辐射阻抗也为复数,即 $Z_{\mathrm{r}} = R_{\mathrm{r}} + \mathrm{j}X_{\mathrm{r}}$,其中,

$$R_{\mathrm{r}} = \frac{2\mathrm{Re}(P_{\mathrm{rf}})}{\mid I \mid^2}, \quad X_{\mathrm{r}} = \frac{2\mathrm{Im}(P_{\mathrm{rf}})}{\mid I \mid^2} \tag{1-92}$$

若只考虑远区场的辐射功率,即辐射到远区的功率,此时辐射功率为实数,对应辐射阻抗的实部,即辐射电阻,则

$$R_{\mathrm{r}} = \frac{2\mathrm{Re}(P_{\mathrm{rf}})}{\mid I \mid^2} = \frac{2P_{\mathrm{r}}}{\mid I \mid^2} \tag{1-93}$$

由式(1-93)可知,辐射电阻的大小反映了天线辐射到远区的功率的大小,即反映了天线的辐射能力的大小。一个天线的辐射电阻越大,则其辐射能力越强,即对于天线上同样的参考电流,辐射到远区的功率就越大。

例 1.3 计算电基本振子和磁基本振子的辐射电阻,并进行比较分析。

解 将电基本振子的辐射功率计算式(1-88)代入式(1-93),得长度为 l 的电基本振子的辐射电阻为

$$R_{\mathrm{r}} = 80\left(\frac{\pi l}{\lambda}\right)^2 \tag{1-94}$$

由式(1-94)可见,电基本振子在保证 $l \ll \lambda$ 时,电长度 $\dfrac{l}{\lambda}$ 越大,则其辐射电阻越大,表示其辐射能力越强。

将磁基本振子的辐射功率计算式(1-89)代入式(1-93),得半径为 a 的磁基本振子的辐射电阻为

$$R_{\mathrm{r}} = 320\pi^6\left(\frac{a}{\lambda}\right)^4 \tag{1-95}$$

由式(1-95)可以看出,磁基本振子在保证 $a \ll \lambda$ 时,$\dfrac{a}{\lambda}$ 越大,其辐射电阻越大,其辐射能力越强。

由式(1-94)和式(1-95)可得,当电基本振子的长度与磁基本振子的周长均为 l 时,电基本振子的辐射电阻 R_{re} 和磁基本振子的辐射电阻 R_{rm} 之比为

$$\frac{R_{\text{re}}}{R_{\text{rm}}} = 80\pi^2 \left(\frac{l}{\lambda}\right)^2 \bigg/ \left[320\pi^6 \left(\frac{a}{\lambda}\right)^4\right] = 4\left(\frac{\lambda}{l}\right)^2 \tag{1-96}$$

式中,应用了 $l = 2\pi a$。

由于长度尺寸 l 远远小于波长,即 $\left(\dfrac{\lambda}{l}\right)^2$ 很大,也就是说,电基本振子的辐射电阻要比磁基本振子的辐射电阻大得多,且频率越低,λ 越大,这种差异越大。例如,长度为 0.02λ 的电基本振子的辐射电阻和磁基本振子的辐射电阻分别为 0.316Ω 和 $3.16 \times 10^{-5}\,\Omega$。电基本振子的辐射电阻是磁基本振子的辐射电阻的 10 000 倍,则对于相同的参考电流,其辐射功率也是磁基本振子的辐射功率的 10 000 倍。由于两者方向性相同,则在最大辐射方向上,电基本振子的辐射电场和磁场分别为磁基本振子的 100 倍。可见天线结构不同,其辐射能力有很大的差别。

2. 输入阻抗

天线的输入阻抗为天线输入端所呈现的阻抗,可由下式计算

$$Z_{\text{in}} = \frac{2P_{\text{in}}}{I_{\text{in}}^2} = \frac{V_{\text{in}}}{I_{\text{in}}} = R_{\text{in}} + jX_{\text{in}} \tag{1-97}$$

式中,P_{in} 为天线的输入功率,一般为复功率,V_{in} 和 I_{in} 分别为天线在输入端的电压和电流。R_{in} 为输入电阻,X_{in} 为输入电抗。

输入到天线上的功率一部分被以电磁波的形式辐射到周围空间,即为辐射功率,另一部分则在天线上损耗掉了,即为损耗功率。因此

$$P_{\text{in}} = P_{\text{rf}} + P_{\text{d}} \tag{1-98}$$

式中,P_{rf} 为辐射的复功率,P_{d} 为天线上的损耗功率。

与辐射电阻一样,也可以定义损耗电阻来表示损耗功率的大小,损耗电阻的定义为"假设天线的损耗功率被一等效电阻所'吸收',该电阻上所流过的电流为天线上某处的电流 I,则此等效电阻为天线的损耗电阻"。损耗电阻记为 R_{d},因此

$$P_{\text{d}} = \frac{1}{2} \mid I \mid^2 R_{\text{d}} \tag{1-99}$$

则

$$R_{\text{d}} = \frac{2P_{\text{d}}}{\mid I \mid^2} \tag{1-100}$$

式中,I 为参考电流,一般取天线上某处的电流,通常选取天线上输入端电流或波腹电流。

若设 R_{d0} 为归算于输入端电流的损耗电阻,R_{dm} 为归算于波腹电流的损耗电阻,则

$$Z_{\text{in}} = R_{\text{in}} + jX_{\text{in}} = \frac{2P_{\text{in}}}{\mid I_{\text{in}} \mid^2} = \frac{2(P_{\text{r}} + P_{\text{d}})}{\mid I_{\text{in}} \mid^2} = Z_{\text{r0}} + R_{\text{d0}}$$

$$= R_{\text{r0}} + R_{\text{d0}} + jX_{\text{r0}} \tag{1-101}$$

即

$$R_{in} = R_{r0} + R_{d0}, \quad X_{in} = X_{r0} \tag{1-102}$$

对于低损耗天线,假设它是理想无耗的,即 $P_d = 0$,$R_{d0} = 0$,则

$$\begin{cases} Z_{in} = Z_{r0} \\ R_{in} = R_{r0} \\ X_{in} = X_{r0} \end{cases} \tag{1-103}$$

此时,归算于天线输入端电流的辐射阻抗与天线的输入阻抗相等。

1.3.4 方向函数和方向图

一般用方向函数和方向图表征天线的方向性。天线的方向性是指在远区距离相同的条件下,天线的辐射特性与空间方向的关系。天线的方向函数是描写天线的辐射特性在空间相对分布情况的数学表示式,方向图则是相应的图解表示。辐射特性包括场强振幅、相位、功率密度及极化等。相应的方向函数有场强、相位、功率及极化等方向函数。相应的方向图有场强振幅、相位、功率密度及极化等方向图。这里主要介绍场强振幅和功率的方向函数与方向图。

1. 方向函数

1) 场强方向函数

场强方向函数表示在以天线为中心、某一恒定半径的球面(处于远区)上,辐射场强特性的相对分布情况。

(1) 矢量场强方向函数。

天线的远区场可以表示为

$$\boldsymbol{E}(r,\theta,\varphi) = \frac{60I}{r} \boldsymbol{f}(\theta,\varphi) \mathrm{e}^{-jkr} \tag{1-104}$$

式中,矢量 $\boldsymbol{f}(\theta,\varphi)$ 为天线的矢量场强方向函数,它与距离 r 及天线上的参考电流 I 的大小无关。

根据式(1-11)的定义,得电场的复数单位矢量(也称极化单位矢量)为

$$\boldsymbol{e}_E = \frac{\boldsymbol{E}(r,\theta,\varphi)}{|\boldsymbol{E}(r,\theta,\varphi)|} = \frac{\boldsymbol{f}(\theta,\varphi)\mathrm{e}^{-jkr}}{|\boldsymbol{f}(\theta,\varphi)|} \tag{1-105}$$

复数单位矢量反映了电磁波的相位和极化的情况。将式(1-105)代入式(1-104),得

$$\boldsymbol{E}(r,\theta,\varphi) = \frac{60I}{r}\boldsymbol{f}(\theta,\varphi)\mathrm{e}^{-jkr} = \frac{60I}{r}|\boldsymbol{f}(\theta,\varphi)|\boldsymbol{e}_E \tag{1-106}$$

由式(1-105),可得

$$\boldsymbol{f}(\theta,\varphi) = |\boldsymbol{f}(\theta,\varphi)|\mathrm{e}^{jkr}\boldsymbol{e}_E \tag{1-107}$$

由式(1-104),可得

$$\boldsymbol{f}(\theta,\varphi) = \frac{r}{60I}\boldsymbol{E}(r,\theta,\varphi)\mathrm{e}^{jkr} \tag{1-108}$$

式(1-108)的矢量场强方向函数表示在以天线为中心、某一恒定半径的球面(处于远区)上,辐射场强的相对分布情况。此矢量方向函数包含了场强的振幅、相位和极化特性的相对分布情况。

（2）场强方向函数。

在实际中，通常主要关心的是辐射场强振幅的相对分布情况，即矢量场强方向函数的模值，常称为场强方向函数，用 $f(\theta,\varphi)$ 表示为

$$f(\theta,\varphi)=\mid \boldsymbol{f}(\theta,\varphi)\mid=\frac{r}{60I}\mid \boldsymbol{E}(r,\theta,\varphi)\mid \tag{1-109}$$

应用式（1-106），可得天线远区场的坡印廷矢量与场强方向函数的关系为

$$\boldsymbol{S}=\frac{1}{2}\boldsymbol{E}\times\boldsymbol{H}^{*}=\frac{1}{2}\mid \boldsymbol{E}\mid\mid \boldsymbol{H}\mid \boldsymbol{e}_{r}=\frac{1}{2\eta}\mid E\mid^{2}\boldsymbol{e}_{r}$$
$$=\frac{1800I^{2}}{\eta r^{2}}\mid \boldsymbol{f}(\theta,\varphi)\mid^{2}\boldsymbol{e}_{r}=\frac{1800I^{2}}{\eta r^{2}}f^{2}(\theta,\varphi)\boldsymbol{e}_{r} \tag{1-110}$$

天线的辐射强度与方向函数的关系为

$$U(\theta,\varphi)=\frac{\mid \boldsymbol{E}\mid^{2}r^{2}}{2\eta}=\frac{1800I^{2}}{\eta}\mid \boldsymbol{f}(\theta,\varphi)\mid^{2}=\frac{1800I^{2}}{\eta}f^{2}(\theta,\varphi) \tag{1-111}$$

（3）归一化场强方向函数。

场强方向函数也可用对其最大辐射方向上的场强方向函数值的归一值来表示，此即为归一化场强方向函数。归一化场强方向函数反映了场强振幅的相对分布情况。

$$F(\theta,\varphi)=\frac{\mid \boldsymbol{E}(\theta,\varphi)\mid}{\mid \boldsymbol{E}\mid_{\max}}=\frac{\mid \boldsymbol{f}(\theta,\varphi)\mid}{\mid \boldsymbol{f}\mid_{\max}}=\frac{f(\theta,\varphi)}{f_{\max}} \tag{1-112}$$

式中，$\boldsymbol{E}(\theta,\varphi)$ 为天线在 (θ,φ) 方向上的辐射场强；$\mid \boldsymbol{E}\mid_{\max}$ 为天线辐射场模值的最大值，$\mid \boldsymbol{f}\mid_{\max}$ 为矢量场强方向函数模值的最大值，$f_{\max}$ 为场强方向函数的最大值。电场强度的模值和场强方向函数为最大的方向为天线的最大辐射方向。

2）归一化功率方向函数

天线的方向性还可以用归一化功率方向函数表示。归一化功率方向函数表示在以天线为中心、某一恒定半径的球面（处于远区）上，辐射场平均功率密度（或辐射强度）的相对分布情况。它与归一化场强方向函数的关系为

$$P(\theta,\varphi)=\frac{\mid \boldsymbol{S}(\theta,\varphi)\mid}{\mid \boldsymbol{S}_{\max}\mid}=\frac{r^{2}\mid \boldsymbol{S}(\theta,\varphi)\mid}{r^{2}\mid \boldsymbol{S}_{\max}\mid}=\frac{U(\theta,\varphi)}{U_{\max}}=\frac{\mid \boldsymbol{E}(\theta,\varphi)\mid^{2}}{\mid \boldsymbol{E}_{\max}\mid^{2}}=F^{2}(\theta,\varphi)$$

$$\tag{1-113}$$

式中，$\boldsymbol{S}$ 为天线远区的坡印廷矢量（功率密度），$\boldsymbol{S}_{\max}$ 为天线在最大辐射方向上的坡印廷矢量（功率密度），U 为天线的辐射强度，$U_{\max}$ 为天线在最大辐射方向上的辐射强度。

由式（1-113），可得

$$\boldsymbol{S}(\theta,\varphi)=\boldsymbol{S}_{\max}F^{2}(\theta,\varphi),\quad U(\theta,\varphi)=U_{\max}F^{2}(\theta,\varphi),\quad \mid \boldsymbol{E}(\theta,\varphi)\mid=\mid \boldsymbol{E}_{\max}\mid F(\theta,\varphi)$$

$$\tag{1-114}$$

由式（1-114）可以看出，对于坡印廷矢量、辐射强度和电场强度，如果知道了这些参数在最大辐射方向上的值，又知道了归一化场强方向函数，则其在空间任意方向上的值都可以求出来。因此最大辐射方向上的值和方向函数是非常重要的。

例 1.4 求自由空间的电基本振子和磁基本振子的矢量场强方向函数、场强方向函数、归一化场强方向函数和功率方向函数。

解 (1) 电基本振子。

将自由空间电基本振子的远区场电场表达式(1-15)代入矢量场强方向函数的定义式(1-108),可得电基本振子的矢量场强方向函数为

$$f_1(\theta,\varphi) = \frac{r}{60I} E_1(r,\theta,\varphi) e^{jkr} = j\frac{\pi l}{\lambda} \sin\theta e_\theta \qquad (1\text{-}115)$$

式中,$E_1(r,\theta,\varphi)$为电基本振子的远区电场。

由式(1-115)可得,场强方向函数为

$$f_1(\theta,\varphi) = | f_1(\theta,\varphi) | = \frac{\pi l}{\lambda} \sin\theta \qquad (1\text{-}116)$$

由式(1-116)可得,归一化场强方向函数为

$$F_1(\theta,\varphi) = \frac{| E_1(\theta,\varphi) |}{| E_1 |_{max}} = \frac{| f_1(\theta,\varphi) |}{| f_1 |_{max}} = \sin\theta \qquad (1\text{-}117)$$

归一化功率方向函数为

$$P_1(\theta,\varphi) = \frac{| E_1(\theta,\varphi) |^2}{| E_{1max} |^2} = F_1^2(\theta,\varphi) = \sin^2\theta \qquad (1\text{-}118)$$

(2) 磁基本振子。

将自由空间磁基本振子的远区场表达式(1-35)代入矢量场强方向函数的定义式(1-108),可得磁基本振子的矢量场强方向函数为

$$f_2(\theta,\varphi) = \frac{r}{60I} E_2(r,\theta,\varphi) e^{jkr} = \frac{2\pi^2 S}{\lambda^2} \sin\theta e_\varphi \qquad (1\text{-}119)$$

由式(1-119)可得,场强方向函数为

$$f_2(\theta,\varphi) = | f_2(\theta,\varphi) | = \frac{2\pi^2 S}{\lambda^2} \sin\theta \qquad (1\text{-}120)$$

归一化场强方向函数为

$$F_2(\theta,\phi) = \frac{| E_2(\theta,\varphi) |}{| E_2 |_{max}} = \frac{| f_2(\theta,\phi) |}{| f_2 |_{max}} = \sin\theta \qquad (1\text{-}121)$$

归一化功率方向函数为

$$P_2(\theta,\varphi) = \frac{| E_2(\theta,\varphi) |^2}{| E_2 |_{max}^2} = F_2^2(\theta,\varphi) = \sin^2\theta \qquad (1\text{-}122)$$

由上面的分析可知,磁基本振子的归一化场强和功率方向函数与电基本振子的相同,但它们的矢量场强方向函数式(1-119)和式(1-115)不同。在最大辐射方向上($\theta=90°$),由式(1-115)和式(1-119),可得电基本振子和磁基本振子的矢量场强方向函数的最大值分别为$f_{1max}(\theta,\phi) = j\frac{\pi l}{\lambda} e_\theta$ 和 $f_{2max} = \frac{2\pi^2 S}{\lambda^2} e_\varphi$。将其代入式(1-104)可知,当两个天线在相同的激励电流的情况下,两者在最大辐射方向上所产生的电场强度的模值和方向不同,即两者具有不同的辐射能力和极化特性,但具有相同的方向性。

当关心天线辐射电场各分量的情况时,常给出电场分量$E_\theta(\theta,\varphi)$和$E_\varphi(\theta,\varphi)$的归一化方向函数。当关心辐射场的相位关系时,常给出场的相位差$\delta(\theta,\varphi)$的方向函数。同时也可以给出与电场极化特性相关的方向函数。我们平时所说的天线方向函数经常是指其场强或

功率方向函数。

2. 方向图及其参数

1) 方向图

根据方向函数绘出的图形即为天线的方向图,方向图可以更直观地表示天线的方向性。天线的辐射作用分布于整个空间,因而天线的方向图是一个在三维空间分布的图形。在三维空间绘制出来的方向图即为立体方向图。立体方向图可以非常形象和直观地表示天线的方向性,但绘制起来很复杂且很难精确地从图中读出某点的数值来。由于以上原因,一般只绘出两个互相垂直的典型平面的方向图,用这两个平面方向图来联想场在三维空间分布的大致情况。这样的两个相互垂直的平面称为主平面。因此,立体方向图可用两个主平面的图形来表征,这就是平面方向图(电基本振子的立体和平面方向图如图 1.7 所示)。

常用以下几种方法来确定主平面。对线天线来说,主平面通常指包含天线导线轴的平面及垂直于天线导线轴的平面。与地球相比拟,若以线天线导线轴为地球的轴线,前者同时含有子午线,所以称之为子午面,而后者称为赤道面。图 1.7 为电基本振子的方向图,子午面为 xOz 和 yOz 平面及所有通过 z 轴的平面,赤道面为 xOy 平面。电基本振子的归一化场强方向函数为 $F(\theta,\varphi)=\sin\theta$,它在子午面内的方向图是“8”字形,如图 1.7(b)所示;在赤道面内为一个圆,如图 1.7(c)所示。这表示电基本振子在子午面内具有一定的方向性,而在赤道面内是无方向性的。对于架设在地面上的天线,常采用以下两个主平面的方向图:

(1) 水平面方向图,是指仰角(射线与地面的夹角)为某常数时,场强随水平方位角变化的图形。

(2) 垂直面方向图,是指方位角为常数,场强随仰角变化的图形。

对于超高频的线极化天线常用 E 面和 H 面。E 面为最大辐射方向和电场所在的平面,H 面为最大辐射方向和磁场所在的平面。在线天线中,其子午面为 E 面,赤道面为 H 面。注意,圆极化天线没有 E 面和 H 面。

图 1.12(a)中的平面方向图为极坐标方向图,即方向图是在极坐标中绘制的。方向图曲线上的某点到坐标原点的距离反映了这一方向上的方向函数的值,坐标原点与该点连线的方向反映了该点所对应的空间方向。方向图也可在直角坐标系中绘制,称为直角坐标方向图,如图 1.12(b)所示。极坐标方向图形象直观,但不便于精确地读出某方向上的方向函数值,而在直角坐标方向图中可较精确地读出某方向上方向函数的值来。方向函数也可用分贝值表示,方向函数的分贝值为

$$P(\theta,\varphi)(\mathrm{dB})=10\lg P(\theta,\varphi)=20\lg F(\theta,\varphi) \tag{1-123}$$

将分贝方向函数绘成图即为分贝方向图。

根据不同的方向函数可以绘出不同的方向图,因此方向图有场强方向图、功率方向图,也可根据场分量 $E_\theta(\theta,\varphi)$ 和 $E_\varphi(\theta,\varphi)$ 的归一化方向函数绘出反映 $E_\theta(\theta,\varphi)$ 和 $E_\varphi(\theta,\varphi)$ 的空间场分布的方向图。根据场的相位差 $\delta(\theta,\varphi)$ 的方向函数可绘出空间场分量的相位分布的方向图。

点源(各向同性辐射体,isotropic radiator)为在所有的方向上都具有相同辐射的假想无耗天线。虽然点源是理想的且在物理上很难实现的,但它常被用作表示实际天线方向特性的参考天线。点源的立体方向图为一个球,是无方向性的。有方向性天线在不同的方向上辐射或接收电磁波的能力是不同的,其方向图是有方向性的,如图 1.13 所示。电基本振子

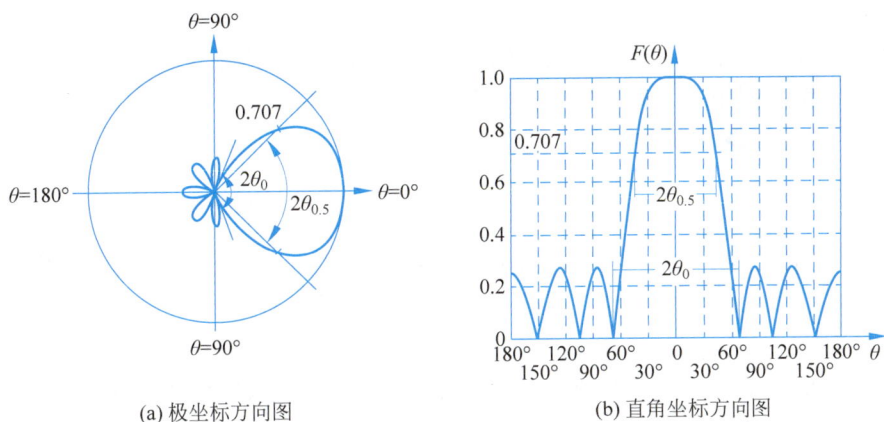

(a) 极坐标方向图　　　　　　　(b) 直角坐标方向图

图 1.12　天线半功率波瓣宽度和零功率波瓣宽度

在赤道面内的平面方向图为无方向性的,而在子午面内的方向图为有方向性的,如图 1.7 所示。这种在一个主平面内具有无方向的平面方向图,而在另一个正交的主平面内为一个有方向性的平面方向图的方向图为全向方向图。

对于有方向性的天线,其方向图可能包含有多个波瓣,它们分别被称为主瓣、副瓣和后瓣,如图 1.13 所示。可以看出,主瓣为包含有最大辐射方向的波瓣。除主瓣外所有其他瓣都称为副瓣。主瓣正后方的瓣称为后瓣。在不需要的方向上出现的与主瓣相等的瓣为栅瓣。栅瓣一般是我们不希望有的瓣。图 1.13 中没有栅瓣。

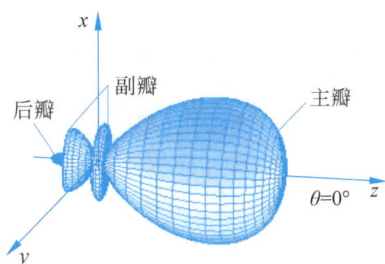

图 1.13　立体方向图

2) 方向图参数

为了更精确地反映方向图的结构以及天线的方向性,下面给出一些方向图参数的定义。

(1) 半功率波瓣宽度和零功率波瓣宽度。

主瓣集中了天线辐射功率的主要部分。主瓣的宽度对天线的方向性的强弱具有更直接的影响。通常用两个主平面内的宽度来表征。主瓣最大辐射方向两侧,场强下降为最大场强的 0.707 倍时,即功率密度为最大辐射方向上功率密度之半的两方向间的夹角,称为半功率波瓣宽度,用 $2\theta_{0.5}$ 来表示。主瓣最大辐射方向两侧,第一个零辐射方向之间的夹角称为零功率波瓣宽度,用 $2\theta_0$ 来表示。这两个参数为平面方向图的参数,常用 $2\theta_{0.5E}$ 和 $2\theta_{0.5H}$ 分别表示 E 面和 H 面的半功率波瓣宽度,用 $2\theta_{0E}$ 和 $2\theta_{0H}$ 分别表示 E 面和 H 面的零功率波瓣宽度。图 1.12(a)、(b)为在极坐标和直角坐标系中的场强方向图,图中分别标出了它们的半功率波瓣宽度和零功率波瓣宽度。

例 1.5　求电基本振子在子午面内的平面方向图的半功率波瓣宽度和零功率波瓣宽度。

解　由于电基本振子的归一化场强方向函数为 $\sin\theta$,由 $\sin\theta = \dfrac{\sqrt{2}}{2}$,得 $\theta = 45°$,由于主瓣相对于 $\theta = 0°$ 对称,半功率波瓣宽度为两半功率点方向间的夹角,因此半功率波瓣宽度为 $2\theta_{0.5} = 90°$。

$\sin\theta$ 的零点为 $\theta = 0°$ 和 $\theta = 180°$,零功率波瓣宽度为两零功率点方向间的夹角,因此其零功率波瓣宽度为 $2\theta_0 = 180°$。

（2）副瓣电平。

副瓣代表天线在不需要的方向上的辐射或接收情况。一般来说,希望它们的幅度越小越好。通常将最大副瓣在其最大辐射方向上的功率密度与主瓣在最大辐射方向上的功率密度之比（或相应的场强平方之比）的对数值称为副瓣电平,表示形式如下：

$$\text{SLL} = 10\lg\frac{S_1}{S_0} = 20\lg\frac{|E_1|}{|E_0|}(\text{dB}) \tag{1-124}$$

式中,SLL 为 Side Lobe Level 的缩写,1 代表副瓣最大值方向,0 代表主瓣最大值方向。正常情况下,副瓣总是小于主瓣,因此,副瓣电平的分贝值总是负值。

（3）前后比。

天线在它的正前方与正后方的辐射强度之比为"前后比"或"反向防护度"（或简称"防护度",通常均以分贝值表示）。

（4）天线的波束范围。

天线的波束范围（波束立体角）Ω_A 为天线的辐射功率等效地按辐射强度的最大值均匀流出时的立体角,即

$$\Omega_A U_{\max} = P_r = \oint_s U(\theta,\varphi)\mathrm{d}\Omega \tag{1-125}$$

由式（1-125）,可得波束立体角的计算公式为

$$\Omega_A = \oint_s \frac{U(\theta,\varphi)}{U_{\max}}\mathrm{d}\Omega = \oint_s P(\theta,\varphi)\mathrm{d}\Omega = \int_0^{2\pi}\int_0^{\pi}|F(\theta,\varphi)|^2\sin\theta\mathrm{d}\theta\mathrm{d}\varphi \tag{1-126}$$

波束立体角可近似地由两个主平面内的半功率波瓣宽度 $2\theta_{0.5E}$ 和 $2\theta_{0.5H}$ 之积求得,即 $\Omega_A \approx 2\theta_{0.5E}\theta_{0.5H}$,这里 $2\theta_{0.5E}$ 和 $2\theta_{0.5H}$ 的单位为弧度,所得立体角的单位为立体弧度。

波束范围（波束立体角）Ω_A 可由主瓣范围（主瓣立体角）Ω_M 和副瓣范围（副瓣立体角）Ω_m 构成。天线的主瓣范围（主瓣立体角）Ω_M 为天线主瓣的辐射功率等效地按辐射强度的最大值均匀流出时的立体角。副瓣范围（副瓣立体角）Ω_m 为天线副瓣的辐射功率等效地按辐射强度的最大值均匀流出时的立体角。因此有

$$\Omega_A = \Omega_M + \Omega_m \tag{1-127}$$

（5）波束效率和杂散因子。

波束效率为主瓣范围与波束范围之比,即主瓣辐射的功率与天线的辐射功率之比

$$\varepsilon_M = \frac{\Omega_M}{\Omega_A} \tag{1-128}$$

杂散因子为副瓣范围与波束范围之比,即副瓣辐射的功率与天线的辐射功率之比

$$\varepsilon_m = \frac{\Omega_m}{\Omega_A} \tag{1-129}$$

因此,应用式（1-127）～式（1-129）,有

$$\varepsilon_M + \varepsilon_m = 1 \tag{1-130}$$

1.3.5　天线的效率

如果天线有损耗,则馈线输入到天线上的功率并没有全部地转换为电磁波辐射出去,而是有一部分在天线上以热的形式损耗掉,天线的辐射效率为天线的辐射功率与天线的输入功率之比,即

$$\eta_A = \frac{P_r}{P_{in}} = \frac{P_r}{P_r + P_d} \tag{1-131}$$

式中，P_r 为辐射功率，P_d 为损耗功率，P_{in} 为天线的输入功率。

若辐射电阻 R_r 和损耗电阻 R_d 归算于同一电流 I，由

$$P_d = \frac{1}{2} \mid I \mid^2 R_d, \quad P_r = \frac{1}{2} \mid I \mid^2 R_r \tag{1-132}$$

将式(1-132)代入式(1-131)，得

$$\eta_A = \frac{P_r}{P_{in}} = \frac{P_r}{P_r + P_d} = \frac{R_r}{R_r + R_d} \tag{1-133}$$

由式(1-133)可见，若要提高天线的辐射效率，则必须提高天线的辐射电阻，即提高天线的辐射能力；降低天线的损耗电阻，即降低天线的损耗。

天线除了有辐射效率外，还有在天线输入端的馈电效率。馈电效率为天线的输入功率 P_{in} 与由馈线送到天线输入端的功率 P_0 之比，用 η_ϕ 表示为

$$\eta_\phi = \frac{P_{in}}{P_0} = \frac{P_0 - P_R}{P_0} = \frac{P_0(1 - \mid \Gamma \mid^2)}{P_0} = 1 - \mid \Gamma \mid^2 \tag{1-134}$$

$$\mid \Gamma \mid = \mid \frac{Z_{in} - W_0}{Z_{in} + W_0} \mid \tag{1-135}$$

式中，P_R 为馈线在天线输入端的反射功率，Γ 为馈线在天线输入端的反射系数，W_0 为馈线的特性阻抗，Z_{in} 为天线的输入阻抗。

天线的总效率即整个天馈系统的效率为 $\eta = \eta_\phi \cdot \eta_A$。

不同类型及不同波段的天线，其辐射效率有较大的差别。长中波天线的辐射效率较低，甚至可低于 10%。主要的原因为在长中波波段，波长很长，天线的长度或高度与波长相比很小，均为电小天线，此类天线的辐射电阻很小，辐射电抗很大，辐射能力很低。为了增加天线的电长度，天线的物理尺寸又往往很大，天线上电阻的热损耗很大。另外，此波段的天线离大地很近，有的还以大地为天线上电流的回路，而大地的损耗也不能忽略，因此天线的辐射效率很低。同时，由于天线的辐射电阻小、辐射电抗很大，天线输入阻抗的电阻部分也很小、电抗部分也很大，馈线与天线间的阻抗匹配较差，天线的馈电效率较低。因此，天馈系统的效率很低。超短波和微波天线的效率较高，有的甚至接近 100%。

1.3.6 天线的方向系数

天线的方向系数也称为方向性系数。为了精确地表示某一天线的方向性，同时对不同天线的方向性进行较精确的比较，必须用更精确的数量指标。这种指标就是方向系数或增益系数。在定义天线的方向系数之前，有必要引入一个无损耗点源作为参考的标准。通常取一个假想的效率为 100% 的无方向性天线(点源)，即在空间各个方向上具有均匀辐射的天线作为参考标准。这样的天线在实际中是很难实现的，但它在天线的方向系数和增益系数的定义中非常有用。这个无方向性天线的立体方向图为一个球面。

1. 方向系数的定义

方向系数通常是指天线在最大辐射方向上的方向系数。设被研究天线和作为参考的无方向性点源天线的辐射功率分别为 P_r 和 P_{r0}，则被研究天线的方向系数 D 定义为"当辐射

功率 $P_r = P_{r0}$ 时,被研究天线在其最大辐射方向上产生的辐射功率密度(或辐射场模值的平方值或辐射强度),与无方向性天线(点源天线)在该处产生的功率密度(或辐射场模值的平方值或辐射强度)之比"。设被研究天线在它最大辐射方向上产生的辐射功率密度、电场强度和辐射强度分别为 $S_{\max}$、$E_{\max}$ 和 $U_{\max}$,点源天线对应的值分别为 S_0、E_0 和 U_0,则被研究天线的方向系数为

$$D = D_{\max} = \frac{|S_{\max}|}{|S_0|}\Bigg|_{P_r = P_{r0}} = \frac{|E|_{\max}^2}{|E_0|^2}\Bigg|_{P_r = P_{r0}} = \frac{U_{\max}}{U_0}\Bigg|_{P_r = P_{r0}} = \frac{4\pi U_{\max}}{P_r} \tag{1-136}$$

设被研究的天线为有方向性天线,当辐射功率相同时,其在最大辐射方向所产生的功率密度应比点源所产生的功率密度大,因此有方向性天线的方向系数大于1,点源的方向系数为1。天线的方向性是由电磁能量空间辐射的不均匀性引起的。天线的方向性越强,辐射就越集中,在天线的最大辐射方向上,所辐射的场强比无方向性天线辐射的场强更强。反之,若要求在同一点辐射的场强相同,则强方向性天线所需要的辐射功率比无方向性天线的要小。因此,天线的方向系数也可定义为当同一接收点(通常为被研究天线的最大辐射方向)处的辐射功率密度或场强相同时,参考天线(点源)与被研究天线的辐射功率之比,即

$$D = D_{\max} = \frac{P_{r0}}{P_r}\Bigg|_{|E_{\max}| = |E_0|} \tag{1-137}$$

式(1-136)和式(1-137)是方向系数的两种不同定义的表达式。两种定义的方式虽然不同,但最后所得的方向系数的值是相同的。

2. 方向系数的计算公式

1)公式一

若天线位于坐标原点附近,则由式(1-114)得天线在远区辐射的坡印廷矢量为

$$S = S(\theta, \varphi) = |S_{\max}| F^2(\theta, \varphi) e_r \tag{1-138}$$

则天线的辐射功率为

$$P_r = \oint_s S \cdot ds = |S_{\max}| \int_0^{2\pi}\int_0^{\pi} F^2(\theta, \varphi) r^2 \sin\theta \, d\theta \, d\varphi \tag{1-139}$$

由式(1-139),得

$$|S_{\max}| = \frac{P_r}{\int_0^{2\pi}\int_0^{\pi} F^2(\theta, \varphi) r^2 \sin\theta \, d\theta \, d\varphi} \tag{1-140}$$

点源辐射的坡印廷矢量的模值为

$$S_0 = \frac{P_{r0}}{4\pi r^2} \tag{1-141}$$

将式(1-140)和式(1-141)代入式(1-136),得天线的方向系数的计算公式为

$$D = D_{\max} = \frac{|S_{\max}|}{S_0}\Bigg|_{P_r = P_{r0}} = \frac{4\pi}{\int_0^{2\pi}\int_0^{\pi} F^2(\theta, \varphi) \sin\theta \, d\theta \, d\varphi} \tag{1-142}$$

方向系数也可由波束立体角求出,即

$$D = \frac{4\pi}{\int_0^{2\pi}\int_0^{\pi} |F(\theta, \varphi)|^2 \sin\theta \, d\theta \, d\varphi} = \frac{4\pi}{\Omega_A} \approx \frac{4\pi}{2\theta_{0.5E} 2\theta_{0.5H}} \tag{1-143}$$

式中,Ω_A 为波束立体角,$2\theta_{0.5E}$ 为 E 面内的半功率波瓣宽度(rad),$2\theta_{0.5H}$ 为 H 面内的半功率波瓣宽度(rad)。

如果半功率波瓣宽度以度为单位,则式(1-143)可以写为

$$D_0 = \frac{4\pi\left(\frac{180}{\pi}\right)^2}{2\theta_{0.5E}2\theta_{0.5H}} = \frac{41253}{2\theta_{0.5E}2\theta_{0.5H}} \tag{1-144}$$

式中,$2\theta_{0.5E}$ 和 $2\theta_{0.5H}$ 的单位为度(°)。

对于平面阵,式(1-144)的一个更好的近似是

$$D_0 = \frac{32400}{\Omega_A(°)^2} = \frac{32400}{2\theta_{0.5E}2\theta_{0.5H}} \tag{1-145}$$

2) 公式二

无方向性点源在空间的辐射功率密度为

$$\boldsymbol{S}_0 = \frac{P_{r0}}{4\pi r^2}\boldsymbol{e}_r \tag{1-146}$$

点源在远区的辐射功率密度可由远区场计算为

$$\boldsymbol{S}_0 = \frac{1}{2}\boldsymbol{E}_0 \times \boldsymbol{H}_0^* = \frac{1}{2}|\boldsymbol{E}_0||\boldsymbol{H}_0|\boldsymbol{e}_r = \frac{|\boldsymbol{E}_0|^2}{2\eta}\boldsymbol{e}_r \tag{1-147}$$

由式(1-146)和式(1-147),可得点源的空间辐射场的模值为

$$|\boldsymbol{E}_0| = \frac{1}{r}\sqrt{\frac{\eta P_{r0}}{2\pi}} \tag{1-148}$$

若 $P_{r0} = P_r$,则有

$$|\boldsymbol{E}_0| = \frac{1}{r}\sqrt{\frac{\eta P_r}{2\pi}} \tag{1-149}$$

将式(1-149)代入方向系数的定义式(1-136),得

$$D = D_{max} = \frac{|\boldsymbol{S}_{max}|}{|\boldsymbol{S}_0|}\bigg|_{P_r = P_{r0}} = \frac{|\boldsymbol{E}|_{max}^2}{|\boldsymbol{E}_0|^2}\bigg|_{P_r = P_{r0}} = \frac{2\pi r^2|\boldsymbol{E}|_{max}^2}{\eta P_r} \tag{1-150}$$

由矢量场强方向函数的定义式(1-108),可得

$$|\boldsymbol{E}|_{max} = \frac{60I}{r}|\boldsymbol{f}|_{max} \tag{1-151}$$

将式(1-151)代入式(1-150),可得

$$D = D_{max} = \frac{2\pi r^2|\boldsymbol{E}|_{max}^2}{\eta P_r} = \frac{7200\pi|I|^2|\boldsymbol{f}|_{max}^2}{\eta P_r} = \frac{14400\pi|\boldsymbol{f}|_{max}^2}{\eta R_r} = \frac{14400\pi f_{max}^2}{\eta R_r} \tag{1-152}$$

对于自由空间,有 $\eta = \eta_0 = 120\pi$,代入式(1-152),得自由空间中的方向系数为

$$D = D_{max} = \frac{14400\pi f_{max}^2}{\eta R_r} = \frac{120 f_{max}^2}{R_r} \tag{1-153}$$

可见,由辐射电阻和场强方向函数的最大值也可计算天线的方向系数。

若不特别说明,则天线的方向系数一般是指其在最大辐射方向上的方向系数,天线在空间某方向(θ,φ)上的方向系数为

$$D(\theta,\varphi)=\frac{|\boldsymbol{E}(\theta,\varphi)|^2}{|\boldsymbol{E}_0|^2}\bigg|_{P_r=P_{r0}}=\frac{|\boldsymbol{E}|_{\max}^2}{|\boldsymbol{E}_0|^2}F^2(\theta,\varphi)\bigg|_{P_r=P_{r0}}=DF^2(\theta,\varphi) \qquad (1\text{-}154)$$

对于电基本振子,其归一化场强方向函数为 $F(\theta,\varphi)=\sin\theta$,将其代入式(1-142),得电基本振子的方向系数为 1.5;对于点源天线 $F(\theta,\varphi)=1$,可计算得其方向系数 $D=1$。方向系数经常用分贝表示,即 $D(\mathrm{dB})=10\lg D$。电基本振子的方向系数的分贝值为 1.76dB。无方向性点源的方向系数为 0dB。

3) 部分方向系数

接收天线只能接收与其极化方向一致的场分量。也就是说,只有与其极化方向一致的场分量才对接收天线的接收功率有贡献。对于含有正交极化辐射场分量的天线,在最大辐射方向上,天线在给定极化方向上的部分方向系数定义为"当辐射功率 $P_r=P_{r0}$ 时,被研究天线在其最大辐射方向上产生的某极化分量的辐射功率密度(或辐射电场模值的平方值或辐射强度),与无方向性天线(点源天线)在该处产生的辐射功率密度(或辐射电场模值的平方值或辐射强度)之比"。设一天线在远区所辐射的电场由两个正交极化的场分量 $\boldsymbol{E}_1$ 和 $\boldsymbol{E}_2$ 组成,即总电场为 $\boldsymbol{E}=\boldsymbol{E}_1+\boldsymbol{E}_2$,且 $\boldsymbol{E}_1\cdot\boldsymbol{E}_2=0$,则 $|\boldsymbol{E}|^2=|(\boldsymbol{E}_1+\boldsymbol{E}_2)^2|=|\boldsymbol{E}_1|^2+|\boldsymbol{E}_2|^2$。天线远区场的坡印廷矢量为

$$S=\frac{|\boldsymbol{E}|^2}{2\eta}=\frac{|\boldsymbol{E}_1|^2+|\boldsymbol{E}_2|^2}{2\eta}=S_1+S_2 \qquad (1\text{-}155)$$

式中,$S_1=\dfrac{|\boldsymbol{E}_1|^2}{2\eta}$,$S_2=\dfrac{|\boldsymbol{E}_2|^2}{2\eta}$ 分别为极化电场分量 1 和极化电场分量 2 的功率密度(坡印廷矢量的模值)。

同理可得,天线在远区的辐射强度为

$$U=Sr^2=S_1r^2+S_2r^2=U_1+U_2 \qquad (1\text{-}156)$$

式中,U_1 和 U_2 分别为极化电场分量 1 和极化电场分量 2 与其相应的磁场分量所产生的辐射强度。

由式(1-86),可得天线在远区的辐射功率为

$$P_r=\frac{1}{240\pi}\int_0^{2\pi}\int_0^{\pi}|\boldsymbol{E}|^2r^2\sin\theta\mathrm{d}\theta\mathrm{d}\varphi=\frac{1}{240\pi}\int_0^{2\pi}\int_0^{\pi}(|\boldsymbol{E}_1|^2+|\boldsymbol{E}_2|^2)r^2\sin\theta\mathrm{d}\theta\mathrm{d}\varphi$$
$$=P_{r1}+P_{r2} \qquad (1\text{-}157)$$

P_{r1} 和 P_{r2} 分别为极化电场分量 1 和极化电场分量 2 与其相应的磁场分量所产生的远区场辐射功率。

因此,两个正交极化分量的功率密度之和等于总功率密度,两个正交极化分量的辐射强度之和等于总辐射强度,两个正交极化分量的辐射功率之和等于总辐射功率。根据方向系数的定义式(1-136)和部分方向系数的定义,有

$$D=D_{\max}=\frac{U_{\max}}{U_0}\bigg|_{P_r=P_{r0}}=\frac{U_{\max1}+U_{\max2}}{U_0}\bigg|_{P_r=P_{r0}}=\frac{4\pi(U_{\max1}+U_{\max2})}{P_r}\bigg|_{P_r=P_{r0}}=D_1+D_2$$
$$(1\text{-}158)$$

式中,D_1 和 D_2 为部分方向系数,分别为

$$D_1=\frac{U_{\max1}}{U_0}\bigg|_{P_r=P_{r0}}=\frac{4\pi U_{\max1}}{P_r}\bigg|_{P_r=P_{r0}}=\frac{4\pi U_{\max1}}{P_{r1}+P_{r2}}\bigg|_{P_r=P_{r0}} \qquad (1\text{-}159)$$

$$D_2 = \frac{U_{max2}}{U_0}\bigg|_{P_r=P_{r0}} = \frac{4\pi U_{max2}}{P_r}\bigg|_{P_r=P_{r0}} = \frac{4\pi U_{max2}}{P_{r1}+P_{r2}}\bigg|_{P_r=P_{r0}} \tag{1-160}$$

因此,总方向系数是任意两个正交极化分量的部分方向系数之和。

3. 空间场强的计算

空间场强可由辐射功率和方向系数计算得到。由式(1-152),可得

$$|\mathbf{E}|_{max} = \frac{1}{r}\sqrt{\frac{D\eta P_r}{2\pi}} \tag{1-161}$$

式中,η 为天线所在空间媒质的波阻抗。

对于自由空间有 $\eta = \eta_0 = 120\pi$,将其代入式(1-161),得天线在自由空间中时,在最大方向上的电场强度的模值为

$$|\mathbf{E}|_{max} = \frac{\sqrt{60DP_r}}{r}$$

在 (θ,φ) 方向上的电场强度的模值为

$$|\mathbf{E}(\theta,\varphi)| = |\mathbf{E}|_{max}F(\theta,\varphi) = \frac{\sqrt{60DP_r}}{r}F(\theta,\varphi) \tag{1-162}$$

将式(1-161)与具有相同辐射功率的无方向性天线的辐射场的计算公式(1-149)进行对比,可知方向系数为 D 的天线在最大辐射方向上的场强是无方向性天线的 $\sqrt{D}$ 倍,功率密度(或辐射强度)是无方向性天线的 D 倍。辐射功率为 P_r 且方向系数为 D 的有方向性天线在最大辐射方向上产生的场强与辐射功率为 P_rD 的无方向性天线(点源天线)在同一点所产生的场强相同,因此,定义 P_rD 为等效全向辐射功率(Effective Isotropic Radiated Power,EIRP)。若两个天线的 EIRP 相同,则这两个天线在最大辐射方向上的辐射场强相同。

对于简单的线天线,方向系数一般小于 10。短波定向天线的方向系数可达几百,微波波段大口径抛物面天线的方向系数可达几千、几万或更高。对于一个方向系数为几万的天线,当辐射功率相同时,其在最大辐射方向上所产生的场强是无方向性天线的几百倍,功率密度(或辐射强度)是无方向性天线的几万倍。当两者在有方向性天线最大方向上空间同一点产生的场强相同时,无方向性天线所需要的功率是有方向性天线的几万倍。同时对于发射天线,其方向性使其在需要的方向上提高有用信号功率的同时可以减少其对不需要方向上的电磁辐射,减少对其他设备的干扰及对电磁环境的污染。对于接收天线,其方向性使其可以减少对其他方向上干扰的接收,增强有用信号的接收,提高信噪比。因此,天线的方向性是非常重要的。

1.3.7　天线的增益系数

方向系数是以辐射功率相等为条件定义的。它只考虑了天线的方向性,而没有考虑天线的效率。若一个天线的方向性很强,但其辐射效率很低,则在输入功率相同的条件下,其辐射功率很小,在最大辐射方向上的场强仍然是很小的。因此,需要一个反映天线效率的方向性参数。增益系数正是这样一个参数。

1. 增益系数的定义

设被研究天线和作为参考的无方向性天线的输入功率分别为 P_{in} 和 P_{in0},则被研究天

线的增益系数 G 的定义为：当输入功率 $P_{in} = P_{in0}$ 时，被研究天线在它的最大辐射方向上产生的辐射功率密度（或辐射场模值的平方值或辐射强度）与无方向性天线在该处产生的功率密度（或辐射场模值的平方值或辐射强度）之比。设被研究天线在其最大辐射方向上产生的辐射功率密度、电场强度和辐射强度分别为 S_{max}、E_{max} 和 U_{max}，无方向性天线在同一点所产生的对应值分别为 S_0、E_0 和 U_0，则被研究天线的增益系数为

$$G = G_{max} = \frac{|S_{max}|}{|S_0|}\bigg|_{P_{in}=P_{in0}} = \frac{|E|^2_{max}}{|E_0|^2}\bigg|_{P_{in}=P_{in0}} = \frac{U_{max}}{U_0}\bigg|_{P_{in}=P_{in0}}$$

$$= \frac{U_{max}}{\dfrac{P_{in}}{4\pi}}\bigg|_{P_{in}=P_{in0}} = \frac{4\pi U_{max}}{P_{in}}\bigg|_{P_{in}=P_{in0}} \tag{1-163}$$

增益系数也可定义为当被研究天线在其最大辐射方向和无方向性天线在同一点产生的场强相同时，无方向性天线的输入功率和被研究天线的输入功率之比，即

$$G = G_{max} = \frac{P_{in0}}{P_{in}}\bigg|_{|E|_{max}=|E_0|} \tag{1-164}$$

式（1-163）和式（1-164）以不同的方式给出了增益系数的定义，两者定义方式虽然不同，但所得的增益值是相同的。增益也经常用分贝表示，$G(\mathrm{dB}) = 10\lg G$。

由方向系数和增益系数的定义可以看出，这两个系数非常相似，只是一个考虑的是辐射功率，另一个考虑的是输入功率。

2. 增益系数和方向系数之间的关系

已知被研究天线的辐射功率和输入功率的关系为

$$P_r = \eta_A P_{in}$$

可得

$$P_{in} = \frac{P_r}{\eta_A} \tag{1-165}$$

对于作为参考的无方向性天线，其 $\eta_A = 1$，可得

$$P_{in0} = P_{r0} \tag{1-166}$$

则

$$G = \frac{P_{in0}}{P_{in}}\bigg|_{|E|_{max}=|E_0|} = \frac{P_{r0}}{P_r}\bigg|_{|E|_{max}=|E_0|}\eta_A = D\eta_A \tag{1-167}$$

可见，增益系数为方向系数与辐射效率的乘积。一个天线如果其方向系数很大，但辐射效率很低，则其增益仍然很低。如果方向系数不是很大，辐射效率又很低，则其增益可能小于 1，此时，增益的分贝值为负值。以上所定义的增益是指天线在最大辐射方向上的增益。一般情况下，天线的增益就是指其在最大辐射方向上的增益。

天线在任意方向 (θ, φ) 的增益为

$$G(\theta, \varphi) = \frac{|S(\theta, \varphi)|}{|S_0|}\bigg|_{P_{in}=P_{in0}} = \frac{|E(\theta, \varphi)|^2}{|E_0|^2}\bigg|_{P_{in}=P_{in0}} \tag{1-168}$$

将 $|E(\theta, \varphi)| = |E|_{max}|F(\theta, \varphi)|$ 代入式（1-168），得

$$G(\theta, \varphi) = \frac{|S(\theta, \varphi)|}{|S_0|}\bigg|_{P_{in}=P_{in0}} = \frac{|E|^2_{max}}{|E_0|^2}|F(\theta, \varphi)|^2\bigg|_{P_{in}=P_{in0}} = G|F(\theta, \varphi)|^2$$

$$\tag{1-169}$$

可见，天线在(θ,φ)方向上的增益等于天线在最大辐射方向上的增益与天线的归一化场强方向函数的平方的乘积。

由前面的定义可知，天线的等效辐射功率为$P_r D$。由式(1-165)和式(1-167)，可得$P_r D = \dfrac{P_r}{\eta_A}\eta_A D = P_{in}G$。因此，$P_{in}G$也为天线的等效辐射功率。若要增大天线在最大辐射方向上的辐射场强，则必须增大天线的输入功率P_{in}或增大天线的增益G，即增大天线的等效辐射功率。

3. 相对增益

增益经常用它的相对值来表示。相对增益ε定义为天线的增益与标准天线的增益的比值，表示为

$$\varepsilon = \frac{\eta_A D}{D_S} \tag{1-170}$$

式中，D_S为标准天线的方向系数。设标准天线的效率为1，则标准天线的方向系数与其增益相等。

在超短波、微波波段常用无方向性天线作为标准天线，无方向性天线的方向系数$D_S=1$，将其代入式(1-170)，得相对增益为$\varepsilon = \eta_A D = G$，其分贝值为$\varepsilon(dBi)=10\lg(\eta_A D)$，此时，分贝的单位用 dBi 来表示，以表示标准天线为无方向性天线时的相对增益。

在短波波段，常取半波对称振子为标准天线，其方向系数$D_S=1.64$或2.15dB，则相对增益为$G_h = \varepsilon = \dfrac{\eta_A D}{D_{\lambda/2}} = \dfrac{\eta_A D}{1.64}$，分贝值为$G_h(dBd)=10\lg\left(\dfrac{\eta_A D}{1.64}\right)=10\lg(\eta_A D)-2.15$。此时，分贝的单位用 dBd 来表示，以表示标准天线为半波对称振子时的相对增益。由上面对dB、dBi 和 dBd 的定义可以看出，dB 与 dBi 相等，dBd 等于 dBi 或 dB 减去 2.15dB。如对于一个 6.1dB 的天线，它的增益可以写成，$G=6.1dB=6.1dBi=3.95dBd$。

4. 部分增益

当考虑天线的极化时，常使用部分增益的概念。某给定极化分量的部分增益的定义为设被研究天线和作为参考的无方向性天线的输入功率分别为P_{in}和P_{in0}，则当输入功率$P_{in}=P_{in0}$时，被研究天线在最大辐射方向产生的某极化分量的功率密度(或场强模值的平方值或辐射强度)与无方向性天线在该处产生的功率密度(或场强模值的平方值或辐射强度)之比。以上定义为天线在最大辐射方向上的部分增益，也可以类似地定义天线在其他方向上的部分增益。一般若不特别说明，部分增益就是指在天线在最大辐射方向上的部分增益。天线的增益等于用功率比表示的任意两个正交极化的部分增益之和。

设一天线所辐射的电场由两个正交极化的场分量$\boldsymbol{E}_1$和$\boldsymbol{E}_2$组成，即总电场为$\boldsymbol{E}=\boldsymbol{E}_1+\boldsymbol{E}_2$，且$\boldsymbol{E}_1 \cdot \boldsymbol{E}_2=0$，则$|\boldsymbol{E}|^2=|(\boldsymbol{E}_1+\boldsymbol{E}_2)^2|=|\boldsymbol{E}_1|^2+|\boldsymbol{E}_2|^2$。将其代入增益系数的定义式(1-163)，得

$$G = G_{max} = \frac{|\boldsymbol{E}|^2_{max}}{|\boldsymbol{E}_0|^2}\bigg|_{P_{in}=P_{in0}} = \frac{|\boldsymbol{E}_1|^2_{max}+|\boldsymbol{E}_2|^2_{max}}{|\boldsymbol{E}_0|^2}\bigg|_{P_{in}=P_{in0}} = G_1 + G_2 \tag{1-171}$$

式中，G_1和G_2分别为正交极化分量 1 和正交极化分量 2 的部分增益。

对于很多实际天线，增益的近似公式为

$$G \approx \frac{30000}{2\theta_{0.5E} \cdot 2\theta_{0.5H}} \tag{1-172}$$

式中，$2\theta_{0.5E}$ 和 $2\theta_{0.5H}$ 的单位为度（°）。

1.3.8　天线的有效长度

1. 矢量有效长度

电基本振子上的电流分布是均匀、同相的，它在最大辐射方向上的辐射电场可由式（1-20）表示为

$$\boldsymbol{E}_{\max} = -\mathrm{j}\eta \frac{I}{2\lambda r} \mathrm{e}^{-\mathrm{j}kr} \boldsymbol{l} \tag{1-173}$$

式中，$\boldsymbol{l}$ 为电基本振子的矢量长度，I 为电基本振子上的电流，η 为波阻抗。

由式（1-173）可见，电基本振子在最大方向上的辐射场强的大小与它的矢量长度 $\boldsymbol{l}$ 的大小成正比（应保持满足 $l \ll \lambda$ 的条件），其方向与矢量长度 $\boldsymbol{l}$ 的方向相反，因此电基本振子的矢量长度 $\boldsymbol{l}$ 的大小反映了它的辐射能力的大小，方向反映了它所辐射的场的极化。

对于一个电流均匀同相分布的线天线，将其分成很多小段 $\mathrm{d}l$，每小段可认为是一个电基本振子。此电基本振子在其最大辐射方向上（垂直于振子轴线的方向）所产生的电场为

$$\mathrm{d}\boldsymbol{E}_{\max} = -\mathrm{j}\eta \frac{I}{2\lambda R} \mathrm{e}^{-\mathrm{j}kR} \mathrm{d}\boldsymbol{l} \tag{1-174}$$

式中，R 为由小段 $\mathrm{d}l$ 到空间场点的距离。

各小段到在垂直于振子轴线的方向上场点的行程差近似为 0。因此在垂直于振子轴线的方向上，各小段所产生的场同相叠加为最大值，电流分布均匀同相的直线线天线在最大方向上所产生的场为

$$\boldsymbol{E}_{\max} = \int -\mathrm{j}\eta \frac{I}{2\lambda R} \mathrm{e}^{-\mathrm{j}kR} \mathrm{d}\boldsymbol{l} = -\mathrm{j}\eta \frac{I}{2\lambda r} \mathrm{e}^{-\mathrm{j}kr} \int \mathrm{d}\boldsymbol{l} = -\mathrm{j}\eta \frac{I}{2\lambda r} \mathrm{e}^{-\mathrm{j}kr} \boldsymbol{l} \tag{1-175}$$

式中，$\boldsymbol{l}$ 为此直线线天线的矢量长度。

由式（1-175）可以看出，一个电流分布均匀同相的直线线天线在其最大辐射方向上辐射的电场与其矢量长度成正比。矢量长度的模值反映电场模值的大小，即反映了天线的辐射能力，其方向反映所辐射电场的极化方向。

对于一般的线天线，沿线电流的振幅分布是不均匀的，这使得线上各基本元的辐射作用也不均匀，因此，不能直接用天线的长度来反映天线的辐射能力。如对称振子天线电流的振幅分布近似为正弦分布，它的辐射能力并不按比例随着天线的长度变化而变化。为了衡量天线的辐射能力，定义"矢量有效长度"这个参数。发射天线在 (θ, φ) 方向的矢量有效长度的定义为"一个电流分布不均匀的天线，可以用一个沿线电流分布为均匀同相、幅度等于其输入电流或波腹电流的直线线天线来等效。如果电流分布不均匀的天线在某方向上的辐射场与等效天线在最大辐射方向上的辐射场场强相同，则此等效直线线天线的矢量长度就是该电流分布不均匀天线在该方向上的矢量有效长度 $l_e(\theta, \varphi)$。"

由以上关于矢量有效长度的定义及式（1-175），一个矢量有效长度为 $l_e(\theta, \varphi)$ 的天线在整个空间的辐射场可以表示为

$$\boldsymbol{E}(\theta, \varphi) = -\mathrm{j}\eta \frac{I}{2\lambda r} \mathrm{e}^{-\mathrm{j}kr} \boldsymbol{l}_e(\theta, \varphi) = \eta \frac{I}{2\lambda r} \mid \boldsymbol{l}_e(\theta, \varphi) \mid \boldsymbol{e}_E \tag{1-176}$$

式中,I 为矢量有效长度的参考电流,一般取输入电流或波腹电流。e_E 为天线辐射场的极化单位矢量(复数单位矢量)。由 e_E 的定义式(1-11)和式(1-176),可得

$$e_E = \frac{E(\theta,\varphi)}{|E(\theta,\varphi)|} = \frac{-je^{-jkr}l_e(\theta,\varphi)}{|l_e(\theta,\varphi)|} \tag{1-177}$$

由式(1-176)可知,由天线的矢量有效长度、参考电流和信号的波长,可求得天线在空间的辐射场。矢量有效长度的模值越大,其辐射电场的强度越强,因此,矢量有效长度的模值反映了天线的辐射能力。

由式(1-170)可得,矢量有效长度可由天线辐射的空间场求得,即

$$l_e(\theta,\varphi) = j\frac{2\lambda r}{\eta I}e^{jkr}E(\theta,\varphi) = j\frac{2\lambda r}{\eta I}e^{jkr}|E(\theta,\varphi)|e_E \tag{1-178}$$

将式(1-104)代入式(1-178),得由矢量方向函数计算矢量有效长度的公式为

$$l_e = j\frac{120\lambda}{\eta}f(\theta,\varphi) = j\frac{120\lambda}{\eta}e^{jkr}|f(\theta,\varphi)|e_E \tag{1-179}$$

由式(1-179)可以看出,矢量有效长度包含了天线辐射场的方向、相位和极化的信息。其与矢量场强方向函数成正比。在最大辐射方向上天线的矢量有效长度为

$$l_{emax} = j\frac{2\lambda r}{\eta I}e^{jkr}E(\theta=\theta_{max},\varphi=\varphi_{max}) = j\frac{120\lambda}{\eta}f(\theta=\theta_{max},\varphi=\varphi_{max}) \tag{1-180}$$

例 1.6   求沿 z 轴放置、长度为 l 的电基本振子在 (θ,φ) 方向上的矢量有效长度和在最大辐射方向上的矢量有效长度。

解   将电基本振子在远区的辐射电场表达式(见式(1-19))代入式(1-178),得电基本振子在 (θ,φ) 方向上的矢量有效长度为

$$l_e(\theta,\varphi) = -l \times e_r \times e_r = -le_z \times e_r \times e_r = -l\sin\theta e_\theta \tag{1-181}$$

式中,$l = le_z$ 为电基本振子的矢量长度。

在电基本振子的最大辐射方向上,有

$$\theta = 90°, \quad l_{emax} = -le_\theta = le_z = l \tag{1-182}$$

可见,在不同的方向上,电基本振子的矢量有效长度 l_e 的大小和方向都是不同的。在最大辐射方向上,其矢量有效长度等于电基本振子的矢量长度 l,其模值最大(大小等于电基本振子的几何长度)。

一般所提的有效长度为在天线最大辐射方向上的矢量有效长度的模值,即后面介绍的标量有效长度,该有效长度可以反映天线在最大辐射方向上的场强大小,但不包含天线辐射场的极化和相位的信息。

例 1.7   如图 1.14 所示,一电流分布不均匀的线天线,其上有同相的沿 z 方向的线电流 $I(z)$,求其在最大辐射方向上的矢量有效长度。

解   若在垂直于 z 轴方向($\theta=90°$)上远区的点到线天线的距离远大于天线的尺寸,则其到天线上各点的射线可近似认为是平行的,即各射线之间没有行程差,因此,天线上各点到空间场点的行程不会引起相位差。线天线上电流沿 z 轴是同相的,因此,若将线天线分成很多小线元,各线元在垂直于 z 轴方向($\theta=90°$)

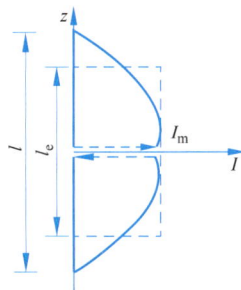

图 1.14   线天线的有效长度

上的远区内的点所辐射的电场是同相叠加的,则 $\theta=90°$ 方向为此线天线的最大辐射方向。由式(1-10)可知,在最大辐射方向($\theta=90°$)上,沿 z 轴放置、长度为 l 的电基本振子的辐射电场为

$$\boldsymbol{E}=\mathrm{j}\frac{Il}{2\lambda r}\eta\mathrm{e}^{-\mathrm{j}kr}\boldsymbol{e}_\theta \tag{1-183}$$

则沿 z 轴放置的线天线上的线元 $\mathrm{d}z$ 在最大辐射方向($\theta=90°$)上的远区所辐射的电场为

$$\mathrm{d}\boldsymbol{E}=\mathrm{j}\frac{I(z)\mathrm{d}z}{2\lambda r}\eta\mathrm{e}^{-\mathrm{j}kr}\boldsymbol{e}_\theta=-\mathrm{j}\frac{I(z)\mathrm{d}z}{2\lambda r}\eta\mathrm{e}^{-\mathrm{j}kr}\boldsymbol{e}_z \tag{1-184}$$

对于全长为 l、沿 z 轴放置的电流分布为不均匀的实际天线,对式(1-184)进行积分,可得此线天线在最大辐射方向上的电场为

$$\boldsymbol{E}_{\max}=\int_{-l/2}^{l/2}\mathrm{d}\boldsymbol{E}=-\mathrm{j}\mathrm{e}^{-\mathrm{j}kr}\frac{\eta}{2\lambda r}\int_{-l/2}^{l/2}I(z)\mathrm{d}z\boldsymbol{e}_z \tag{1-185}$$

将式(1-185)代入式(1-178),得此线天线在最大辐射方向上的矢量有效长度为

$$\boldsymbol{l}_{\mathrm{emax}}=\mathrm{j}\frac{2\lambda r}{\eta I}\mathrm{e}^{\mathrm{j}kr}\boldsymbol{E}_{\max}=\frac{1}{I}\int_{-l/2}^{l/2}I(z)\mathrm{d}z\boldsymbol{e}_z \tag{1-186}$$

式中,I 为矢量有效长度的参考电流。

2. 标量有效长度

在实际中,我们更关心电场强度的大小,即电场的模值,其与矢量有效长度的模值成正比。

由式(1-176)可知,电场的模值为

$$\mid\boldsymbol{E}(\theta,\varphi)\mid=\mid-\mathrm{j}\eta\frac{I}{2\lambda r}\mathrm{e}^{-\mathrm{j}kr}\boldsymbol{l}_{\mathrm{e}}(\theta,\varphi)\mid=\eta\frac{I}{2\lambda r}\mid\boldsymbol{l}_{\mathrm{e}}(\theta,\varphi)\mid=\eta\frac{I}{2\lambda r}l_{\mathrm{e}}(\theta,\varphi) \tag{1-187}$$

式中,标量 $l_{\mathrm{e}}(\theta,\varphi)$ 为在 (θ,φ) 方向上的矢量有效长度的模值。由式(1-187)可知,电场的模值与 $l_{\mathrm{e}}(\theta,\varphi)$ 成正比。

对于最大辐射方向 $(\theta_{\max},\varphi_{\max})$,将 $\theta=\theta_{\max}$ 和 $\varphi=\varphi_{\max}$ 代入式(1-187),可得

$$\mid\boldsymbol{E}\mid_{\max}=\eta\frac{I}{2\lambda r}\mid\boldsymbol{l}_{\mathrm{e}}(\theta_{\max},\varphi_{\max})\mid=\eta\frac{I}{2\lambda r}l_{\mathrm{emax}} \tag{1-188}$$

式中,l_{emax} 为在最大辐射方向上的矢量有效长度的模值,其与最大辐射方向上电场的模值成正比。

由归一化场强方向函数的定义和式(1-188),可得

$$\mid\boldsymbol{E}\mid=\mid\boldsymbol{E}\mid_{\max}F(\theta,\varphi)=\eta\frac{I}{2\lambda r}l_{\mathrm{emax}}F(\theta,\varphi) \tag{1-189}$$

由式(1-187)和式(1-189),可得

$$l_{\mathrm{e}}(\theta,\varphi)=l_{\mathrm{emax}}F(\theta,\varphi) \tag{1-190}$$

因此,在 (θ,φ) 方向上矢量有效长度的模值可由在最大辐射方向上的矢量有效长度的模值和归一化场强方向函数计算得出。

在实际中,有效长度经常是指天线在最大辐射方向上的矢量有效长度的模值,常将 l_{emax} 用 l_{e} 表示,其反映了天线在最大辐射方向上的辐射能力。

因此,对于例 1.7 中的线天线应用式(1-186),可得其有效长度(最大方向上的矢量有效长度的模值)为

$$l_e = \frac{1}{I} \int_{-l/2}^{l/2} I(z) \, dz \qquad (1\text{-}191)$$

由式(1-191),可得

$$I l_e = \int_{-l/2}^{l/2} I(z) \, dz \qquad (1\text{-}192)$$

由式(1-192)可知,对于一个电流分布不均匀的线天线,有效长度与参考电流的乘积与实际电流 $I(z)$ 所围的面积相等,如图 1.14 所示。图 1.14 中有效长度的参考电流为天线的波腹电流 I_m。当参考电流为天线的波腹电流 I_m 时,其有效长度 l_e 小于或等于天线的实际长度 l。只有当天线上的电流分布均匀时,天线的有效长度才与天线的实际长度相等,且为有效长度的最大值。因此,在不增加天线长度的情况下,要提高天线的有效长度(辐射能力)必须使天线上的电流分布更均匀。电流分布越均匀,天线的辐射能力越强,有效长度越长。

由式(1-189)可得有效长度为 l_e 的天线在空间所产生的电场的模值为

$$|E| = |E|_{\max} F(\theta, \varphi) = \eta \frac{I}{2\lambda r} l_{e\max} F(\theta, \varphi) = \eta \frac{I l_e}{2\lambda r} F(\theta, \varphi) \qquad (1\text{-}193)$$

式中,将 $l_{e\max}$ 写成了 l_e。

可见,有了天线的有效长度及其参考电流,就可以由式(1-188)求得天线在最大辐射方向上的电场强度的模值。若又知道天线的归一化场强方向函数,则可由式(1-193)求得天线在空间任一点电场强度的模值。

1.3.9 天线的极化

发射天线的极化为其所辐射的电磁波的极化,一般为其在最大辐射方向上辐射的电磁波的极化。电磁波的极化是指电磁波在传播过程中空间某点电场矢量的方向和幅度随时间变化的状态。波的极化分为线极化、圆极化和椭圆极化,线极化又根据电场方向的不同分为垂直极化和水平极化。圆极化和椭圆极化又分为左旋或右旋圆极化和椭圆极化。

一般情况下一个沿 z 方向传播的平面波的电场强度有两个与传播方向垂直的分量 $E = e_x E_x + e_y E_y$,如图 1.15 所示,电场分量可写成下面的形式:

$$\begin{cases} E_x = E_{xm} \cos(\omega t - kz + \varphi_x) \\ E_y = E_{ym} \cos(\omega t - kz + \varphi_y) \end{cases} \qquad (1\text{-}194)$$

电场的模值为

$$|E| = \sqrt{E_x^2 + E_y^2} \qquad (1\text{-}195)$$

电场矢量的方向与 x 轴的夹角 α 满足

$$\tan\alpha = \frac{E_y}{E_x} = \frac{E_{ym} \cos(\omega t - kz + \varphi_y)}{E_{xm} \cos(\omega t - kz + \varphi_x)} \qquad (1\text{-}196)$$

由式(1-194)~式(1-196)可知,对于空间的一点(z 为常数),电场的模值及电场的方向与 x 轴的夹角都是时间的函数。

1. 线极化

如图 1.16 所示,当电场的 x 分量和 y 分量同相或反相,即 $\varphi_x = \varphi_y$ 或 $\varphi_x = \varphi_y + \pi$ 时,有

$$| \boldsymbol{E} |=\sqrt{E_x^2+E_y^2}=\sqrt{E_{xm}^2+E_{ym}^2} \mid \cos(\omega t-kz+\varphi_y) \mid \qquad (1\text{-}197)$$

$$\tan\alpha=\frac{E_y}{E_x}=\frac{E_{ym}\cos(\omega t-kz+\varphi_y)}{E_{xm}\cos(\omega t-kz+\varphi_x)}=\pm\frac{E_{ym}}{E_{xm}} \qquad (1\text{-}198)$$

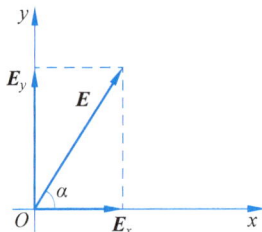

图 1.15　电场矢量及其分量　　　　图 1.16　线极化

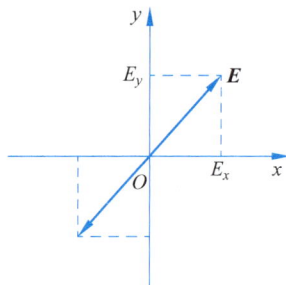

可见,电场的模值随时间做余弦变化,电场与 x 轴的夹角 α 为一与时间无关的常数。因此,随着时间的变化,在空间某一点(z 为常数)观察,电场与 x 轴的夹角不变,电场矢量端点运动的轨迹是一条与 x 轴夹角为 α 的直线。因此,此极化称为线极化。

对于两个沿 z 方向传播的线极化波,若其电场矢量与 x 轴的夹角 α 不同,则它们为不同的线极化。在电磁场理论中,常以入射面为参考平面。入射面为由入射线、反射线与法线所构成的平面。将电场与入射面平行的波称为平行极化波,电场与入射面垂直的波称为垂直极化波。因此,在电磁场理论中,线极化波可分为平行极化波和垂直极化波。平行极化波和垂直极化波在斜入射时的反射系数不同,因此在研究电磁波的斜入射时需要分别讨论。在天线工程中,通常取地面为参考,设地面为反射面,入射面与地面垂直。将电场矢量与入射面平行(在与地面垂直的平面内)的极化称为垂直极化;电场与入射面垂直(电场矢量平行于大地)的极化称为水平极化。注意,电磁场理论与天线工程中极化定义的不同,天线中的水平极化和垂直极化是指后者。当电磁波沿地面传播时,水平极化波的衰减要大于垂直极化波。

2. 圆极化

如图 1.17 所示的圆极化波,当 $E_{xm}=E_{ym}$、$|\varphi_x-\varphi_y|=\dfrac{\pi}{2}$ 时,有

$$| \boldsymbol{E} |=\sqrt{E_x^2+E_y^2}=\sqrt{\left[E_{xm}\cos(\omega t-kz+\varphi_x)\right]^2+\left[E_{ym}\cos(\omega t-kz+\varphi_y)\right]^2}=E_{xm}$$
$$(1\text{-}199)$$

此时电场的模值为一与时间无关的常数。

当 $\varphi_y=\varphi_x-\dfrac{\pi}{2}$ 时,E_y 的相位滞后于 E_x 的相位 $\dfrac{\pi}{2}$。

$$\tan\alpha=\frac{E_{ym}\cos(\omega t-kz+\varphi_y)}{E_{xm}\cos(\omega t-kz+\varphi_x)}=\frac{\cos\left(\omega t-kz+\varphi_x-\dfrac{\pi}{2}\right)}{\cos(\omega t-kz+\varphi_x)}$$
$$=\frac{\sin(\omega t-kz+\varphi_x)}{\cos(\omega t-kz+\varphi_x)}=\tan(\omega t-kz+\varphi_x) \qquad (1\text{-}200)$$

由式(1-200),得

$$\alpha = \omega t - kz + \varphi_x \tag{1-201}$$

由式(1-201)可以看出,对于空间一点,z 为常数,当时间 t 增大时,α 增大。在 xOy 平面的第一象限内,电场由 x 轴向 y 轴的方向旋转,即向相位滞后的分量的方向旋转。这与电磁波在传播过程中,随着传播距离的增加,电场与磁场的相位滞后类似。当沿着波传播方向(z)的反方向看时,电场沿着逆时针方向旋转如图 1.17(a)所示。波的传播方向与电场的旋转方向符合右手法则,此时的波称为右旋圆极化波。

类似地,当 $\varphi_y = \varphi_x + \dfrac{\pi}{2}$ 时,E_x 的相位滞后于 E_y 的相位。对于空间一点,z 为常数,当时间 t 增大时,α 减小,在 xOy 平面的第一象限内,电场由 y 轴向 x 轴的方向旋转,即向相位滞后的分量的方向旋转。当沿着波传播的反方向看时,电场沿着顺时针方向旋转,如图 1.17(b)所示。波的传播方向与电场的旋转方向符合左手法则,此时的波称为左旋圆极化波。

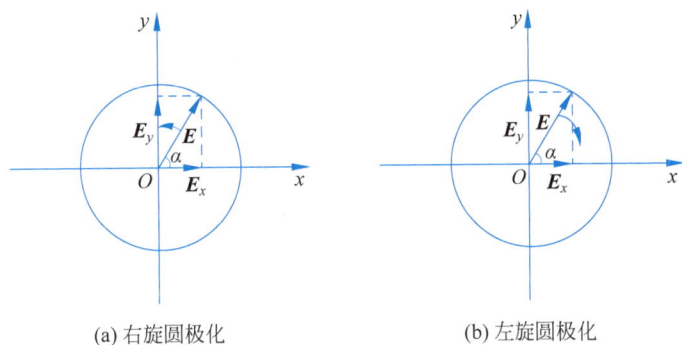

(a) 右旋圆极化　　　　　　　(b) 左旋圆极化

图 1.17　圆极化波

3. 椭圆极化

若波既不是线极化,也不是圆极化,则其为椭圆极化波。椭圆极化波在空间某点电场矢量端点的运动轨迹为一个椭圆。如图 1.18 所示,其中波沿 z 方向传播,电场 E 在 xOy 平面内,其矢量端点的运动轨迹为一椭圆。A 为椭圆的长轴的半长度,B 为椭圆的短轴的半长度,τ 为椭圆的长轴与 x 轴之间的夹角。椭圆极化波的轴比为此椭圆长轴与短轴之比。当轴比为 1 时为圆极化,当轴比为无穷大时为线极化。

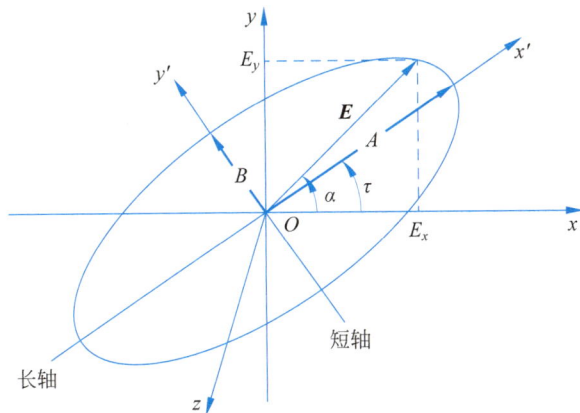

图 1.18　椭圆极化

按照所辐射的电磁波极化的不同,天线可分为线极化天线、圆极化天线和椭圆极化天线。线极化天线又分为水平极化天线和垂直极化天线。圆极化天线又分为左旋圆极化天线和右旋圆极化天线。天线在不同方向上的辐射场的极化可能不同,天线的极化一般是指其在最大辐射方向上辐射的电磁波的极化。同为线极化天线,如果其在最大辐射方向上所辐射的电场的方向不一致,则是不同极化的天线。

由于天线加工制造的误差、线天线并非理想的无限细及馈线的辐射效应等原因,天线辐射的电磁波除了具有设计的极化外,还会有一些与设计的极化正交的极化分量。因此,一般天线的辐射场都是椭圆极化波,不同的椭圆极化波其轴比和旋向不同。任意的椭圆极化波可分解为两正交的线极化或两正交的圆极化(左旋与右旋)。天线设计的极化分量(一般也为最大的极化分量)为主极化分量,与之正交的非设计极化分量为交叉极化分量。例如,垂直极化天线辐射的垂直极化波为主极化分量,辐射的水平极化波为交叉极化分量。右旋圆极化天线辐射的右旋圆极化波为主极化分量,辐射的左旋圆极化波为交叉极化分量。一般交叉极化分量是不需要的分量,需要抑制掉。常使用交叉极化鉴别率这一指标来反映主极化和交叉极化的相对大小关系。在同一方向上,所设计的天线极化辐射的场分量(主极化分量)与对应辐射的正交极化场分量(交叉极化分量)之比称为交叉极化鉴别率,通常以分贝表示。交叉极化鉴别率通常是指在天线最大辐射方向上的主极化分量与交叉极化分量的比值。交叉极化鉴别率越大,则天线的交叉极化分量越小。

电磁波也有交叉极化鉴别率,其定义为"对一个以一给定极化辐射的无线电波而言,在接收点接收到的预期极化的功率与接收到的正交极化的功率之比"。此时的交叉极化鉴别率随天线特性和传播媒质两者而定。应注意其与天线的极化交叉鉴别率的区别。

1.3.10　工作频带宽度

天线的频带宽度是当中心频率两侧天线的特性下降到还能接受的最低限时,两频率间的差值。

令 f_U 和 f_L 分别为能获得满意性能的最高和最低频率,中心频率用 f_C 表示。对于窄带天线,带宽常表示为 $B_p = \dfrac{f_U - f_L}{f_C} \times 100\%$。对于宽带天线,带宽常表示为 $B_r = \dfrac{f_U}{f_L}$ 或 $\dfrac{f_U}{f_L} : 1$。

因为天线的各个特性指标随频率变化的方式不同,所以天线的频带宽度不是唯一的。对应天线的不同特性,有不同的频带宽度,使用时应根据具体情况而定。通常可将它分为两类:根据天线方向性的变化确定的频带宽度为"方向性频宽",与之相应的有主瓣宽度、副瓣电平、主瓣偏离程度和增益变化等的频宽;根据天线阻抗特性的变化确定的频带宽度为"阻抗频宽",与之相应的有输入阻抗(表现为天线输入端的反射系数或驻波系数)和辐射效率的频宽。例如,全长小于或接近半波长的对称振子天线,其方向图随频率的变化很缓慢,但其输入阻抗的变化非常剧烈,因而其频带常根据输入阻抗的变化确定;对于几何尺寸远大于波长的天线或天线阵,其输入阻抗可能对频率不敏感,天线的频带主要根据波瓣宽度的变化、副瓣电平的增大及主瓣偏离主辐射方向的程度等因素确定。

1.3.11　功率容量

输入到天线上的功率不可能无限制地增大,其主要限制在于天线表面的电场和介质材料的性质,即由天线周围的空气及天线绝缘子的介电强度决定。如果电场强度超过允许值,则空气开始电离,结果是可能发生空气被击穿的现象,天线上的介质也会被击穿,使天线的性能下降,以至于无法正常工作。

沿天线的场强分布是不均匀的,这是由于天线的电流分布可能为驻波分布以及不均匀的天线结构引起的。在制造天线时,应注意各个部件(接点、振子的端面等)的加工,防止产生很大的场的局部梯度。

1.4　接收天线理论

发射天线是将馈线中的高频电流能量或导波能量转化为空间辐射的电磁波能量。与发射天线相反,接收天线的主要功能是将电磁波能量转化为天线输出端的高频电流(或导波)能量,再将此能量送到与天线相连的接收机,因此,接收天线相当于接收机的信号源,接收机相当于接收天线的负载。发射天线的分析方法为首先由天线上的电流分布或导波场分布求得天线在空间的辐射场,再由空间的辐射场计算发射天线的辐射功率、方向函数和辐射电阻等参数。接收天线的分析方法为由空间的来波求出接收天线所收下来的在接收天线输出端的电流和电压及在负载中的接收功率。因此,接收天线研究的重点为天线接收无线电波的物理过程,即天线是如何将空间的无线电波接收下来,变成天线输出端的高频电流(或导波)能量的。接收天线的特性参数即为反映此高频电流能量的大小与哪些因素有关以及天线如何能有效地将此高频电流能量送到接收机中的参数。

1.4.1　天线接收无线电波的物理过程

天线接收无线电波的物理过程可通过对如图 1.19 所示的接收天线接收电磁波的物理过程进行分析得到。在图 1.19 中,沿 z 轴放置一长度为 $2l$ 的对称振子天线。设远处传来的电磁波具有平面波的特性,电场矢量与波的传播方向垂直,则可将其分解为一个在由入射线和 z 轴构成的平面内的场分量 E_θ 和另一个与该平面垂直的分量 E_φ,E_φ 与天线的振子轴线垂直。E_θ 又可以分解为一个与振子轴线平行的分量和一个与振子轴线垂直的分量,其与振子轴线平行的分量为 $E_z = -E_\theta \sin\theta$。由于振子较细,在与振子轴线垂直的方向上没有电流的回路,因此,与振子轴线垂直的电场不能在天线中引起感应电流。只有与振子轴线平行的电场分量 $E_z = -E_\theta \sin\theta$ 才能在天线中激起感应电流。假设振子天线是由理想导体构成的,根据电磁场的边界条件,在理想导体表面电场的切向分量为零。而外来的电磁波在振子的表面产生了一个切向的电场分量 $E_z = -E_\theta \sin\theta$,如果没有其他电场与其相抵消,则振子表面的电磁场的边界条件就不能得到满足。因此,为了满足电磁场的边界条件,振子上一定会产生

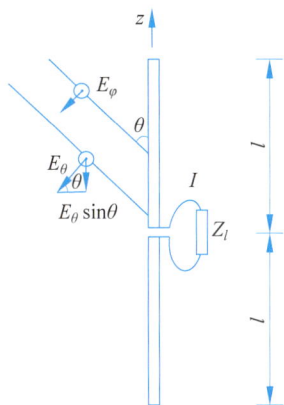

图 1.19　天线接收无线电波的物理过程

感应电流,此感应电流在边界处产生切向感应电场 $E_z' = E_\theta \sin\theta$,$E_z'$ 与 E_z 大小相等,方向相反,两者相互抵消,从而使振子表面的电场的边界条件得到满足。感应电场在天线元 dz 处产生的感应电动势为 $E_z' dz$,该电动势将在负载 Z_l 中产生电流 dI。感应电动势分布在天线导体上的不同位置,如果将在每个基本元处感应的电动势在天线输出端引起的电流 dI 对振子的轴线进行积分,就可以得到在负载 Z_l 中产生的总电流,此即为天线的接收电流。即

$$I = \int dI \tag{1-202}$$

这一分析求解天线接收电流的过程称为感应电动势法。

感应电动势 $E_z' dz = E_\theta \sin\theta dz$ 的大小与来波的电场 E_θ 成正比,同时又与 $\sin\theta$ 成正比。当来波沿着 $\theta = 90°$ 即垂直于振子轴线的方向到达天线时,基本元上的感应电动势 $E_z' dz$ 为最大值 $E_\theta dz$。当来波沿着 $\theta = 0°$ 即沿着振子轴线的方向到达天线时,基本元上的感应电动势 $E_z' dz$ 为零,此时无论来波的电场有多强,天线都不能收到信号。另外,对于不同方向传来的电磁波,到达各基本元的射线与到达对称振子中心点射线的行程差不同,引起天线各基本元上电场的切向分量 E_z 的相位差不同,进而引起各基本元的感应电流的相位也不同,各基本元电流沿振子轴线流到天线的输出端相叠加后所产生的输出电流也不同。若振子的电长度很小,则在天线的输出端各基本元的感应电流接近同相叠加。因此,接收电流的大小与来波方向有关,接收天线也是有方向性的。由于天线的几何形状、尺寸等不同,不同位置的基本元在负载中产生的电流不同。因此,天线输出的总电流必然和天线的结构及尺寸有密切关系。

可直接由感应电动势法求得接收天线上的接收电流。但除了一些简单形状的直线天线外,对于复杂的天线,如果用感应电动势法来分析,那么其过程将很复杂。当然,也可把接收天线作为边值问题来处理。振子在外电场作用下产生的感生电流是产生次级场的场源。设天线为理想导体,则总场应满足导体表面的边界条件。此外,负载阻抗两端的电流还应满足电流连续性原理。由此,可建立次级场与天线上电流分布间关系的积分方程,进一步解出天线上电流分布,求得接收天线的参数。由于接收天线是由来波电场分布源激励的,这一方法要比求解集中源激励的发射天线更为困难,因此并不实用。

互易定理法为将电路理论中关于线性无源二端口网络的互易定理推广应用于接收天线,用于求解接收天线的电流分布。相比于上面的方法,此法相对简单。这里采用此种方法来求解接收天线的接收电流和电动势。

1.4.2　用互易定理分析接收天线

图 1.20 为线性无源二端口网络,端口 1 接阻抗 Z_1,端口 2 接阻抗 Z_2。如果在端口 1 上加上电动势 e_1,则在端口 2 所接阻抗 Z_2 中将产生电流 I_{12};如果在端口 2 上加上电动势 e_2,则在端口 1 所接的阻抗 Z_1 中将产生电流 I_{21}。依据电路理论中的互易定理,e_1、e_2 和 I_{12}、I_{21} 间有如下关系,即

$$\frac{e_1}{I_{12}} = \frac{e_2}{I_{21}} \tag{1-203}$$

将电路理论中的互易定理推广到场的情况并用于进行天线分析,即称为天线理论中的互易定理法。

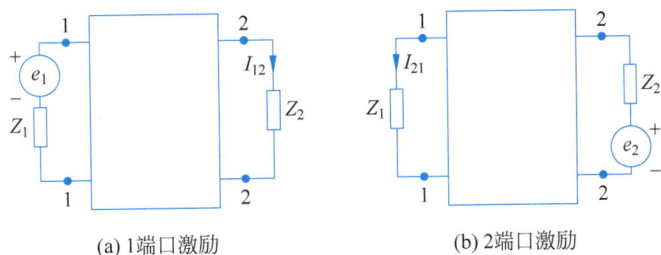

(a) 1端口激励　　　　　　　　(b) 2端口激励

图 1.20　线性无源二端口网络

若将电路理论中的互易定理应用于分析接收天线,首先要将发射和接收天线系统等效为一个二端口网络。设两个任意相同或不相同的天线 1 和天线 2,放在任意的相对位置,两天线间的距离充分远以满足远区场条件,空间的媒质是线性各向同性的,除两天线外,空间不存在其他场源,则发射天线和接收天线系统可等效为一个线性二端口网络,如图 1.21 所示。

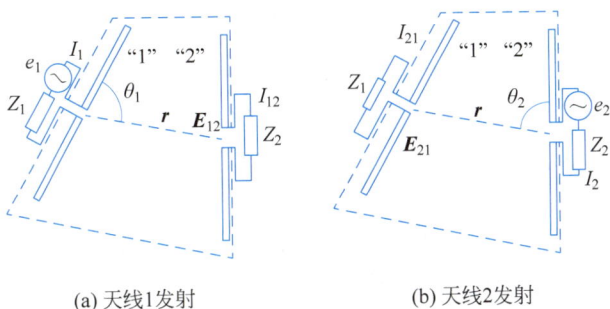

(a) 天线1发射　　　　　　　　(b) 天线2发射

图 1.21　用互易定理法分析接收天线

这里对于空间媒质是否均匀并无特殊要求,仅要求媒质是线性同性的,这个条件在大多数情况下均能满足。只有在电磁波通过电离层时,不满足上面的条件,此时可近似认为是线性二端口网络。下面讨论图 1.21 中的(a)和(b)两种情况,求解电动势 e_1 和 e_2 的表达式。

如图 1.21(a)所示,天线 1 接电动势 e_1,其输入电流为

$$I_1 = \frac{e_1}{Z_1 + Z_{in1}} \tag{1-204}$$

式中,Z_1 是接于端口 1 的阻抗,可以认为是 e_1 的内电阻;Z_{in1} 是天线 1 作为发射天线时的输入阻抗。天线 1 在天线 2 处产生的电场为 $\boldsymbol{E}_{12}$,由于两个天线之间距离足够远,因此,$\boldsymbol{E}_{12}$ 可以用远区场近似式(1-176)表示为

$$\boldsymbol{E}_{12} = -\mathrm{j}\eta \frac{I_1}{2\lambda r} \mathrm{e}^{-\mathrm{j}kr} \boldsymbol{l}_{e1}(\theta_1, \varphi_1) \tag{1-205}$$

式中,$\boldsymbol{l}_{e1}(\theta_1, \varphi_1)$ 为天线 1 用于发射天线时在天线 2 所在方向 (θ_1, φ_1) 上的矢量有效长度;r 是两天线之间的距离。

将式(1-204)代入式(1-205),经整理可得

$$e_1 \boldsymbol{l}_{e1}(\theta_1, \varphi_1) = \mathrm{j} \frac{2\lambda r(Z_1 + Z_{in1})\boldsymbol{E}_{12}}{\eta} \mathrm{e}^{\mathrm{j}kr} \tag{1-206}$$

对式(1-206)中等号的两侧对天线 2 在天线 1 处产生的电场 $\boldsymbol{E}_{21}$ 取标积,整理后得

$$e_1 = \mathrm{j} \frac{2\lambda r (Z_1 + Z_{\mathrm{in1}}) \boldsymbol{E}_{12} \cdot \boldsymbol{E}_{21}}{\eta \boldsymbol{l}_{\mathrm{e1}}(\theta_1, \varphi_1) \cdot \boldsymbol{E}_{21}} \mathrm{e}^{\mathrm{j}kr} \tag{1-207}$$

当天线 2 接电动势 e_2，其输入端电流为

$$I_2 = \frac{e_2}{Z_2 + Z_{\mathrm{in2}}} \tag{1-208}$$

式中，Z_2 为接于端口 2 的阻抗，可以认为是 e_2 的内电阻，Z_{in2} 是天线 2 用作发射天线的输入阻抗。

天线 2 在天线 1 处产生的远区电场 $\boldsymbol{E}_{21}$ 为

$$\boldsymbol{E}_{21} = -\mathrm{j}\eta \frac{I_2}{2\lambda r} \mathrm{e}^{-\mathrm{j}kr} \boldsymbol{l}_{\mathrm{e2}}(\theta_2, \varphi_2) \tag{1-209}$$

式中，$\boldsymbol{l}_{\mathrm{e2}}(\theta_2, \varphi_2)$ 为天线 2 用于发射天线时在天线 1 所在方向 (θ_2, φ_2) 上的矢量有效长度。

将式(1-208)代入式(1-209)，可得

$$e_2 \boldsymbol{l}_{\mathrm{e2}}(\theta_2, \varphi_2) = \mathrm{j} \frac{2\lambda r (Z_2 + Z_{\mathrm{in2}}) \boldsymbol{E}_{21}}{\eta} \mathrm{e}^{\mathrm{j}kr} \tag{1-210}$$

对式(1-210)中等号的两侧对 $\boldsymbol{E}_{12}$ 取标积，经整理后得

$$e_2 = \mathrm{j} \frac{2\lambda r (Z_2 + Z_{\mathrm{in2}}) \boldsymbol{E}_{21} \cdot \boldsymbol{E}_{12}}{\eta \boldsymbol{l}_{\mathrm{e2}}(\theta_2, \varphi_2) \cdot \boldsymbol{E}_{12}} \mathrm{e}^{\mathrm{j}kr} \tag{1-211}$$

将式(1-207)和式(1-211)代入电路理论中的互易定理表达式(1-203)，得

$$\frac{I_{21}(Z_1 + Z_{\mathrm{in1}})}{\boldsymbol{l}_{\mathrm{e1}}(\theta_1, \varphi_1) \cdot \boldsymbol{E}_{21}} = \frac{I_{12}(Z_2 + Z_{\mathrm{in2}})}{\boldsymbol{l}_{\mathrm{e2}}(\theta_2, \varphi_2) \cdot \boldsymbol{E}_{12}} \tag{1-212}$$

现在来分析式(1-212)等号左侧式子中的各参数。$\boldsymbol{E}_{21}$ 为天线 2 发射，作用于天线 1 的电场强度，为天线 1 的接收电场(或来波电场)。I_{21} 为当天线 1 接收电磁波时在天线 1 输出端的输出电流，而 $\boldsymbol{l}_{\mathrm{e1}}(\theta_1, \varphi_1)$ 为天线 1 用作发射天线时在来波方向上的矢量有效长度，I_{21} 与 $\boldsymbol{l}_{\mathrm{e1}}(\theta_1, \varphi_1) \cdot \boldsymbol{E}_{21}$ 的比值只与天线 1 的特性有关，Z_1 是接于天线 1 输入输出端子上的阻抗，Z_{in1} 为天线 1 用作发射天线时的输入阻抗。因此，式(1-212)左边的各参数只与天线 1 的特性有关。同样等式右边的各参数仅与大线 2 有关。对于任何形式和相互排列方式的两个天线所组成的天线系统，式(1-212)均成立。假设天线 1 保持不变，改变天线 2，则式(1-212)左边的值由于天线 1 没有发生变化而不会发生变化，等式右边的值为了维持等式的成立也不会发生变化。因此，等式(1-212)应等于一个常数。即对于任意的接收天线，式(1-213)均成立。

$$\frac{I(Z + Z_{\mathrm{in}})}{\boldsymbol{l}_{\mathrm{e1}}(\theta_1, \varphi_1) \cdot \boldsymbol{E}_2} = C (常数) \tag{1-213}$$

式中，I 为天线的接收电流，Z 为天线所接的负载，$\boldsymbol{l}_{\mathrm{e1}}(\theta_1, \varphi_1)$、$Z_{\mathrm{in}}$ 分别为接收天线用作发射天线时在 (θ_1, φ_1) 方向上的矢量有效长度和输入阻抗，$\boldsymbol{E}_2$ 为到达接收天线的来波的电场强度。下标中的 1 和 2 分别表示与接收天线和来波(发射天线)相关的参数。

将式(1-213)改写为

$$I = C \frac{\boldsymbol{l}_{\mathrm{e1}}(\theta, \varphi) \cdot \boldsymbol{E}_2}{Z + Z_{\mathrm{in}}} = \frac{e_{\mathrm{A}}}{Z + Z_{\mathrm{in}}} \tag{1-214}$$

式中，(θ, φ) 为来波所在的方向，e_{A} 从量纲上及对接收天线的等效电路的分析上应为接收天

线的感应电动势。

$$e_A = Cl_{e1}(\theta, \varphi) \cdot \boldsymbol{E}_2 \tag{1-215}$$

下面来确定常数 C。由于式(1-215)对于任何一种天线都成立,因此可选一种比较简单的天线来确定常数 C,这里选电基本振子。如图 1.22 所示,设来波方向与振子轴(z 轴)成 θ 角,在来波与振子轴所构成的平面内的电场分量为 E_θ,则作用于振子表面的电场切向分量为 $E_z = -E_\theta\sin\theta$。为了满足边界条件,振子上的感应电流产生的切向感应电场为 $E'_z = E_\theta\sin\theta$。由于电基本振子的长度 $l \ll \lambda$,因此可以近似认为照射到电基本振子上各点的场都是同相的,且振子上各点所产生的感应电流流到输出端口时没有行程所引起的相位差,则长度为 l 的电基本振子感应的电动势为

图 1.22 电基本振子的感应电动势

$$e_A = lE_\theta\sin\theta \tag{1-216}$$

此时感应电流的参考方向为 $\boldsymbol{e}_z$ 方向,如图 1.22 所示。电基本振子上端的参考电位高于下端。将电基本振子作为发射天线时的矢量有效长度 $\boldsymbol{l}_{e1} = -l\sin\theta\boldsymbol{e}_\theta$ 代入式(1-215),得

$$e_A = C\boldsymbol{l}_{e1}(\theta, \varphi) \cdot \boldsymbol{E}_2 = -Cl\sin\theta\boldsymbol{e}_\theta \cdot \boldsymbol{E}_2 = -Cl\sin\theta E_{2\theta} = -Cl\sin\theta E_\theta \tag{1-217}$$

式中,$E_{2\theta}$ 为来波电场,在这里等于 E_θ。

对比式(1-216)和式(1-217),可知 $C = -1$,因此,由式(1-214)可得

$$I = -\frac{\boldsymbol{l}_{e1}(\theta, \varphi) \cdot \boldsymbol{E}_2}{Z + Z_{in}} = \frac{e_A}{Z + Z_{in}} \tag{1-218}$$

$$e_A = -\boldsymbol{l}_{e1}(\theta, \varphi) \cdot \boldsymbol{E}_2 \tag{1-219}$$

e_A 为天线接收下来的感应电动势,也为天线接收端的开路电压。由式(1-219)可以看出,当接收天线的极化(反映在 $\boldsymbol{l}_{e1}$ 中,与此天线作为发射天线时的极化相同)与来波的极化一致的时候,e_A 的模值为最大,为极化匹配;当接收天线的极化与来波的极化正交的时候 e_A 为零,为极化正交;其他情况下,e_A 介于零与最大值之间,为极化失配。

将式(1-179)所表示的矢量有效长度代入式(1-219),得接收天线的感应电动势为

$$e_A = -j\frac{120\lambda}{\eta}\boldsymbol{f}_1(\theta, \varphi) \cdot \boldsymbol{E}_2 = -j\frac{120\lambda}{\eta}|\boldsymbol{f}_1(\theta, \varphi)|e^{jkr}\boldsymbol{e}_{E_1} \cdot \boldsymbol{E}_2$$

$$= -j\frac{120\lambda}{\eta}|\boldsymbol{f}_1(\theta, \varphi)||\boldsymbol{E}_2|e^{jkr}\boldsymbol{e}_{E_1} \cdot \boldsymbol{e}_{E_2} \tag{1-220}$$

式中,$\boldsymbol{e}_{E_1} = \dfrac{\boldsymbol{E}_1(\theta, \varphi)}{|\boldsymbol{E}_1(\theta, \varphi)|} = \dfrac{\boldsymbol{f}_1(\theta, \varphi)e^{-jkr}}{|\boldsymbol{f}_1(\theta, \varphi)|}$ 为该接收天线作为发射天线时,在 (θ, φ) 方向上所辐射电场的复数单位矢量(也称为极化单位矢量),其反映了接收天线在 (θ, φ) 方向上的极化和相位,$\boldsymbol{e}_{E_2} = \dfrac{\boldsymbol{E}_2(\theta, \varphi)}{|\boldsymbol{E}_2(\theta, \varphi)|}$ 为在 (θ, φ) 方向上的来波电场的复数单位矢量(也称为极化单位矢量),其反映了来波的极化和相位。

1.4.3 接收天线的参数

1. 接收天线的输入阻抗、方向函数和有效长度

由式(1-218)可知,Z_{in} 应为在天线接收时,天线输出端所呈现的阻抗,而 Z_{in} 又是天线

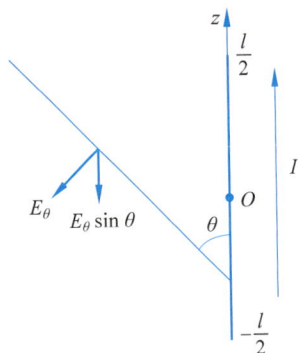

发射时的输入阻抗,因此,天线的输入阻抗在发射和接收时相同。

若定义接收天线的方向函数为其接收的感应电动势 e_A(或天线端子上电流 I)与来波入射线方向(θ,φ)之间的关系。由式(1-220)可知,e_A(或 I)与该天线作为发射天线时的场强方向函数 $f(\theta,\varphi)=|f(\theta,\varphi)|$ 成正比。即当天线用作发射天线时的最大发射方向也是该天线用作接收天线时的最大接收方向。方向函数对于同一天线在接收和发射时是相同的。

由式(1-219)和式(1-177),可得

$$e_A = -\boldsymbol{l}_{e1} \cdot \boldsymbol{E}_2 = -\boldsymbol{l}_{e1} \cdot e_{E_2} |\boldsymbol{E}_2| = -\mathrm{j}e^{jkr} |\boldsymbol{l}_{e1}| |\boldsymbol{E}_2| e_{E_1} \cdot e_{E_2} \qquad (1\text{-}221)$$

式中,$\boldsymbol{l}_{e1}$ 为接收天线作为发射天线时的矢量有效长度,$\boldsymbol{E}_2$ 为来波电场强度,e_{E_1} 为接收天线作为发射天线时所辐射电场的复数单位矢量,也为该天线作为接收天线时的复数单位矢量,e_{E_2} 为来波电场的极化单位矢量。

定义接收天线的矢量有效长度为其模值在来波与接收天线的极化匹配时,与接收天线的接收电动势成正比,其极化单位矢量与接收天线的极化单位矢量一致。则由式(1-221)可知,接收天线的矢量有效长度与该天线作为发射天线时的矢量有效长度相同。接收天线的矢量有效长度反映了该天线的接收能力和极化。其模值越大,则在与接收天线极化匹配的相同来波的情况下,所接收到的感应电动势就越大。

由以上所定义的接收天线的参数,可发现其与该天线作为发射天线时的参数相同。由于收发的互易性,因此发射天线的大部分的参数与接收天线的是相同的。但要注意,其用于发射天线和接收天线时的含义是不同的:一个反映的是天线的发射特性,另一个反映的是天线的接收特性。下面进一步介绍接收天线的参数。

2. 接收天线的最大接收功率和最佳接收功率

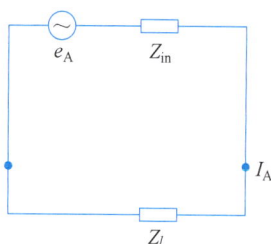

由式(1-214)可知,任一接收天线均可得出如图 1.23 所示的等效电路,其中 $Z_l = R_l + \mathrm{j}X_l$ 是接收天线的负载阻抗,通常它就是接收机或馈线的输入阻抗。共轭匹配时($R_l = R_{\mathrm{in}}$;$-X_l = X_{\mathrm{in}}$)天线输出功率最大,此时

$$P_{\max} = \frac{1}{2} |I_A|^2 R_{\mathrm{in}} = \frac{1}{2} \left| \frac{e_A}{2R_{\mathrm{in}}} \right|^2 R_{\mathrm{in}} = \frac{|e_A|^2}{8R_{\mathrm{in}}}$$

图 1.23 接收天线的等效电路

$$(1\text{-}222)$$

将式(1-220)代入式(1-222),可得

$$P_{\max} = \frac{e_A^2}{8R_{\mathrm{in}}} = \frac{\left| -\mathrm{j}\dfrac{120\lambda}{\eta} |f_1(\theta,\varphi)| |\boldsymbol{E}_2| e_{E_1} \cdot e_{E_2} \right|^2}{8R_{\mathrm{in}}}$$

$$= \frac{1800\lambda^2 |f_1(\theta,\varphi)|^2 |\boldsymbol{E}_2|^2}{|\eta|^2 R_{\mathrm{in}}} |e_{E_1} \cdot e_{E_2}|^2 \qquad (1\text{-}223)$$

由式(1-223)可知,$P_{\max}$ 与 $|e_{E_1} \cdot e_{E_2}|^2$ 成正比,定义接收天线与来波的极化失配因子为

$$\nu = |e_{E_1} \cdot e_{E_2}|^2 \qquad (1\text{-}224)$$

当极化匹配时,$\nu=1$,此时接收功率最大;当极化失配时,$0<\nu<1$,此时接收功率介于最大值和 0 之间;当极化正交时,$\nu=0$,此时接收功率为 0。

由于作为发射天线的输入电阻与作为接收天线的输入电阻相同,则有 $R_{in}=R_{r0}+R_{d0}$,其中,R_{d0} 为归算于天线输入电流 I_{in} 的损耗电阻。若天线是无耗的,有 $R_{in}=R_{r0}$,则式(1-222)变为

$$P_{opt}=\frac{|e_A|^2}{8R_{r0}}=\frac{|e_A|^2}{8R_{in}\dfrac{R_{r0}}{R_{in}}}=\frac{|e_A|^2}{8R_{in}}\frac{1}{\eta_A}=P_{max}\frac{1}{\eta_A} \tag{1-225}$$

式中,P_{opt} 称为接收天线的最佳接收功率,$\eta_A=R_{r0}/R_{in}$ 为接收天线作为发射天线时的效率。

当天线以最大接收方向对准来波方向且天线的极化与来波极化一致时,由式(1-219)可得,感应电动势 $|e_A|=|E_2||l_{el}|_{max}$,将其代入式(1-225),可得接收天线的最佳接收功率为

$$P_{opt}=\frac{|E_2|^2|l_{el}|_{max}^2}{8R_{r0}}=\frac{|E_2|^2l_{el}^2}{8R_{in}}\eta_A \tag{1-226}$$

式中,$l_{el}=|l_{el}|_{max}$ 为接收天线在最大接收方向上矢量有效长度的模值,也称为接收天线的有效长度。

3. 方向系数

假定从各个方向传来的波的场强相同,天线在 (θ,φ) 方向接收时向匹配负载输出的功率 $P_{re}(\theta,\varphi)$ 与在各个方向上接收时进入负载的功率的平均值 P_{reav}(等于一个损耗与接收天线相同的各向同性的点源的接收功率)之比称为接收天线在 (θ,φ) 方向的方向系数,即

$$D(\theta,\varphi)=\frac{P_{re}(\theta,\varphi)}{P_{reav}} \tag{1-227}$$

已知

$$P_{re}(\theta,\varphi)=\frac{1}{2}\left|\frac{e_A}{Z_l+Z_{in}}\right|^2 R_l \tag{1-228}$$

$$P_{reav}=\frac{1}{4\pi r^2}\int_0^{2\pi}\int_0^{\pi}P_{re}(\theta,\varphi)r^2\sin\theta\,d\theta\,d\varphi \tag{1-229}$$

式中,$P_{re}(\theta,\varphi)$ 为接收天线在 (θ,φ) 方向上的接收功率。将式(1-228)和式(1-229)代入式(1-227),得

$$D(\theta,\varphi)=\frac{|e_A|^2}{\dfrac{1}{4\pi}\displaystyle\int_0^{2\pi}\int_0^{\pi}|e_A|^2\sin\theta\,d\theta\,d\varphi} \tag{1-230}$$

将式(1-220)代入式(1-230),得

$$D(\theta,\varphi)=\frac{4\pi|f_1(\theta,\varphi)|^2}{\displaystyle\int_0^{2\pi}\int_0^{\pi}|f_1(\theta,\varphi)|^2\sin\theta\,d\theta\,d\varphi}=\frac{4\pi F_1^2(\theta,\varphi)}{\displaystyle\int_0^{2\pi}\int_0^{\pi}F_1^2(\theta,\varphi)\sin\theta\,d\theta\,d\varphi}=DF_1^2(\theta,\varphi)$$

$$\tag{1-231}$$

式中,$F_1(\theta,\varphi)$ 为接收天线的归一化场强方向函数。

在最大接收方向上的方向系数为

$$D=\frac{4\pi}{\displaystyle\int_0^{2\pi}\int_0^{\pi}F_1^2(\theta,\varphi)\sin\theta\,d\theta\,d\varphi} \tag{1-232}$$

由于同一天线作为发射和接收时的方向函数相同,则式(1-232)和式(1-142)所描述的

发射天线的方向系数相同。因此,接收天线的方向系数与该天线作为发射天线时的方向系数相同。

4. 效率

接收天线的效率的定义为天线向匹配负载输出的最大功率和假定天线无耗时向匹配负载输出的最大功率(即最佳接收功率)的比值,即

$$\eta_{\mathrm{A}} = \frac{P_{\mathrm{max}}}{P_{\mathrm{opt}}} \tag{1-233}$$

由式(1-225),可得

$$\eta_{\mathrm{A}} = \frac{R_{\mathrm{r0}}}{R_{\mathrm{in}}} \tag{1-234}$$

式(1-234)也称为天线作为发射天线时的效率。可见,天线作为发射天线和作为接收天线时的效率是相同的。

5. 增益系数

接收天线在(θ,φ)方向上增益系数的定义为假定从各个方向传来电波的场强相同,天线在(θ,φ)方向上接收时向匹配负载输出的功率和天线在各个方向接收且天线是理想无耗时向匹配负载输出功率的平均值(等于一个无损耗的各向同性点源的接收功率)的比值。即

$$G(\theta,\varphi) = \frac{P_{\mathrm{re}}(\theta,\varphi)}{P_{\mathrm{oreav}}} \tag{1-235}$$

式中,P_{oreav}为天线在各个方向接收且天线是理想无耗时向匹配负载输出功率的平均值。由接收天线效率的定义式(1-233),可得

$$P_{\mathrm{oreav}} = \frac{P_{\mathrm{reav}}}{\eta_{\mathrm{A}}} \tag{1-236}$$

将式(1-236)代入式(1-235),得

$$G(\theta,\varphi) = \eta_{\mathrm{A}} \frac{P_{\mathrm{re}}(\theta,\varphi)}{P_{\mathrm{reav}}} = \eta_{\mathrm{A}} D(\theta,\varphi) \tag{1-237}$$

在最大接收方向上,

$$G = \eta_{\mathrm{A}} D \tag{1-238}$$

既然η_{A}和D与该天线作为发射天线时的相同,则增益G也必然和该天线作为发射天线时的增益相同。

6. 有效接收面积

有效接收面积又称为有效面积或实效面积。天线在(θ,φ)方向上的有效面积的定义为在天线的极化与来波的极化完全匹配以及其负载与天线阻抗共轭匹配的条件下,天线在某方向所接收的功率$P_{\mathrm{re}}(\theta,\varphi)$与入射电磁波功率密度$S_2$之比,即

$$S_{\mathrm{e}}(\theta,\varphi) = \frac{P_{\mathrm{re}}(\theta,\varphi)}{S_2} = \frac{P_{\mathrm{re}}(\theta,\varphi)}{|\boldsymbol{E}_2|^2/(2\eta)} \tag{1-239}$$

式中,S_2和$\boldsymbol{E}_2$分别为来波的坡印廷矢量的模值和电场矢量。

由式(1-239),可得

$$P_{\mathrm{re}}(\theta,\varphi) = S_{\mathrm{e}}(\theta,\varphi) S_2 \tag{1-240}$$

因此,在极化匹配和负载匹配的情况下,接收功率可由来波的功率密度与有效面积的乘

积求得,为垂直进入有效面积大小的口面的电磁波的功率。

下面推导有效面积的计算公式。由式(1-104)和式(1-176)得接收天线在最大接收方向上的矢量方向函数的模值为

$$|f_1|_{\max} = \frac{|E_1|_{\max} r}{60I} = \frac{\eta|l_{e1}|_{\max}}{120\lambda} = \frac{\eta l_{e1}}{120\lambda} \tag{1-241}$$

式中,E_1 为接收天线作为发射天线时的辐射场,l_{e1} 为接收天线的矢量有效长度,η 为天线所在处空间媒质的波阻抗,对于自由空间 $\eta = \eta_0 = 120\pi$。将式(1-241)代入式(1-152),可得

$$D = \frac{\pi\eta l_{e1}^2}{\lambda^2 R_r} = \frac{\pi\eta l_{e1}^2}{\lambda^2 \eta_A R_{in}} \tag{1-242}$$

当接收天线的极化与来波 E_2 的极化完全匹配以及其负载与天线阻抗共轭匹配时,由式(1-222)和式(1-219),得

$$P_{re}(\theta,\varphi) = \frac{|e_A|^2}{8R_{in}} = \frac{|l_{e1}(\theta,\varphi) \cdot E_2|^2}{8R_{in}} = \frac{|E_2|^2 l_{e1}^2 F_1^2(\theta,\varphi)}{8R_{in}} \tag{1-243}$$

将式(1-243)代入式(1-239),有

$$S_e(\theta,\varphi) = \frac{\eta l_{e1}^2 F_1^2(\theta,\varphi)}{4R_{in}} \tag{1-244}$$

若天线在自由空间中,$\eta = \eta_0 = 120\pi$,则

$$S_e(\theta,\varphi) = \frac{30\pi l_{e1}^2 F_1^2(\theta,\varphi)}{R_{in}} \tag{1-245}$$

将式(1-242)应用于式(1-244),得有效面积公式为

$$S_e(\theta,\varphi) = \frac{\lambda^2 D\eta_A}{4\pi} F_1^2(\theta,\varphi) = \frac{\lambda^2 G}{4\pi} F_1^2(\theta,\varphi) \tag{1-246}$$

天线的有效面积一般是指当天线效率 $\eta_A = 1$,在最大接收方向上,即 $F^2(\theta,\varphi) = 1$ 时的有效面积,即

$$S_e = \frac{\lambda^2 D}{4\pi} \tag{1-247}$$

位于自由空间的电基本振子,方向系数 $D = 1.5$,则有效面积为 $S_e \approx 0.119\lambda^2$。

将式(1-246)代入式(1-240),可得当天线的极化与来波的极化完全匹配以及其负载与天线阻抗共轭匹配时天线的接收功率为

$$P_{re}(\theta,\varphi) = S_e(\theta,\varphi)S_2 = S_e\eta_A F_1^2(\theta,\varphi)S_2 = \frac{\lambda^2 D\eta_A}{4\pi} F_1^2(\theta,\varphi)S_2 = \frac{\lambda^2 G}{4\pi} F_1^2(\theta,\varphi)S_2 \tag{1-248}$$

式中,S_2 为 (θ,φ) 方向上极化匹配来波的坡印廷矢量。

7. 失配因子

当来波极化与天线极化不匹配及负载与天线的输入阻抗不匹配的时候,将使实际的接收功率减小。常用极化失配因子 ν 和阻抗失配因子 μ 来对这两种失配进行度量。

1) 极化失配因子 ν

如图 1.24 所示,来波为一线极化波,其电场的取向为沿虚线所示的方向。接收天线也为一线极化天线,其在来波方向上电场的极化方向为图 1.24 中的实线所示。由式(1-219)

可知,当接收天线的极化与来波的极化相同时,接收天线上可感应出最大的感应电动势,因而可从来波中吸取最大能量,如图 1.24(a)所示。当接收天线的极化与来波的极化正交时,不能接收到能量,如图 1.24(c)所示。若来波为线极化波,但其电场的极化方向与线极化天线在来波方向上的极化方向间的夹角为 α,如图 1.24(b)所示,则来波电场在接收天线极化方向上的分量为 $E'=E\cos\alpha$,E' 为与接收天线极化相同的来波场分量,只有此分量才可在天线中引起感应电动势。式(1-224)给出了极化失配因子的定义为 $\nu=|e_{E_1}\cdot e_{E_2}|^2=\cos^2\alpha$,它等于天线在极化不匹配情况下接收到的功率与天线极化匹配时收到的功率的比值,也称为极化效率或极化损耗因子。可将图 1.24 中的 3 种极化情况定义如下。

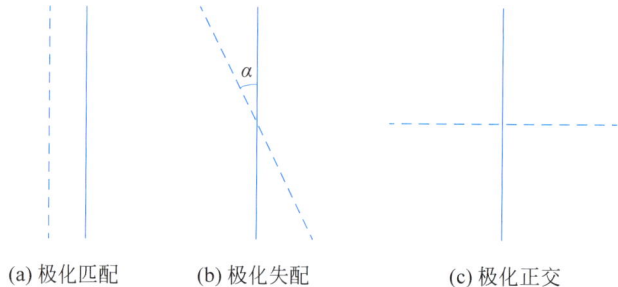

(a) 极化匹配   (b) 极化失配   (c) 极化正交

图 1.24   线极化天线与来波的极化关系

(a) 当 $\alpha=0°$ 时,$\nu=1$,为极化匹配,线极化天线可接收到最大的来波能量。

(b) 当 $0°<\alpha<90°$ 时,$\nu=\cos^2\alpha$,为极化失配,线极化天线只能接收到与之极化相同分量的能量;接收到的能量的大小为匹配时的 $\nu=\cos^2\alpha$ 倍。

(c) 当 $\alpha=90°$ 时 $\nu=0$,为极化正交,此时完全失配,所接收到的来波能量为 0。因此,线极化天线不能接收极化与之相垂直的来波。

椭圆极化波可分解为两旋向相反的圆极化波,也可以分解为两个正交的线极化波。可以证明,圆极化天线只能接收与其本身旋向一致的圆极化波,对于相反旋向的圆极化波,其极化失配因子为 $\nu=0$;线极化天线只能接收与其极化一致的线极化波,对于极化正交的线极化波,其极化失配因子为 $\nu=0$;线极化天线可以接收圆极化波,但只能接收其中与天线极化一致的线极化分量,其极化失配因子为 $\nu=\dfrac{1}{2}$。圆极化天线可以接收线极化波,其极化失配因子为 $\nu=\dfrac{1}{2}$;同样线极化天线接收椭圆极化波时,可以接收与其极化一致的分量。圆极化天线接收椭圆极化波时,只能接收与其旋向一致的圆极化分量。

在天线架设时要注意发射天线与接收天线的极化匹配。有时为了通信的需要,也将线极化天线与圆极化天线一起使用。比如在与船或飞机上的设备进行通信的时候,由于船或飞机在移动,若发射和接收天线均为线极化,则线极化天线的极化将随着移动不断地发生变化,使接收功率不稳定。最坏的情况下,极化完全失配,天线接收不到功率,使通信中断。如果对物体进行跟踪则可能失去目标。若用圆极化天线与线极化天线一起使用,极化失配因子为 $\nu=\dfrac{1}{2}$,接收能量有一半的损失,但信号稳定,因此,在这种情况下一般采用圆极化天线与线极化天线一起使用的方式。

2) 阻抗失配因子 μ

阻抗失配因子 μ 为天线输入(输出)端阻抗失配时传输的能量与阻抗匹配时传输的能量的比值。根据传输线理论,其计算公式为

$$\mu = \eta_\phi = 1 - |\Gamma|^2 = 1 - \left| \frac{Z_{in} - W_0}{Z_{in} + W_0} \right|^2 = 1 - \left(\frac{\rho - 1}{\rho + 1} \right)^2 \tag{1-249}$$

式中,η_ϕ 为天线输入端的匹配效率,Γ 为电压反射系数,Z_{in} 为天线的输入阻抗,W_0 为馈线的特性阻抗。ρ 为传输线上的电压驻波比。当其完全匹配时,$\Gamma = 0$,$\rho = 1$,$\mu = 1$。

在失配条件下,接收天线的有效接收面积为

$$S'_e = \mu \nu S_e \tag{1-250}$$

式中,S_e 为极化匹配和阻抗匹配情况下接收天线的有效接收面积。可见,天线的极化失配和阻抗失配使天线的实际有效接收面积降低,因而接收功率下降。此时,由式(1-248)和式(1-250),可得接收天线的接收功率为

$$P_{re}(\theta, \varphi) = S'_e(\theta, \varphi) S_2 = \mu \nu S_e(\theta, \varphi) S_2 = \mu \nu S_e \eta_A F^2(\theta, \varphi) S_2$$

$$= \mu \nu \frac{\lambda^2 D \eta_A}{4\pi} F^2(\theta, \varphi) S_2 = \mu \nu \frac{\lambda^2 G}{4\pi} F^2(\theta, \varphi) S_2 \tag{1-251}$$

8. 接收天线的噪声温度

当一个天线接收到有用信号的同时,也会收到其他设备或自然界产生的无线电波,这些无线电波均为噪声,同时天线本身在环境温度下也会产生噪声,因此,天线在输出有用信号的同时还会输出噪声。在卫星通信、射电天文等技术中,天线所接收到的无线电信号非常弱。增大天线及接收机的增益可以在一定程度上弥补信号强度的不足。但是,当接收信号的强度与接收系统噪声的强度相接近甚至更弱时,单纯提高系统的增益无济于事。因为在增大信号的同时也增大了噪声,并不能提高与接收质量直接相关的信号噪声比,而接收天线输出的噪声功率的大小或输出信号的信噪比对于接收天线非常重要。天线的噪声温度是反映天线接收噪声功率大小的一个参数,它是接收天线所特有的一个重要参数。对于一些需检测微弱有用信号的大型天线(诸如远程警戒雷达、卫星通信系统及射电天文望远镜等)来说,这些天线不能仅用增益的高低来衡量天线的质量,必须同时考虑其等效噪声温度。

现在研究一下在环境温度下的电阻 R 内的噪声。在电阻 R 内,电子在环境温度 T_0 的影响下作无规则的热运动,由此产生热噪声,可知噪声电压按高斯分布,其均方值为

$$\overline{U}^2 = 4k_B T_0 B R \tag{1-252}$$

式中,$k_B = 1.38 \times 10^{-23}$ (J/K) 为玻尔兹曼常数;B 为带宽(Hz);T_0 为环境的热力学温度(K)。式(1-252) 可表示为噪声电压 $\overline{U}$ 与一无噪声电阻 R 的串联电路,如图 1.25 所示。图 1.25 中示出了此噪声源和带宽为 B 的匹配负载连接时的等效电路。当 $R(B) = R$ 时,电阻 R 有最大噪声功率输出。在电阻 $R(B)$ 上得到的最大噪声功率为

$$P_n = \frac{\overline{U}^2}{4R} = k_B T_0 B \text{ (W)} \tag{1-253}$$

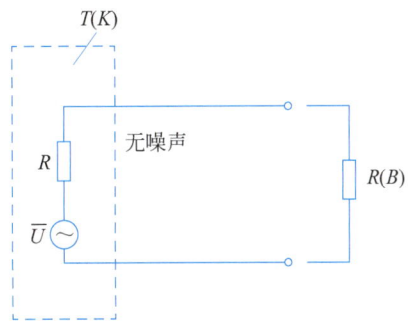

图 1.25 电阻 R 的等效电路

称 P_n 为额定噪声功率，它和电阻 R 无关，仅取决于环境温度和系统的带宽。而噪声源的热力学温度 $T_0 = P_n / k_B \Delta f$ 表示单位带宽的额定噪声功率，因此，噪声源的绝对温度与噪声源所能输出的噪声功率成正比，可以用噪声源的绝对温度来反映其所输出的噪声功率的大小。

设接收天线周围的媒质是均匀的，当环境温度为 T_0 时，输入电阻为 R_{in} 的天线上的热噪声电压的均方值为

$$\overline{U}_{n0}^2 = 4 k_B T_0 B R_{in} \tag{1-254}$$

实际上，除了天线输入电阻在环境温度下所产生的热噪声功率外，天线外部噪声源所产生的无线电波被天线接收下来的噪声功率要比内部热噪声的噪声功率的输出大得多。

外部噪声源包括银河辐射、地球大气层和地表面的辐射、天电干扰以及各种人为干扰等。噪声温度为反映天线输出的噪声功率大小的一个参数。其定义为，假设天线输出的噪声功率与一在环境温度 T_A 下的电阻所输出的最大噪声功率相等，则此环境温度 T_A 即为与此噪声功率相对应的等效噪声温度。此电阻为参考电阻，一般取为天线的输入电阻。由式(1-253)，可得天线输出端的噪声功率和噪声温度之间的关系为

$$P_{nA} = \frac{\overline{U}_{nA}^2}{4 R_{in}} = k_B T_A B \tag{1-255}$$

式中，$\overline{U}_{nA}^2$ 为与天线输出的噪声功率相对应的热噪声电压的均方值，B 为接收天线系统的带宽。因此可以应用 T_A 来衡量天线输出噪声功率的大小。T_A 取决于天线的接收特性和外部噪声源的情况。

外部噪声源的强度可用亮度温度 T_B(K)表示。亮度温度 T_B(K)的定义为若实际物体在某一波长下的光辐射度(即光谱辐射亮度)与绝对黑体在同一波长下的光谱辐射度相等，则黑体的温度称为实际物体在该波长下的亮度温度。如同接收机元件上的分子热运动会产生热噪声一样，大气和宇宙空间中的射电辐射也将通过天线在接收机中产生噪声。在米波以上波段，特别是在厘米波波段，宇宙空间中各种星体、银河、河外星系，以及地球大气和地面辐射等都是噪声的主要来源。

从物理的角度分析，任何物体只要它的实际温度高于绝对零度(0K=−273℃)，就将产生辐射。星体辐射能量的强度通常用亮度温度 T_B 表示。图 1.26 中的实线表示在 0.1～100GHz 频段内，宇宙背景辐射的亮度温度 T_B 与频率的关系。T_B 的最大值对应于银河中心的方向，而最小值对应于它的极点。由此曲线可见，宇宙背景辐射的亮度温度是随频率增高而下降的。图 1.26 中的虚线表示大气噪声，即电离层辐射的亮度温度在仰角 Δ 为不同值时的分布情况。当 $\Delta = 0°$ 时，大气噪声最大。这是由于此方向是大地所在的方向，而大地是一个强的热噪声源；当 $\Delta = 90°$ 时，大气噪声最小。此方向垂直指向天空，常称其为"冷空"。由图 1.26 可以看出，在频率超过 4GHz 时，大气噪声实际上是外部噪声的唯一形式。

天线输出端的噪声温度可由亮度温度和天线的归一化场强方向函数用式(1-256)计算出，为

$$T_A = \frac{\int_0^{2\pi} \int_0^{\pi} T_B(\theta, \varphi) F^2(\theta, \varphi) \sin\theta \, d\theta \, d\varphi}{\int_0^{2\pi} \int_0^{\pi} F^2(\theta, \varphi) \sin\theta \, d\theta \, d\varphi} \tag{1-256}$$

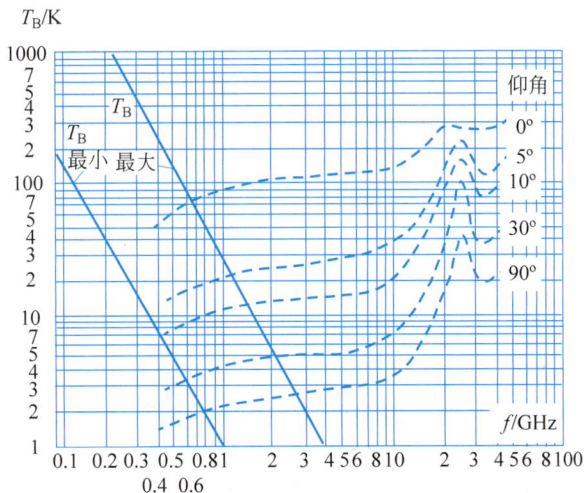

图 1.26 宇宙背景辐射的亮度温度 T_B 与频率的关系

接收系统的噪声温度如图 1.27 所示,接收系统在天线处所收到的噪声温度为 T,此噪声温度经过天线上的热损耗之后,在天线输出端的噪声温度为 T_A,此噪声温度经过环境温度为 T_0 的传输线到达接收机输入端的噪声温度为 $T_{A\phi}$,则整个接收系统的噪声温度为 $T_s = T_{A\phi} + T_r$,T_r 为接收机的噪声温度。设馈线系统的传输效率为 $\eta_\phi = \mathrm{e}^{-2\alpha l}$($\alpha$ 为馈线的衰减常数,l 为馈线的长度),环境温度为 T_0,则它的热噪声功率为 $k_B T_0 B$,在馈线上损耗的功率为 $k_B T_0 B(1-\eta_\phi)$。损耗的功率将以噪声形式再辐射,因此,由于馈线损耗在接收机输入端产生的噪声功率为

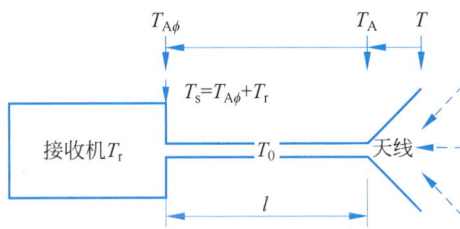

图 1.27 接收系统的噪声温度计算示意图

$$k_B T_\phi B = k_B T_0 B(1-\eta_\phi) \tag{1-257}$$

由式(1-257),得

$$T_\phi = T_0(1-\eta_\phi) \tag{1-258}$$

式(1-258)为对应馈线损耗的等效噪声温度。要降低馈电系统的等效噪声温度,就必须降低环境温度和提高馈线的传输效率。

接收机输入端整个天馈系统的噪声温度 $T_{A\phi}$ 应为

$$T_{A\phi} = T_A \eta_\phi + T_0(1-\eta_\phi) = T_0 + \eta_\phi(T_A - T_0) \tag{1-259}$$

由于天线是接收系统,可以接收外部的噪声,因此一般有 $T_A > T_0$,则由式(1-259)可以看出,当 η_ϕ 降低时,$T_{A\phi}$ 也随之降低。接收机输入端的整个天馈系统的增益 G_{re} 为 $G_{re} = G\eta_\phi$。若 η_ϕ 降低,则 G_{re} 也降低了。因此,虽然噪声功率降低了,但信号功率也降低了,此时信噪比并没有得到提高。

天线接收信号输出到接收机输入端的功率为

$$P_S = S_e S_{av} = \frac{\lambda^2 G_{re}}{4\pi} S_{av} \tag{1-260}$$

天线接收的噪声在接收机输入端的噪声功率为 $P_n = k T_{A\phi} B$,则天线输出信号的信噪比为

$$\frac{P_S}{P_n} = \frac{\lambda^2}{4\pi} \frac{S_{av}}{k_B B} \frac{G_{re}}{T_{A\phi}} = \frac{\lambda^2}{4\pi} \frac{S_{av}}{k_B \Delta f} \frac{G_{re}}{T_{A\phi}} \tag{1-261}$$

可见信噪比与 $\dfrac{G_{re}}{T_{A\phi}}$ 成正比，为此，引入 $\dfrac{G_{re}}{T_{A\phi}}$ 这一指标，即在接收机输入端天馈系统的增益和噪声温度之比。

$$\frac{G_{re}}{T_{A\phi}} = \frac{G\eta_\phi}{T_A \eta_\phi + T_0(1-\eta_\phi)} = \frac{G}{T_A + T_0\left(\dfrac{1}{\eta_\phi} - 1\right)} \tag{1-262}$$

由式(1-262)可以看出，为提高 $\dfrac{G_{re}}{T_{A\phi}}$，应降低 T_A 和 T_0 并提高 η_ϕ。为降低馈线系统的损耗，除提高传输效率外，还应尽可能缩短馈线的长度，例如，低噪声放大器应尽可能安装在靠近天线处。为了降低环境温度 T_0，可采用制冷装置，如将天馈系统中损耗大的元件置于低温容器中。T_A 的大小与天线特性以及天线架设时的指向均有关系，可采用强方向性天线，天线的指向应避开噪声源，这样一方面可使有用信号增益增大，另一方面可减少对其他方向噪声的接收。

本章小结

本章为天线的基础知识，包括天线概述、基本振子的辐射、发射天线的特性参数、接收天线理论。在天线概述中介绍了天线在无线电系统中的作用、特性、分类和研究方法。在基本振子的辐射中介绍了电基本振子的辐射、磁基本振子的辐射和对偶定理，此为天线辐射场计算的基本理论。由于发射天线的辐射机理和计算方法与接收天线的接收机理和计算方法不同，所以分为发射天线的特性参数和接收天线理论两节(1.3节和1.4节)来分别研究发射天线和接收天线的特性。天线的特性参数大部分在发射和接收时是相同的，但在天线作为发射天线和接收天线时，需要分别反映它们的发射特性和接收特性。这些参数大部分可分为与阻抗相关的参数和与方向性相关的参数。天线的特性参数一般是指其远区场的特性参数，因此，首先给出了天线近区和远区的划分。天线的特性参数有天线的辐射强度和辐射功率、辐射阻抗和输入阻抗、方向函数和方向图、效率、方向系数、增益系数、有效长度、极化、工作频带宽度、功率容量、有效接收面积、失配因子、接收天线的噪声温度。其中，天线的功率容量是发射天线所特有的参数，接收天线的噪声温度是接收天线所特有的参数。本章给出了这些参数的定义和计算公式。

通过本章的学习，可以掌握基本振子的辐射及对偶定理，这些为后面天线辐射场的计算打下了基础。天线场区的划分和天线的特性参数的掌握可以使我们全面了解天线所应具有的特性，为后面对天线的分析与设计奠定基础。

第 2 章

CHAPTER 2

均匀媒质中的对称振子及相关天线

对称振子天线是一种典型的线天线，许多线天线都是在对称振子天线结构的基础上变化而得到的。因此对对称振子天线进行研究，对于线天线的设计具有重要的意义。本章所分析的线天线有均匀媒质中的对称振子、宽频带对称振子、V 形对称振子，蝙蝠翼天线和水平全向天线。这些天线均为对称振子，由对称振子变形或排阵而形成。

2.1 均匀媒质中的对称振子

第 1 章中介绍了终端开路的传输线的辐射效率很低，若使其在终端逐渐张开，则其辐射效率将得到提高。当上下两振子张开与原传输线垂直（平行双导线张开 180°）时即为对称振子，如图 2.1 所示。其中，对称振子由两个长度为 l 的臂组成，中间的支撑杆只起支撑的作用，没有辐射的作用。对称振子也称为对称天线、双极天线和偶极天线，是经常使用的一种线天线的类型。由于天线的收发互易性，天线作为发射和接收天线时的许多特性都是相同的。因此，可将对称振子作为发射天线来研究其特性。

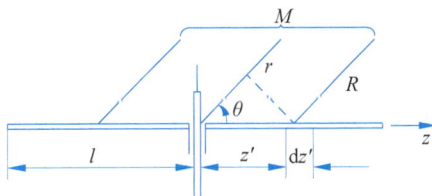

图 2.1 自由空间的对称振子

对天线特性的研究要从其在空间的辐射场出发。首先求出其在空间的辐射场，再由辐射场求出它的特性参数。天线在空间的辐射场可由天线上的电流分布求得，因此，对对称振子研究的第一步是求其上的电流分布。

2.1.1 对称振子的电流分布

求解天线上的电流分布可通过严格的方法即通过边值问题求解积分方程得出，但即便对于像对称振子这样结构简单的线天线，它的严格解也是很难求得的。随着高速、大容量计算机的出现，应用各种数值方法来求解这些方程变得易于实现。目前工程上广泛应用的求解天线上电流分布的数值方法有矩量法（Method Of Moments，MOM）等。对称振子上的电流分布可以通过矩量法得到比较精确的解。

虽然采用矩量法可以得到较精确的解，但其需通过编程利用计算机来进行计算，不便于实际的工程应用。在实际对天线的分析中,常用一种简单的传输线近似方法来求得对称振子上的近似电流分布。下面用传输线近似法来确定对称振子上的电流分布。

如图 2.2 所示的对称振子天线,假设对称振子是由终端开路的双导线传输线在终端张开 180°形成的,在张开的过程中两臂的电流分布没有发生变化,电流按正弦分布形式。由开路双导线上的电流分布可得对称振子上的电流分布近似为

$$I(z) = \begin{cases} I_m \sin\beta(l-z)e_z, & z \geqslant 0 \\ I_m \sin\beta(l+z)e_z, & z < 0 \end{cases} \tag{2-1}$$

式(2-1)也可写为

$$I(z) = I_m \sin\beta(l-|z|)e_z \tag{2-2}$$

式中,I_m 为振子上驻波波腹点的电流振幅值,l 为振子一臂的长度,β 为振子上电流的相移常数。在计算电流分布时,如不计入辐射引起的衰减,则 $\beta = 2\pi/\lambda' \approx k = 2\pi/\lambda$,$\lambda' \approx \lambda$。$\lambda'$ 为对称振子上的线上波长,由于天线的辐射引起的损耗,一般有 $\lambda' < \lambda$。

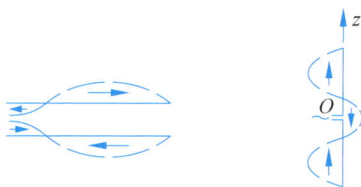

(a) 开路传输线上的电流分布   (b) 对称振子电流分布

图 2.2 对称振子电流分布的近似

由式(2-1)可画出不同单臂长度 l 的对称振子上的电流分布,如图 2.3 所示。由图 2.3 可以看出,当 $l/\lambda = 0.25$ 时,对称振子上的电流分布在中间的馈电点处为电流的波腹点。当 $l/\lambda = 0.5$ 和 $l/\lambda = 1$ 时,对称振子上的电流分布在中间的馈电点处为电流的波节点,即输入端的电流为零,这与实际情况不符,此时电流分布在对称振子的输入端的误差较大。当 $l/\lambda > 0.5$ 时,振子上出现了反相电流。当 $l/\lambda = 1$ 时,反相电流和正相电流的大小相等。对称振子天线上的反相电流会消减在垂直于振子轴线方向上的场强,对于 $l/\lambda = 1$,由于反相电流和正相电流的大小相等,在垂直于振子轴线方向上的场强为零。因此,从电流分布的角度来说,对称振子在 $l/\lambda \leqslant 0.5$ 时,在垂直于振子轴线的方向上,会得到更强的方向特性。

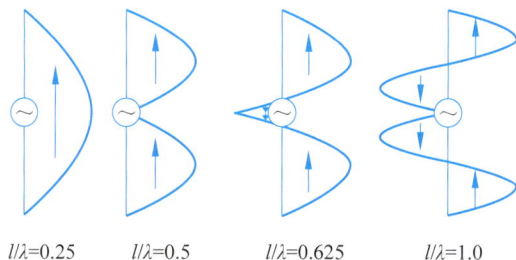

$l/\lambda=0.25$ $l/\lambda=0.5$ $l/\lambda=0.625$ $l/\lambda=1.0$

图 2.3 不同臂长的对称振子的电流分布

如图 2.4 所示，传输线的结构和天线的结构间有很大的差别。传输线上沿线分布参数是均匀的，而天线上对应小单元之间的分布参数是不均匀的。传输线是传输能量的传输系统，而天线是辐射系统，所以用传输线近似法确定对称振子天线上的电流分布会有一定的误差。

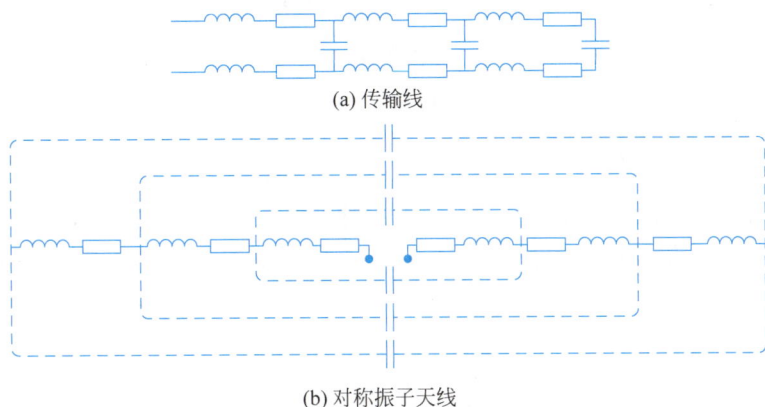

(a) 传输线

(b) 对称振子天线

图 2.4　传输线和对称振子天线的区别

当振子导体柱的直径小于 $\lambda/100$ 时，天线上的电流分布可以很好地用正弦函数近似。图 2.5 中给出了分别用正弦分布和矩量法计算的电流分布曲线。由图 2.5 可知，除在波节点附近外，两曲线基本相同。在研究天线方向性时，主要研究的是远区场，而波节点处的电流的幅值很小，对远区场的贡献小，因此这种近似仍能满足工程要求。但当研究天线的输入阻抗时，电流的波节点在天线的输入端附近时，天线输入电流的误差很大，因而对天线的输入阻抗计算的误差很大，必须对正弦近似作适当修正。

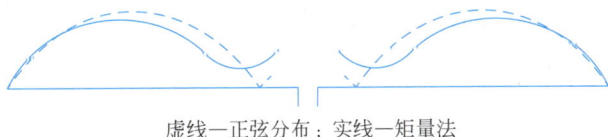

虚线—正弦分布；实线—矩量法

图 2.5　对称振子天线上的电流分布

例 2.1　自由空间中一个单臂长度 l 远小于波长的短对称振子天线，试求该对称振子天线上的电流分布。

解　由式(2-2)可得对称振子天线的电流分布为

$$\boldsymbol{I}(z) = I_{\mathrm{m}} \sin\beta(l - |z|)\boldsymbol{e}_z$$

由于 $l \ll \lambda$，则 $l - |z| \ll \lambda$，$\beta(l - |z|) \ll 1$，因此，$\sin\beta(l-|z|) \approx \beta(l-|z|)$，则此短对称振子天线的电流分布为

$$\boldsymbol{I}(z) = I_{\mathrm{m}} \sin\beta(l-|z|)\boldsymbol{e}_z \approx I_{\mathrm{m}}\beta(l-|z|)\boldsymbol{e}_z \tag{2-3}$$

若忽略天线的辐射损耗，则

$$\beta = \frac{2\pi}{\lambda'} \approx k = \frac{2\pi}{\lambda} \tag{2-4}$$

式中，λ' 为线上的波长，λ 为自由空间的波长。

将式(2-4)代入式(2-3)，得

$$\boldsymbol{I}(z) \approx I_{\mathrm{m}}k(l-|z|)\boldsymbol{e}_z \tag{2-5}$$

由式(2-5)可知,短对称振子$\left(0<\dfrac{l}{\lambda}<0.1\right)$上的电流分布近似为同相线性分布,在$z=0$处的输入端电流最大为$I_{\mathrm{m}}kl$,在短对称振子两端电流为0,其上电流同相。

2.1.2 对称振子的辐射场和辐射强度

对于如图2.1所示的沿z轴放置的对称振子。应用电基本振子远区电场的计算公式(1-10),可得对称振子上$\mathrm{d}z'$线元在空间所产生的远区场为

$$\mathrm{d}E_\theta = \mathrm{j}\frac{I\mathrm{d}z'}{4\pi R}\omega\mu\sin\theta\,\mathrm{e}^{-\mathrm{j}kR} = \mathrm{j}\frac{I\mathrm{d}z'}{2\lambda R}\eta\sin\theta\,\mathrm{e}^{-\mathrm{j}kR} \tag{2-6}$$

由远区场的近似式(1-72)和式(1-73)可知,在分母中$R\approx r$,在相位中$R\approx r-r'(\boldsymbol{e}_r\cdot\boldsymbol{e}_{r'})$。由图2.1可知,$\boldsymbol{r}'=z'\boldsymbol{e}_z$,则$R\approx r-z'(\boldsymbol{e}_r\cdot\boldsymbol{e}_z)=r-z'\cos\theta$,将以上近似代入式(2-6),可得远区场近似式为

$$\mathrm{d}E_\theta = \mathrm{j}\frac{I\mathrm{d}z'}{2\lambda r}\eta\sin\theta\,\mathrm{e}^{-\mathrm{j}kr}\,\mathrm{e}^{\mathrm{j}kz'\cos\theta} \tag{2-7}$$

将对称振子电流分布式(2-2)代入式(2-7),可得对称振子空间辐射电场的计算公式为

$$\begin{aligned}
E_\theta &= \mathrm{j}\frac{I_{\mathrm{m}}}{2\lambda r}\eta\sin\theta\,\mathrm{e}^{-\mathrm{j}kr}\int_{-l}^{l}\sin k(l-|z'|)\mathrm{e}^{\mathrm{j}kz'\cos\theta}\mathrm{d}z'\\
&= \mathrm{j}\frac{I_{\mathrm{m}}}{2\pi r}\eta\frac{\cos(kl\cos\theta)-\cos(kl)}{\sin\theta}\mathrm{e}^{-\mathrm{j}kr}
\end{aligned} \tag{2-8}$$

对于自由空间$\eta=\eta_0=120\pi$,由式(2-8)可得自由空间对称振子的辐射电场为

$$E_\theta = \mathrm{j}\frac{60I_{\mathrm{m}}}{r}\frac{\cos(kl\cos\theta-\cos(kl))}{\sin\theta}$$

由式(2-8)可得沿z轴放置的对称振子的辐射电场可写为

$$\begin{aligned}
\boldsymbol{E} &= \mathrm{j}\frac{I_{\mathrm{m}}}{2\pi r}\eta\frac{\cos(kl\boldsymbol{e}_z\cdot\boldsymbol{e}_r)-\cos(kl)}{|\boldsymbol{e}_z\times\boldsymbol{e}_r|}\mathrm{e}^{-\mathrm{j}kr}\frac{\boldsymbol{e}_z\times\boldsymbol{e}_r\times\boldsymbol{e}_r}{|\boldsymbol{e}_z\times\boldsymbol{e}_r|}\\
&= \mathrm{j}\frac{I_{\mathrm{m}}}{2\pi r}\eta\frac{\cos(kl\boldsymbol{e}_z\cdot\boldsymbol{e}_r)-\cos(kl)}{|\boldsymbol{e}_z\times\boldsymbol{e}_r|^2}\mathrm{e}^{-\mathrm{j}kr}\boldsymbol{e}_z\times\boldsymbol{e}_r\times\boldsymbol{e}_r
\end{aligned} \tag{2-9}$$

将式(2-9)中的$\boldsymbol{e}_z$换成$\boldsymbol{e}_I$可得沿$\boldsymbol{e}_I$方向放置其上电流的参考方向为$\boldsymbol{e}_I$方向的对称振子在空间产生的电场为

$$\boldsymbol{E} = \mathrm{j}\frac{I_{\mathrm{m}}}{2\pi r}\eta\frac{\cos(kl\boldsymbol{e}_I\cdot\boldsymbol{e}_r)-\cos(kl)}{|\boldsymbol{e}_I\times\boldsymbol{e}_r|^2}\mathrm{e}^{-\mathrm{j}kr}\boldsymbol{e}_I\times\boldsymbol{e}_r\times\boldsymbol{e}_r \tag{2-10}$$

对于$l=\lambda/4$的沿$\boldsymbol{e}_I$方向放置的半波对称振子,其空间辐射场可表示为

$$\boldsymbol{E} = \mathrm{j}\frac{I_{\mathrm{m}}}{2\pi r}\eta\mathrm{e}^{-\mathrm{j}kr}\frac{\cos\left(\dfrac{\pi}{2}\boldsymbol{e}_I\cdot\boldsymbol{e}_r\right)}{|\boldsymbol{e}_I\times\boldsymbol{e}_r|^2}\boldsymbol{e}_I\times\boldsymbol{e}_r\times\boldsymbol{e}_r \tag{2-11}$$

自由空间对称振子的辐射功率密度(即坡印廷矢量)为

$$\boldsymbol{S} = \frac{1}{2}\boldsymbol{E}\times\boldsymbol{H}^* = \frac{1}{2}\frac{|\boldsymbol{E}|^2}{\eta_0} = \frac{|\boldsymbol{E}|^2}{240\pi} = \frac{15I_{\mathrm{m}}^2}{\pi r^2}\left[\frac{\cos(kl\cos\theta)-\cos kl}{\sin\theta}\right]^2 \tag{2-12}$$

自由空间对称振子的辐射强度为

$$U(\theta,\varphi) = Sr^2 = \frac{15}{\pi} I_{\mathrm{m}}^2 \left[\frac{\cos(kl\cos\theta) - \cos(kl)}{\sin\theta} \right]^2 \qquad (2\text{-}13)$$

2.1.3 对称振子的方向函数

由场强方向函数的定义式(1-109),可得自由空间对称振子的场强方向函数为

$$f(\theta) = \left| \frac{\cos(kl\cos\theta) - \cos(kl)}{\sin\theta} \right| \qquad (2\text{-}14)$$

归一化场强方向函数为

$$F(\theta) = \frac{|f(\theta)|}{f_{\max}} = \frac{1}{f_{\max}} \left| \frac{\cos(kl\cos\theta) - \cos(kl)}{\sin\theta} \right| \qquad (2\text{-}15)$$

式中,$f_{\max}$ 是 $|f(\theta)|$ 的最大值。

由对称振子的归一化场强方向函数式(2-15)可以看出,对称振子的方向函数只与 θ 角有关,与 φ 角无关,因此,对称振子的辐射是以振子为轴对称的,其方向图也是轴对称的。在赤道面(H 面 $\theta = 90°$)为全向辐射,方向图为一个圆,而振子在子午面的方向图与对称振子的单臂长度 l 有关,不同的单臂长度 l 所对应的归一化方向函数不同,相应的方向图也不同。

半波对称振子为常用的对称振子,其一臂的长度为 $\lambda/4$,全长为半波长。半波对称振子的归一化场强方向函数可由式(2-15)得到,即

$$F(\theta) = \left| \frac{\cos\left(\dfrac{\pi}{2} \cos\theta \right)}{\sin\theta} \right| \qquad (2\text{-}16)$$

按式(2-16)可绘出半波对称振子在子午面(E 面)的方向图,如图 2.6(b)所示。由图 2.6(b)可以看出,半波对称振子天线在 $\theta = 90°$ 方向有最大的辐射,在 $\theta = 0°$ 方向辐射为零。其半功率波瓣宽度为 $2\theta_{0.5} \approx 78°$,略比电基本振子的 $2\theta_{0.5} = 90°$ 窄一些,因此,其方向性要比电基本振子强。根据式(2-15)可以得到不同臂长 l 的对称振子的 E 面方向图,如图 2.6 所示。

对图 2.6 中不同臂长时对称振子 E 面的方向图进行分析可得:

(1) 当 $l/\lambda \ll 1$ 时,振子上的电流在振子的终端为零,在振子的中心馈电处为最大值,电流振幅近似为线性分布,相位相同,其方向图相当于电流元的方向图。

(2) 当 $l < 0.5\lambda$ 时,振子上的电流同相。此时没有副瓣,在 $\theta = 90°$ 方向上各基本元到达观察点的射线行程相等,总场为各基本元在此方向辐射场的同相叠加,因此有最大的辐射场强;随着 l 的增加,参与干涉的基本元增多,方向图逐渐变尖锐。当 $l = 0.25\lambda$ 时(称为半波对称振子),半功率波瓣宽度 $2\theta_{0.5} \approx 78°$。当 $l = 0.5\lambda$ 时(称为全波振子),半功率波瓣宽度 $2\theta_{0.5} \approx 47°$。

(3) 当 $l > 0.5\lambda$ 时,由于振子上出现了反相电流,方向图中出现了副瓣。

(4) 只要一臂长度不超过 0.72λ,辐射的最大值就始终在 $\theta = 90°$ 的方向上。若继续增大 l,辐射的最大方向将偏离 $\theta = 90°$ 方向。原来的副瓣逐渐变成主瓣,而原来的主瓣逐渐变成副瓣。当 $l/\lambda = 1$ 时,原来的主瓣变成同样大小的 4 个波瓣,方向图中出现了栅瓣。

(5) 在 $\theta = 0°$ 方向上,电基本振子的辐射为零,故由无穷多个电基本振子组成的半波对称振子在此方向上的辐射亦为零。

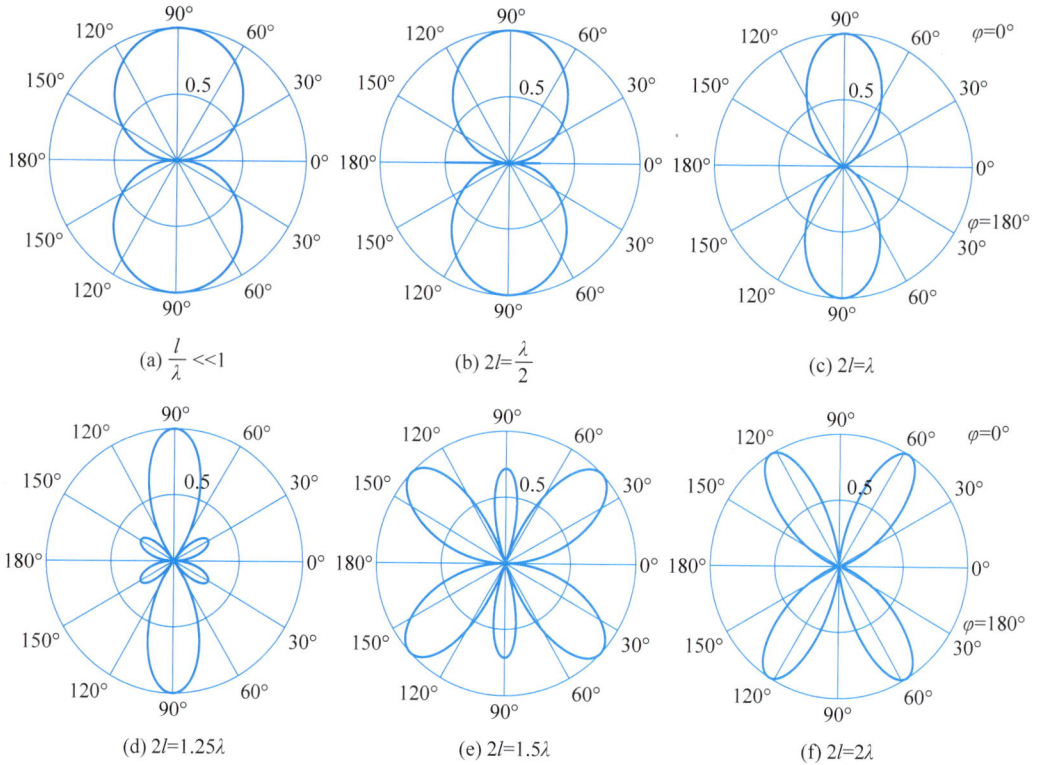

(a) $\dfrac{l}{\lambda} \ll 1$ (b) $2l=\dfrac{\lambda}{2}$ (c) $2l=\lambda$

(d) $2l=1.25\lambda$ (e) $2l=1.5\lambda$ (f) $2l=2\lambda$

图 2.6 不同臂长时对称振子 E 面的方向图

因此,形成天线不同方向性的主要因素为基本元的方向性、天线上电流的振幅和相位分布和各基本元到远区观察点的射线间的行程差。

2.1.4 自由空间对称振子的辐射功率、辐射电阻和辐射阻抗

1. 辐射功率和辐射电阻

1)辐射功率

将式(2-12)所表示的坡印廷矢量对包围天线的球面(在远区)进行积分,可得出对称振子在远区的辐射功率为

$$P_r = \frac{1}{240\pi}\int_0^{2\pi}\int_0^{\pi} \mid E \mid^2 r^2 \sin\theta\, \mathrm{d}\theta\, \mathrm{d}\varphi$$

$$= \frac{15I_m^2}{\pi}\int_0^{2\pi}\int_0^{\pi} \left[\frac{\cos(kl\cos\theta)-\cos kl}{\sin\theta}\right]^2 \sin\theta\, \mathrm{d}\theta\, \mathrm{d}\varphi$$

$$= 30I_m^2\int_0^{\pi} \frac{\left[\cos(kl\cos\theta)-\cos kl\right]^2}{\sin\theta}\, \mathrm{d}\theta \qquad (2\text{-}17)$$

2)辐射电阻

按辐射电阻的定义式(1-93),将式(2-17)代入得归算于波腹电流 I_m 的自由空间对称振子辐射电阻为

$$R_{rm} = \frac{2P_r}{\mid I_m \mid^2} = 60\int_0^{\pi} \frac{\left[\cos(kl\cos\theta)-\cos kl\right]^2}{\sin\theta}\, \mathrm{d}\theta \qquad (2\text{-}18)$$

对式(2-18)进行积分可得

$$R_{rm} = 30\{2[E + \ln(2kl) - Ci(2kl)] + \sin(2kl)[Si(4kl) - 2Si(2kl)] +$$
$$\cos(2kl)[E + \ln(kl) + Ci(4kl) - 2Ci(2kl)]\} \tag{2-19}$$

式中,$E = 0.57721\cdots$为欧拉常数。

$Si(x)$为x的正弦积分,

$$Si(x) = \int_0^x \frac{\sin u}{u} du \tag{2-20}$$

$Ci(x)$为x的余弦积分,

$$Ci(x) = -\int_x^\infty \frac{\cos u}{u} du \tag{2-21}$$

由式(2-19)~式(2-21)可以绘出对称振子的辐射电阻R_{rm}随l/λ的变化曲线,如图2.7所示。

由图2.7可以看出,当对称振子的单臂长度l/λ较小时,辐射电阻很小,随着l/λ的增大,辐射电阻增大,到达极大值后开始下降,到达极小值后又开始增大。电尺寸为几何尺寸与波长的比值。电尺寸很小的天线称为电小天线。电小天线的辐射电阻一般很小,其辐射能力很低。随着电长度的增加,辐射电阻增大,辐射能力增强,但当$l > 0.5\lambda'$(λ'为线上波长)时,线上出现了反相电流,辐射能力开始下降,当$l = 0.75\lambda'$

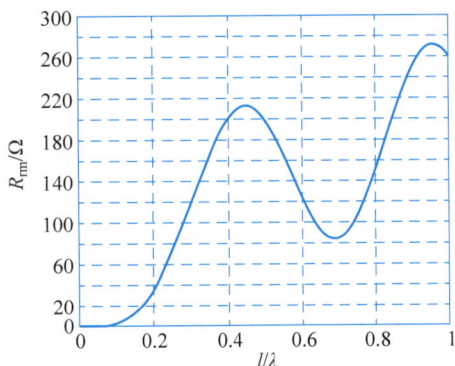

图2.7 对称振子辐射电阻曲线

时,辐射电阻又开始增大,辐射能力增强,但此时最大辐射方向已经偏离了原有的垂直于对称振子轴线的方向,且出现了栅瓣。当$l = \lambda'$时,辐射电阻达到最大值,但此时在垂直于振子轴线的方向上辐射为零,通过振子轴线的平面方向图上有4个相等的波瓣。

半波对称振子归算于波腹电流的辐射电阻为$R_{rm} = 73.1\Omega$,全波对称振子归算于波腹电流的辐射电阻为$R_{rm} \approx 200\Omega$。可见,全波对称振子归算于波腹电流的辐射电阻要远大于半波对称振子归算于波腹电流的辐射电阻,即全波对称振子的辐射能力更强。

2. 辐射阻抗

在式(2-17)的辐射功率的计算中使用的是天线的远区场,因而求得的是天线辐射的实功率,仅能得出辐射电阻。如果要求出对称振子辐射的全部功率(实功率和虚功率),必须将积分的封闭面缩小到与天线的表面重合,则通过此封闭面的总功率为

$$P_{rf} = \oiint_s \boldsymbol{S} \cdot d\boldsymbol{s} = \frac{1}{2} \oiint_s \boldsymbol{E} \times \boldsymbol{H}^* \cdot d\boldsymbol{s} \tag{2-22}$$

由于理想导体表面的切向电场为零,即电场的方向与导体的表面垂直,因此,坡印廷矢量$\boldsymbol{S} = \frac{1}{2}\boldsymbol{E} \times \boldsymbol{H}^*$与导体表面平行,而面元$d\boldsymbol{s}$的方向为面的法线方向,则$\boldsymbol{S} \cdot d\boldsymbol{s} = 0$,因此式(2-22)的积分为零。无法在导体表面应用坡印廷矢量法求天线的辐射功率。

下面应用感应电动势法来计算天线辐射到空间的复功率。设对称振子的电流 $I(z')$ 集中于振子的轴线上,如图 2.8 所示,在振子导体表面产生的切向电场为 E_z。为了满足导体表面切向电场为零的边界条件,对称振子在其振子的表面产生的切向场为 E_z',并且 $E_z' = -E_z$,此 E_z' 在线元 $\mathrm{d}z'$ 上感应的电动势为 $E_z'\mathrm{d}z' = -E_z\mathrm{d}z'$。为了维持此电动势,或者说电流流过此电动势所消耗的功率应为

$$P_{\mathrm{rf}} = \frac{1}{2}\int_{-l}^{l} I(z')(-E_z)\mathrm{d}z' \tag{2-23}$$

式中,E_z 为对称振子上电流所辐射的总场(包括近区场和远区场)在振子表面沿振子轴线(电流的参考方向)方向上的分量,可由电基本振子的总场通过对对称振子轴线进行积分求得。

设振子上的电流仍为式(2-2)所示的正弦分布,则归算于波腹电流的辐射阻抗为

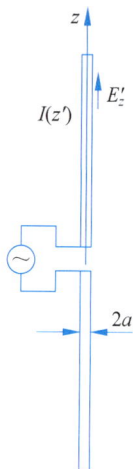

图 2.8 辐射阻抗的计算

$$Z_{\mathrm{rm}} = \frac{2P_{\mathrm{rf}}}{|I_{\mathrm{m}}|^2} = \frac{1}{|I_{\mathrm{m}}|^2}\int_{-l}^{l} I(z')(-E_z)\mathrm{d}z' = R_{r\mathrm{m}} + \mathrm{j}X_{r\mathrm{m}} \tag{2-24}$$

辐射阻抗的积分结果如下:

$$R_{\mathrm{rm}} = 30\{2[E + \ln(2kl) - \mathrm{Ci}(2kl)] + \sin(2kl)[\mathrm{Si}(4kl) - 2\mathrm{Si}(2kl)] +$$
$$\cos(2kl)[E + \ln(kl) + \mathrm{Ci}(4kl) - 2\mathrm{Ci}(2kl)]\} \tag{2-25}$$

$$X_{\mathrm{rm}} = 30\{2\mathrm{Si}(2kl) + \sin(2kl)\left[E + \ln(kl) + \mathrm{Ci}(4kl) - 2\mathrm{Ci}(2kl) - 2\ln\frac{2l}{d}\right] +$$
$$\cos(2kl)[-\mathrm{Si}(4kl) + 2\mathrm{Si}(2kl)]\} \tag{2-26}$$

式中,$E = 0.57721\cdots$ 为欧拉常数。$\mathrm{Si}(x)$ 和 $\mathrm{Ci}(x)$ 为式(2-20)和式(2-21)所示的 x 的正弦积分和余弦积分。所计算得到的辐射电阻式(2-25)与用坡印廷矢量法计算得到的辐射电阻的计算公式(2-19)相同。

图 2.9 为由式(2-25)和式(2-26)计算出的辐射阻抗随 l/λ 的变化曲线。由图 2.9 可以看出,

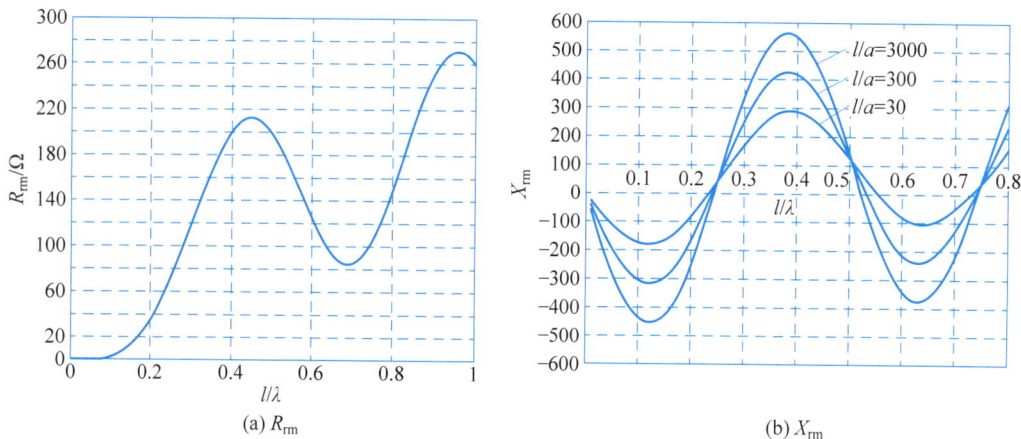

(a) R_{rm}

(b) X_{rm}

图 2.9 对称振子的辐射阻抗

（1）R_{rm} 与振子导线半径 a 的关系不大，与用坡印廷矢量法计算的结果一致。

（2）X_{rm} 随导线半径 a 的增大而减小，随 l/λ 的变化较平缓。因此可通过增加振子半径的方法来提高天线的频带宽度。

（3）当 l/λ 很小（接近 0.1）时，R_{rm} 很小，X_{rm} 高，天线的辐射能力低，Q 值高，天线辐射到远区的能量很少，而在天线周围振荡的能量很大。电尺寸很小的天线称为电小天线，因此，电小天线大多具有以上性质。

（4）当 $l/\lambda=0.25$ 时，为半波对称振子天线，其辐射阻抗为 $Z_{rm}=73.1+\text{j}42.5(\Omega)$。当 $l/\lambda=0.5$ 时，为全波对称振子天线，其辐射阻抗为 $Z_{rm}=200\Omega$。

2.1.5　对称振子的方向系数

将对称振子的归一化场强方向函数式(2-15)代入方向系数的计算公式(1-142)，可得对称振子的方向系数为

$$D = \frac{2f^2_{\max}}{\int_0^\pi \frac{\left[\cos(kl\cos\theta)-\cos(kl)\right]^2}{\sin\theta}\mathrm{d}\theta} \tag{2-27}$$

将式(2-18)应用到式(2-27)，可得

$$D = \frac{2f^2_{\max}}{\frac{R_{rm}}{60}} = \frac{120f^2_{\max}}{R_{rm}} \tag{2-28}$$

当对称振子臂长 $l/\lambda \leqslant 0.72$ 时，其最大辐射方向在 $\theta=90°$ 方向上。将 $\theta=90°$ 代入对称振子方向函数的计算公式(2-14)得方向函数的最大值为 $f_{\max}=1-\cos(kl)$，将其代入式(2-28)得方向系数为

$$D = \frac{120}{R_{rm}}\left[1-\cos(kl)\right]^2 \tag{2-29}$$

因此，若已知辐射电阻 R_{rm} 也可用式(2-29)计算当 $l/\lambda \leqslant 0.72$ 时，对称振子的方向系数。

对称振子方向系数 D 随 l/λ 变化的曲线如图 2.10 所示。由图 2.10 可知，当振子的长度很小时，其方向系数接近 1.5，这与电基本振子的方向系数相同。随着 l/λ 的增大，方向系数开始增大。当 $l/\lambda=0.635$ 时，方向系数达到最大值 3.3，当 $l/\lambda>0.635$ 时，方向系数值开始下降，随着 l/λ 的增加方向系数迅速下降，这与电流分布和方向图的变化规律是一致的。当 $l/\lambda<0.5$ 时，天线上的电流同相，随着振子长度的增加，方向系数增大。当 $0.5<l/\lambda<0.635$ 时，虽然天线上出现了反相电流，方向图中出现了副瓣，但由于主瓣继续变窄，方向系数继续增加，到 $l/\lambda=0.635$ 时达到最大。当 $l/\lambda>0.635$ 时，副瓣的影响开始增大，方向系数迅速下降。

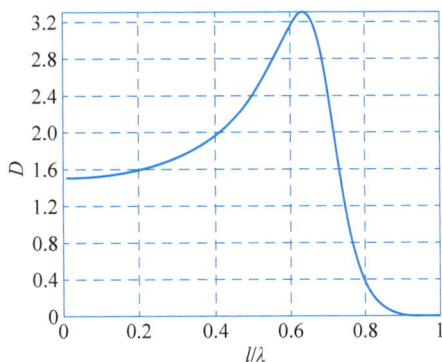

图 2.10　对称振子方向系数 D 随 l/λ 变化的曲线

由图 2.10 可以看出，对称振子的方向系数最大只能达到 3.3，不可能通过增加振子长

度的方法继续增大天线的方向系数。

2.1.6 对称振子的输入阻抗

本节应用等效传输线法计算对称振子的输入阻抗,并介绍对称振子的波长缩短系数。

1. 输入阻抗

天线输入阻抗为天线的输入端所呈现出来的阻抗,其等于归算于天线输入端电流的天线辐射阻抗与损耗电阻之和,即 $Z_{in} = Z_{r0} + R_{d0}$。

由 $\dfrac{1}{2}I_{in}^2 Z_{r0} = \dfrac{1}{2}I_m^2 Z_{rm} = P_{rf}$,可得

$$Z_{r0} = \frac{I_m^2}{I_{in}^2} Z_{rm} \tag{2-30}$$

根据式(2-30)可由归算于天线波腹电流的辐射阻抗值求出归算于天线输入端电流的辐射阻抗值。

在输入端 $z = 0$,由对称振子的电流分布公式(2-2)得

$$I_{in} = I(z=0) = I_m \sin(k(l - |z|))|_{z=0} = I_m \sin(kl) \tag{2-31}$$

将式(2-31)代入式(2-30),得归算于输入端电流的辐射阻抗为

$$Z_{r0} = \frac{Z_{rm}}{\sin^2(kl)} \tag{2-32}$$

对于全波对称振子 $l = \lambda/2$,因 $\sin^2(kl) = 0$,故可得 $Z_{r0} = \infty$。这个结果显然是不合理的,具有很大的误差。此误差是由于电流分布作正弦近似的误差而引起的。天线在输入端的电流是不可能为零的。若输入电流为零,则输入功率为零,天线就不可能向空间辐射能量。式(2-32)对于单臂长度接近 $\lambda/2$ 的对称振子的误差很大,因此,当归算的输入端电流不精确时,不能通过式(2-30)精确地求得天线上的输入阻抗。

下面应用工程上计算对称振子输入阻抗最简便的方法等效传输线法来计算对称振子的输入阻抗。等效传输线法是将对称振子等效为终端开路的有耗传输线并应用有耗开路传输线的输入阻抗的计算公式来计算对称振子的输入阻抗。

计算有耗传输线输入阻抗的公式为

$$Z_{in} = \frac{\sinh(2\alpha l) - \dfrac{\alpha}{\beta}\sin(2\beta l)}{\cosh(2\alpha l) - \cos(2\beta l)}W_0 - j\frac{\dfrac{\alpha}{\beta}\sinh(2\alpha l) + \sin(2\beta l)}{\cosh(2\alpha l) - \cos(2\beta l)}W_0 \tag{2-33}$$

式中,$W_0 = \sqrt{L_1/C_1}$ 为有耗传输线的特性阻抗,α 和 β 分别为衰减常数和相移常数,可由 $\gamma = \sqrt{(R_1 + j\omega L_1)(G_1 + j\omega C_1)} = \alpha + j\beta$ 计算为

$$\alpha = \frac{R_1}{2W_0} \tag{2-34}$$

$$\beta = k\sqrt{\frac{1}{2}\left[1 + \sqrt{1 + 4\left(\frac{\alpha}{k}\right)^2}\right]} \tag{2-35}$$

L_1、C_1、R_1、G_1 分别为有耗传输线的分布电感、分布电容、分布电阻和分布电导。$\sinh x$ 为双曲正弦函数,

$$\sinh x = \frac{e^x - e^{-x}}{2} \tag{2-36}$$

$\cosh x$ 为双曲余弦函数,

$$\cosh x = \frac{e^x + e^{-x}}{2} \tag{2-37}$$

由于对称振子的分布参数是不均匀的,而传输线的参数是均匀的,因此必须确定传输线的等效参数,且这些参数必须反映天线的特性。下面对对称振子天线的不同于传输线的一些特性进行分析并确定等效传输线的参数。

传输线上沿线分布参数是均匀的,其特性阻抗为

$$W_0 = 120\ln\frac{D_t}{a} \tag{2-38}$$

式中,D_t 是两导线间的距离,a 是导线半径。而对称振子上对应线段之间的距离是变化的,因而其特性阻抗沿线也是变化的,如图 2.4 所示。因此,必须用对称振子的平均特性阻抗 $\overline{W}_0$ 来代替传输线的特性阻抗 W_0。

由 z 处对称振子对应段之间的距离为 $D_t = 2z$,将其代入式(2-38)得对称振子在 z 处的特性阻抗为

$$W_0(z) = 120\ln\frac{2z}{a} \tag{2-39}$$

取 $W_0(z)$ 沿臂长 l 的平均值作为对称振子的平均特性阻抗,得对称振子的平均特性阻抗为

$$\overline{W}_0 = \frac{1}{l}\int_{\delta_1}^{l} W_0(z)\mathrm{d}z = 120\left(\ln\frac{2l}{a} - 1\right) \tag{2-40}$$

式中,$2\delta_1$ 为振子馈电端的间隙。由式(2-40)可知,l/a 越小,$\overline{W}_0$ 越小。

传输线不是辐射系统,是用来传输能量的,当一段传输线不是很长时,可近似认为其是无耗的,而对称振子天线是辐射系统,振子上的电流沿着振子传输的过程中不断地有能量被辐射到远方,因而电流的幅值是在不断减小的。必须将对称振子辐射的功率等效为沿传输线的电阻损耗,且此损耗电阻均匀地分布在传输线上。

设传输线单位长度损耗电阻为 $\overline{R}_1$,则整个等效传输线的损耗功率应等于天线的辐射功率,即

$$P_r = \frac{1}{2}\int_0^l |I(z)|^2 \overline{R}_1 \mathrm{d}z = \frac{1}{2}|I_m|^2 R_{rm} \tag{2-41}$$

将 $I(z) = I_m\sin[k(l-|z|)]$ 代入式(2-41)得

$$\overline{R}_1 = \frac{R_{rm}}{\int_0^l \sin^2[k(l-z)]\mathrm{d}z} = \frac{2R_{rm}}{\left[1 - \dfrac{\sin(2kl)}{2kl}\right]l} \tag{2-42}$$

将式(2-34)和式(2-35)中的 W_0 和 R_1 替换为 $\overline{W}_0$ 和 $\overline{R}_1$,可求得 α 和 β,再由式(2-33)求出对称振子的输入阻抗 Z_{in}。

图 2.11 和图 2.12 分别为按等效传输线法得出的对称振子输入阻抗 R_{in} 和输入电抗 X_{in} 随 l/λ 变化的曲线。

由图 2.12 可以看出,

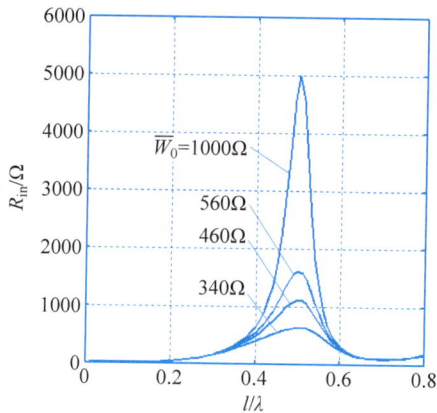

图 2.11　$R_{in} \sim l/\lambda$ 计算曲线

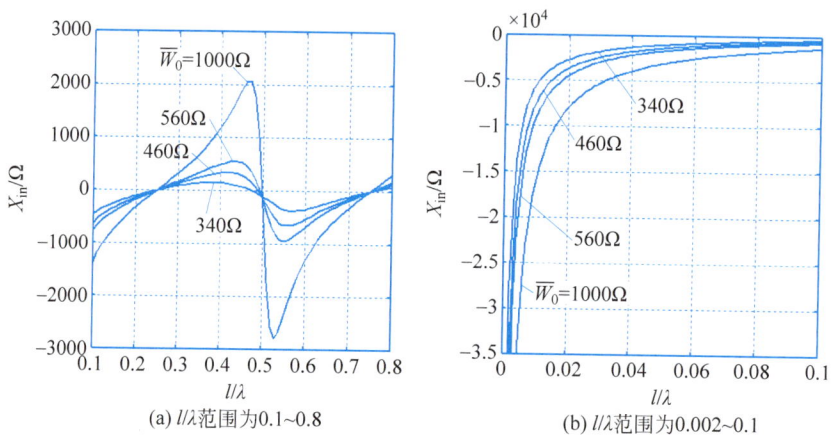

(a) l/λ 范围为 0.1～0.8　　(b) l/λ 范围为 0.002～0.1

图 2.12　$X_{in} \sim l/\lambda$ 计算曲线

（1）当 $\dfrac{l}{\lambda'}=0.25$（λ' 为线上波长）时，$X_{in}=0$，对称振子工作在串联谐振状态。当 $\dfrac{l}{\lambda'}=0.5$ 时，$X_{in}=0$，对称振子工作在并联谐振状态。在这两个谐振点上，输入阻抗为纯电阻。有利于天线输入端的匹配。由于以上原因，全波和半波对称振子的应用较多。

（2）在 $\dfrac{l}{\lambda'}=0.25$ 附近，对称振子的输入阻抗受 a 的影响较小，随频率变化较缓慢，因而半波对称振子的频带较宽。在 $\dfrac{l}{\lambda'}=0.5$ 附近，对称振子的输入阻抗受振子半径 a 的影响很大，随频率（或 $\dfrac{l}{\lambda}$）变化很大，全波对称振子的频带很窄，很难对全波对称振子进行匹配。因此，半波对称振子相对于全波对称振子有更加广泛的应用。

（3）由式（2-40）知，振子的半径 a 越大，$\overline{W}_0$ 越小，R_{in} 和 X_{in} 随 l/λ 变化越平缓。所以增大 a，可加大天线的工作频带。这也是线天线增加频带宽度常用的方法。

（4）如图 2.11 和图 2.12 所示，当 l/λ 很小时，R_{in} 很小，X_{in} 很大。此时，天线的辐射能力很低，必须对天线的电抗部分进行匹配。但往往由于对电抗的匹配不好，而使天线的馈电效率不高。

当 l/a 较大时,理论和计算比较一致。因此,仅在细线近似下,等效传输线法的计算结果才比较符合实际,电流分布才接近正弦分布。

2. 波长缩短效应和终端效应

由式(2-34)和式(2-35)可知,由于损耗的存在,有

$$\alpha = \frac{R_1}{2W_0} > 0 \tag{2-43}$$

则有

$$\beta = k\sqrt{\frac{1}{2}\left[1 + \sqrt{1 + 4\left(\frac{\alpha}{k}\right)^2}\right]} > k \tag{2-44}$$

由 $\beta = \frac{2\pi}{\lambda'}$,$k = \frac{2\pi}{\lambda}$(其中,$\lambda'$ 为线上波长,λ 为自由空间波长),由式(2-44)可推得 $\lambda' < \lambda$,因此对于有耗传输线,线上的波长小于均匀媒质中的波长。天线上的波长也小于均匀媒质中的波长。

定义波长缩短系数为

$$n_1 = \frac{\beta}{k} = \frac{\lambda}{\lambda'} = \sqrt{\frac{1}{2}\left[1 + \sqrt{1 + 4\left(\frac{\alpha}{k}\right)^2}\right]} \tag{2-45}$$

通过实验测得在不同 l/a 的情况下的波长缩短系数如图 2.13 所示。

由图 2.13 可以看出,由于天线的辐射导致等效传输线上的损耗,从而引起天线上的波长 λ' 小于均匀媒质(若在空气中,则近似为自由空间)中的波长 λ。且 l/a 越小(振子越粗),n_1 越大,则 λ' 越小。因此,使振子实际的电长度比由自由空间的波长所确定的电长度长。同时,由于振子都有着一定的粗细,振子末端存在端电容,因而末端的电流并不为零,这

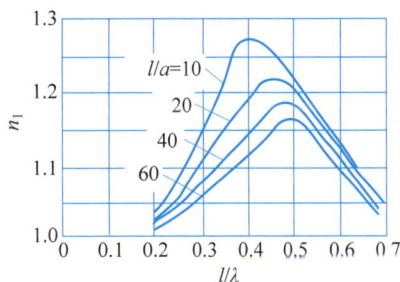

图 2.13 $n_1 \sim l/\lambda$ 实验曲线

种现象称为末端效应。此效应相当于在振子的末端接了一个电容。此电容可等效为一段长度小于 $\lambda/4$ 的开路传输线,这将造成振子的等效长度增大,振子越粗,终端电容越大,等效电长度越长。由于波长缩短效应和末端效应,使振子的谐振长度减小,因此,$X_{in} = 0$ 时的 l/λ 略小于 0.25 和 0.5,且振子越粗,谐振长度越小。实际中,考虑终端效应和波长缩短效应的影响,常将天线尺寸缩短 5% 左右。

2.1.7 匹配与平衡-不平衡变换

当天线的输入阻抗与所接的馈线的特性阻抗不相等时,在天线的输入端就会有反射波的存在,其反射系数为

$$|\Gamma| = \left|\frac{Z_{in} - W_0}{Z_{in} + W_0}\right| \tag{2-46}$$

驻波比为

$$s = \frac{1 + |\Gamma|}{1 - |\Gamma|} \tag{2-47}$$

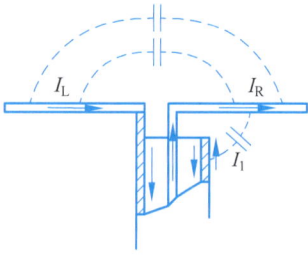

图 2.14　同轴线馈电时对称天线上的电流

因此,在天线的输入端要加入匹配网络将天线的输入阻抗变换到馈线的特性阻抗。匹配的器件有 $\lambda/4$ 阻抗变换器、支节匹配器和指数线阻抗变换器等。

天线系统中的另一个问题是平衡-不平衡变换,如图 2.14 所示,对称振子的馈电端子的电位分别是 $U/2$ 和 $-U/2$,振子的两臂对地是平衡的,两臂对应线段上的电流是等值同方向的,对地的分布参数也是相同的,为一平衡系统。而同轴线的内导体和外导体对地的分布参数是不同的,因此是非平衡系统。如果这一平衡系统与对地不平衡的同轴线连接,则振子馈电端子上电位的绝对值不再相等。由于振子右臂与同轴线外导体外壁之间的分布电容,从同轴线内导体流到振子右臂上的电流中有一部分(I_1)经此分布电容流到同轴线外导体的外壁,再由同轴线外导体的外壁流回到外导体内壁,所以,通过对称振子两臂间分布电容,由右臂流到左臂上的电流 I_L 应该为 $I_L = I_R - I_1$,因而造成对称振子两臂上电流的不平衡。从而使对称振子方向图的形状和输入阻抗都发生变化,而同轴线外导体外壁的电流还产生不需要的附加辐射,使同轴线变成了天线的一部分。

为解决上述问题,需要在天线的输入端接入平衡-不平衡变换器[又称巴伦(Balun),简称为平衡器]。

下面介绍两种简单的平衡器。

1. 扼流套

$\lambda/4$ 扼流套是一种平衡器,如图 2.15 所示。其是在同轴馈线外导体的外表面再加上一段长 $\lambda/4$ 的金属套构成,金属套的下端与同轴线外导体短接,这样金属套的内表面与同轴线的外表面构成一 $\lambda/4$ 长的短路线。在设计频率上,该短路线的电长度为 $\lambda/4$,其输入阻抗为无限大,因此抑制了同轴线外导体外表面上的电流流入外导体的内表面,即使 $I_1 = 0$,从而保证了对天线的平衡馈电。由于扼流套的长度与波长有关,因而这种平衡器的工作频带很窄。

2. U 形管

U 形管变换器如图 2.16 所示,其同轴线内导体 a 点直接和振子左臂相连,然后由 a 点经过弯折成 U 形的长为 $\lambda_g/2$ 的一段同轴线(λ_g 是同轴线内的波导波长),在 b 点与振子的右臂连接,馈电同轴线的外导体和 U 形管的外导体直接连接后接地。由于在传输线上相距 $\lambda_g/2$ 两点的电压是等幅反相的,若 a 点对地电压 U 为正,则 b 点对地电压为 $-U$,即 $U_a = -U_b$,两点完全对称,振子的两臂电流也完全对称。

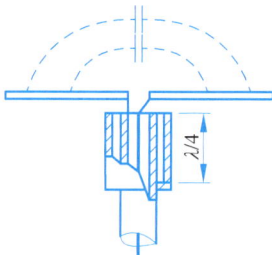

图 2.15　$\lambda/4$ 扼流式平衡-不平衡变换器

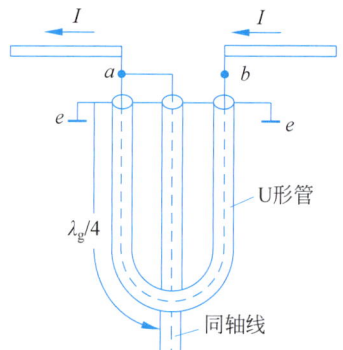

图 2.16　U 形管变换器

U 形管除了起电流平衡的作用外,同时具有阻抗变换的作用。设天线的输入阻抗(即 a、b 间的阻抗)为 Z_A,流过 a、b 的电流为 I,它们之间的电压为 $2U$,则

$$Z_A = \frac{2U}{I}$$

而 a、b 对地的阻抗均为

$$Z_{ae} = Z_{be} = \frac{U}{I} = \frac{1}{2} Z_A \tag{2-48}$$

b 对地的阻抗 Z_{be} 经过 $\frac{\lambda_g}{2}$ 的 U 形传输线变换到 a 处为 a 与 e 之间的阻抗,与 Z_{ae} 并联,因此同轴线末端的负载阻抗是 Z_{ae} 和 Z_{be} 的并联阻抗,即 $Z_L = \frac{1}{4} Z_A$。可见,天线的输入阻抗经过 U 形管变换器之后变为原来的四分之一。若 U 形管变换器接在输入阻抗为 300Ω 的折合振子输入端,则经过 U 形管变换器后,其输入阻抗为 75Ω。U 形管变换器的性能与 U 形管的长度相关,因此,其主要缺点是工作频带窄。

2.2 宽频带对称振子

由前面对称振子阻抗特性的分析可知,可通过加粗振子臂的直径来增加对称振子的阻抗频带宽度。笼形天线或平面形臂天线就是基于此来增加对称振子的频带宽度的。它们的方向特性与对称振子的方向特性相同。

2.2.1 笼形天线

笼形天线是用多根导线排成圆筒形以代替单根导体,如图 2.17 所示。笼形天线相当于振子半径加粗了的对称振子天线。它的等效半径为 $a_e = a^n \sqrt{\dfrac{nr}{a}}$,其中,$n$ 为构成笼的导线数,一般取 $n = 6 \sim 8$;r 为单根导线的半径,一般取为 $r = 1.5 \sim 2.5\text{mm}$;$a$ 为笼的半径,一般为 $0.5 \sim 0.75\text{m}$。如图 2.17 所示,笼的半径从距中点 $3 \sim 5\text{m}$ 处开始缩小并最后集中在一起,

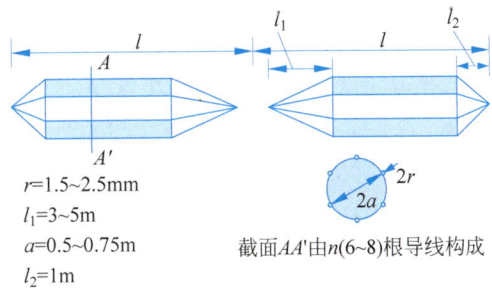

$r = 1.5 \sim 2.5\text{mm}$
$l_1 = 3 \sim 5\text{m}$
$a = 0.5 \sim 0.75\text{m}$
$l_2 = 1\text{m}$

截面 AA' 由 $n(6\sim8)$ 根导线构成

图 2.17　笼形天线

这样的结构可以保持振子和馈线间的良好匹配。笼形天线的方向特性与对称振子的方向特性相同,若架于地面上,则要考虑地面的影响。这种天线广泛应用于短波通信中。

2.2.2 平面臂天线

在米波波段可应用平面臂,如图 2.18 所示。它可等效为一半径为 a_e 的对称振子。其等效半径 $a_e = 0.25W$,式中,W 为振子臂的宽度。

2.3 V 形对称振子

自由空间对称振子的方向图以振子轴线呈轴对称,在垂直于振子轴线的平面内没有方向性。其方向系数最大可达 3.3,方向性不强。如果振子的两个臂张开一定的角度,则构成了如图 2.19 所示的 V 形对称振子。可以证明,在 V 的对角线方向上可以得到更大的方向系数。

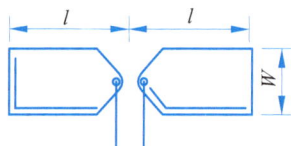

图 2.18 平面臂的对称振子

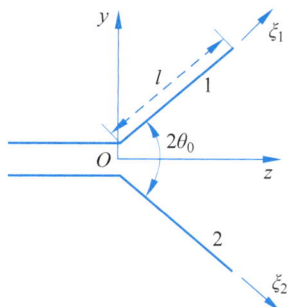

图 2.19 V 形对称振子

如图 2.19 所示,V 形对称振子与对称振子相同,也是由两个驻波单导线 1 和 2 组成,此两导线的长度均为 l,两导线之间的夹角为 $2\theta_0$。其上的电流与对称振子类似,均可以近似为一开路传输线上两导线上的电流分布。

驻波单导线 1 上的电流分布为

$$\boldsymbol{I}(\xi_1) = I_{m1}\sin k(l-\xi_1)\boldsymbol{e}_{I1}, \quad 0 \leqslant \xi_1 \leqslant l$$

式中,ξ_1 为驻波单导线 1 上的点到驻波单导线 1 始端的距离,I_{m1} 为导线 1 上驻波电流的波腹值。$\boldsymbol{e}_{I1}$ 为驻波单导线 1 上电流的参考方向。

$$\boldsymbol{e}_{I1} = \sin\theta_0\boldsymbol{e}_y + \cos\theta_0\boldsymbol{e}_z \tag{2-49}$$

驻波单导线 2 上的电流分布为

$$\boldsymbol{I}(\xi_2) = I_{m2}\sin k(l-\xi_2)\boldsymbol{e}_{I2}, \quad 0 \leqslant \xi_2 \leqslant l$$

式中,ξ_2 为驻波单导线 2 上的点到驻波单导线 2 始端的距离,I_{m2} 为驻波单导线 2 上驻波电流的波腹值。$\boldsymbol{e}_{I2}$ 为驻波单导线 2 上电流的参考方向。

$$\boldsymbol{e}_{I2} = -\sin\theta_0\boldsymbol{e}_y + \cos\theta_0\boldsymbol{e}_z \tag{2-50}$$

由于双导线上的两条导线上的电流反相,因此,$I_{m2} = -I_{m1}$。

由以上电流可计算得驻波 V 形对称振子的总场为

$$\boldsymbol{E} = \boldsymbol{E}_1 + \boldsymbol{E}_2 = E_\theta\boldsymbol{e}_\theta + E_\varphi\boldsymbol{e}_\varphi = \mathrm{j}\frac{I_{m1}}{4\pi r}\eta\mathrm{e}^{-\mathrm{j}kr}\Bigg\{\frac{1}{|\boldsymbol{e}_{I1}\times\boldsymbol{e}_r|^2}\{\mathrm{e}^{\mathrm{j}kl(\sin\theta_0\sin\theta\sin\varphi+\cos\theta_0\cos\theta)} -$$

$$\cos(kl) - \mathrm{j}\sin(kl)(\sin\theta_0\sin\theta\sin\varphi + \cos\theta_0\cos\theta)\}\big[(-\sin\theta_0\cos\theta\sin\varphi + \cos\theta_0\sin\theta)\boldsymbol{e}_\theta -$$

$$\sin\theta_0\cos\varphi\boldsymbol{e}_\varphi\big] + \frac{1}{|\boldsymbol{e}_{I2}\times\boldsymbol{e}_r|^2}\{-\mathrm{e}^{\mathrm{j}kl(\cos\theta_0\cos\theta-\sin\theta_0\sin\varphi)} + \cos(kl) + \mathrm{j}\sin(kl)(\cos\theta_0\cos\theta -$$

$$\sin\theta_0\sin\theta\sin\varphi)\} \times \big[(\cos\theta_0\sin\theta + \sin\theta_0\cos\theta\sin\varphi)\boldsymbol{e}_\theta + \sin\theta_0\cos\varphi\boldsymbol{e}_\varphi\big]\Bigg\} \tag{2-51}$$

由式(2-51)可得,

$$E_\theta = j\frac{I_{m1}}{4\pi r}\eta e^{-jkr}\left\{\frac{1}{|\,\boldsymbol{e}_{I1}\times\boldsymbol{e}_r\,|^2}[e^{jkl(\sin\theta_0\sin\theta\sin\varphi+\cos\theta_0\cos\theta)} - \cos(kl) - \right.$$

$$j\sin(kl)(\sin\theta_0\sin\theta\sin\varphi + \cos\theta_0\cos\theta)]\times(-\sin\theta_0\cos\theta\sin\varphi + \cos\theta_0\sin\theta) +$$

$$\frac{1}{|\,\boldsymbol{e}_{I2}\times\boldsymbol{e}_r\,|^2}[-e^{jkl(\cos\theta_0\cos\theta-\sin\theta_0\sin\theta\sin\varphi)} + \cos(kl) + j\sin(kl)(\cos\theta_0\cos\theta - $$

$$\left.\sin\theta_0\sin\theta\sin\varphi)]\times(\cos\theta_0\sin\theta + \sin\theta_0\cos\theta\sin\varphi)\right\} \tag{2-52}$$

$$E_\varphi = j\frac{I_{m1}}{4\pi r}\eta e^{-jkr}\left\{\frac{1}{|\,\boldsymbol{e}_{I1}\times\boldsymbol{e}_r\,|^2}[-e^{jkl(\sin\theta_0\sin\theta\sin\varphi+\cos\theta_0\cos\theta)} + \cos(kl) + \right.$$

$$j\sin(kl)(\sin\theta_0\sin\theta\sin\varphi + \cos\theta_0\cos\theta)] + \frac{1}{|\,\boldsymbol{e}_{I2}\times\boldsymbol{e}_r\,|^2}[-e^{jkl(\cos\theta_0\cos\theta-\sin\theta_0\sin\theta\sin\varphi)} + $$

$$\left.\cos(kl) + j\sin(kl)(\cos\theta_0\cos\theta - \sin\theta_0\sin\theta\sin\varphi)]\right\}\sin\theta_0\cos\varphi \tag{2-53}$$

总场的模值为

$$|\,\boldsymbol{E}\,| = \sqrt{|\,E_\theta\,|^2 + |\,E_\varphi\,|^2} \tag{2-54}$$

由场强方向函数的定义式(1-109)可得 V 形对称振子的场强方向函数为

$$f(\theta,\varphi) = \frac{r\,|\,\boldsymbol{E}\,|}{60 I_{m1}} = \frac{r\sqrt{|\,E_\theta\,|^2 + |\,E_\varphi\,|^2}}{60 I_{m1}} \tag{2-55}$$

当 $\theta = 0°$ 时,

$$E_\theta = j\frac{I_{m1}}{4\pi r}\eta e^{-jkr}\left\{\frac{1}{|\,\boldsymbol{e}_{I1}\times\boldsymbol{e}_r\,|^2}[-e^{jkl\cos\theta_0} + \cos(kl) + j\sin(kl)\cos\theta_0]\times\sin\theta_0\sin\varphi + \right.$$

$$\left.\frac{1}{|\,\boldsymbol{e}_{I2}\times\boldsymbol{e}_r\,|^2}[-e^{jkl\cos\theta_0} + \cos(kl) + j\sin(kl)\cos\theta_0]\sin\theta_0\sin\varphi\right\}$$

$$= j\frac{I_{m1}}{2\pi r}\eta e^{-jkr}\frac{1}{\sin\theta_0}[-e^{jkl\cos\theta_0} + \cos(kl) + j\sin(kl)\cos\theta_0]\sin\varphi \tag{2-56}$$

$$E_\varphi = j\frac{I_{m1}}{4\pi r}\eta e^{-jkr}\left\{\frac{1}{|\,\boldsymbol{e}_{I1}\times\boldsymbol{e}_r\,|^2}[-e^{jkl\cos\theta_0} + \cos(kl) + j\sin(kl)\cos\theta_0] + \right.$$

$$\left.\frac{1}{|\,\boldsymbol{e}_{I2}\times\boldsymbol{e}_r\,|^2}[-e^{jkl\cos\theta_0} + \cos(kl) + j\sin(kl)\cos\theta_0]\right\}\sin\theta_0\cos\varphi$$

$$= j\frac{I_{m1}}{2\pi r}\eta e^{-jkr}\frac{1}{\sin\theta_0}[-e^{jkl\cos\theta_0} + \cos(kl) + j\sin(kl)\cos\theta_0]\cos\varphi \tag{2-57}$$

由式(2-56)和式(2-57)可得在 $\theta = 0°$ 方向上的总场为

$$\boldsymbol{E} = j\frac{I_{m1}}{2\pi r}\eta e^{-jkr}\frac{1}{\sin\theta_0}[-e^{jkl\cos\theta_0} + \cos(kl) + j\sin(kl)\cos\theta_0](\sin\varphi\boldsymbol{e}_\theta + \cos\varphi\boldsymbol{e}_\varphi)$$

$$= j\frac{I_{m1}}{2\pi r}\eta e^{-jkr}\frac{1}{\sin\theta_0}[-e^{jkl\cos\theta_0} + \cos(kl) + j\sin(kl)\cos\theta_0]\boldsymbol{e}_y \tag{2-58}$$

由式(2-58)可见,在 $\theta = 0°$ 方向上,电场的方向为 $\boldsymbol{e}_y$ 方向。

当 $\varphi = 0°$ 时，

$$E_\theta = 0 \tag{2-59}$$

$$E_\varphi = \mathrm{j}\frac{I_{\mathrm{m1}}}{4\pi r}\eta \mathrm{e}^{-\mathrm{j}kr}\left\{\frac{1}{|\boldsymbol{e}_{I1}\times\boldsymbol{e}_r|^2}+\frac{1}{|\boldsymbol{e}_{I2}\times\boldsymbol{e}_r|^2}\right\}\sin\theta_0[-\mathrm{e}^{\mathrm{j}kl\cos\theta_0\cos\theta}+\cos(kl)+\mathrm{j}\sin(kl)\cos\theta_0\cos\theta]$$

$$=\mathrm{j}\frac{I_{\mathrm{m1}}}{2\pi r}\eta \mathrm{e}^{-\mathrm{j}kr}\frac{1}{|\cos\theta_0\sin\theta|^2+|\sin\theta_0|^2}\sin\theta_0[-\mathrm{e}^{\mathrm{j}kl\cos\theta_0\cos\theta}+\cos(kl)+\mathrm{j}\sin(kl)\cos\theta_0\cos\theta]$$

$$\tag{2-60}$$

由式(2-59)和式(2-60)可见，在 $\varphi = 0°$ 平面上，电场只有 E_φ 分量，E_θ 分量为零。$\varphi = 0°$ 的平面为 H 面。

当 $\varphi = 90°$ 时，

$$|\boldsymbol{e}_{I2}\times\boldsymbol{e}_r|^2=|\cos\theta_0\sin\theta+\sin\theta_0\cos\theta|^2$$

$$E_\theta=\mathrm{j}\frac{I_{\mathrm{m1}}}{4\pi r}\eta \mathrm{e}^{-\mathrm{j}kr}\frac{1}{-(\sin\theta_0\cos\theta)^2+(\cos\theta_0\sin\theta)^2}\{(\cos\theta_0\sin\theta+\sin\theta_0\cos\theta)[\mathrm{e}^{\mathrm{j}kl(\sin\theta_0\sin\theta+\cos\theta_0\cos\theta)}-$$

$$\cos(kl)-\mathrm{j}\sin(kl)(\sin\theta_0\sin\theta+\cos\theta_0\cos\theta)]+(-\sin\theta_0\cos\theta+$$

$$\cos\theta_0\sin\theta)[-\mathrm{e}^{\mathrm{j}kl(\cos\theta_0\cos\theta-\sin\theta_0\sin\theta)}+\cos(kl)+\mathrm{j}\sin(kl)(\cos\theta_0\cos\theta-\sin\theta_0\sin\theta)]\}$$

$$=\mathrm{j}\frac{I_{\mathrm{m1}}}{2\pi r}\eta \mathrm{e}^{-\mathrm{j}kr}\frac{1}{-(\sin\theta_0\cos\theta)^2+(\cos\theta_0\sin\theta)^2}\{-\mathrm{j}\sin(kl)\sin\theta_0\cos\theta_0+$$

$$\sin\theta_0\cos\theta \mathrm{e}^{\mathrm{j}kl(\sin\theta_0\sin\theta+\cos\theta_0\cos\theta)}-\sin\theta_0\cos\theta\cos(kl)\}\tag{2-61}$$

$$E_\varphi = 0 \tag{2-62}$$

由式(2-61)和式(2-62)可以看出，在 $\varphi = 90°(yOz)$ 平面内，电场只有 E_θ 分量，E_φ 分量为 0。$\varphi = 90°$ 的平面为 E 面。有了 V 形对称振子的辐射场，再由辐射场求出其方向函数，进一步可算出其方向系数。

图 2.20 绘出了在不同振子臂电长度时方向系数 D 与张角 $2\theta_0$ 的关系曲线，对于某一

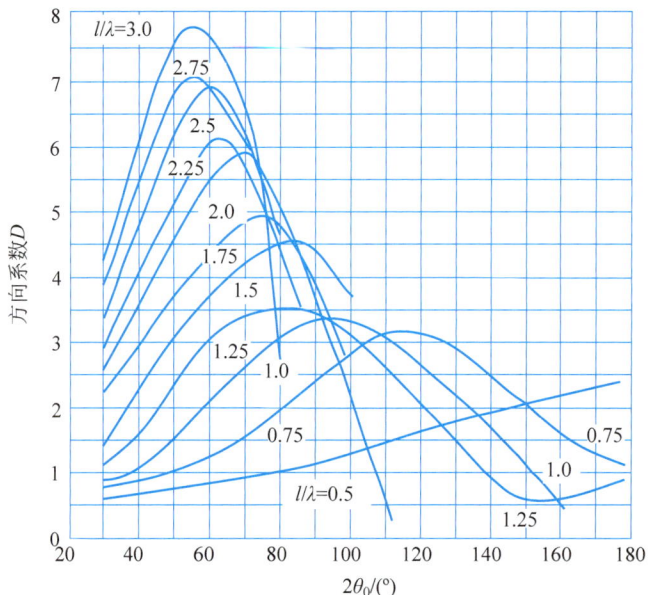

图 2.20 V 形振子 $D \sim 2\theta_0$ 曲线

l/λ 值,方向系数为最大值时的张角 $2\theta_0$ 称为最佳张角 $2\theta_{opt}$。由图 2.20 可见,l/λ 越大,$2\theta_{opt}$ 越小。当 $l/\lambda=3.0$ 时,在最佳张角处的方向系数值约为 7.8,远大于对称振子的最大方向系数。图 2.21 给出了 $l=0.75\lambda$,$2\theta_0=118.5°$ 的 V 形振子(如图 2.19 所示)在 yOz 平面内的方向图。由图 2.21 可见,最大辐射方向仍保持在 V 形的张角平分线方向上,其反向辐射较之正向要低 2dB。

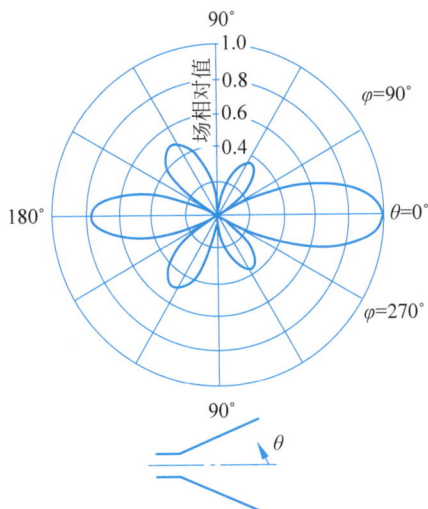

图 2.21　$l=0.75\lambda$,$2\theta_0=118.5°$ 的 V 形振子的方向图

2.4　蝙蝠翼天线

蝙蝠翼天线的结构如图 2.22 所示,由图可见,中间为接地钢管,在 E-E 处短路,在 A-A 处馈电,中间的振子较短,两端的振子较长,这种结构可以改善其阻抗特性。两翼的竖杆组成一平行传输线,两端短路,在 A-E 间形成驻波。

短路线的输入阻抗计算公式为

$$Z_{in}(l)=jZ_c\tan(\beta l) \qquad (2\text{-}63)$$

式中,Z_c 为传输线的特性阻抗,l 为短路线的长度,β 为传输线上的相移常数,对于双导线,若不考虑其损耗,则 $\beta=k=2\pi/\lambda$。

当短路线的长度 $l<\lambda/4$ 时,$\beta l\approx kl<\pi/2$,$\tan(\beta l)>0$,则其输入阻抗为感性,且感抗随着 l 的增大而增大。因此,感抗的大小从 $E\to D\to C\to B\to A$ 逐渐增大。

而在这些点上接入的对称振子的臂长从 D 到 A 逐渐减短,如图 2.22 所示,其所对应的对称振子输入阻抗的容

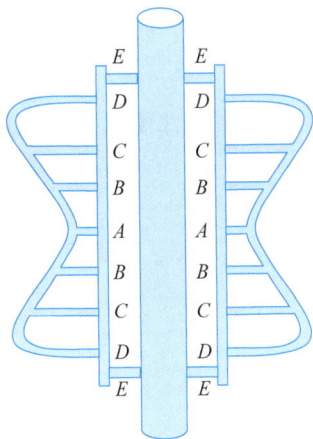

图 2.22　蝙蝠翼天线结构示意图

抗逐渐增大,从而与短路线的输入感抗相互抵消,使各对称振子输入端的阻抗为一纯电阻,所以具有宽频带特性。

这样一组同相激励的振子在垂直平面的方向图大体上与平行排列的、间距为 $\lambda/2$ 的等

幅同相两半波对称振子的方向图相同。

　　蝙蝠翼天线的优点是频带很宽,当驻波比 $\rho \leqslant 1.1$ 时,相对带宽为 $20\% \sim 25\%$;不用绝缘子,可很牢固地固定在支柱上;功率容量大。它是在 VHF 频段广泛采用的一种电视发射天线。

2.5　旋转场天线

　　全向天线是指在平行于地面的水平面内有均匀辐射的天线。水平全向天线是指辐射水平极化波的全向天线。最常用的水平全向天线是绕杆天线,又称为旋转场天线,它由两正交放置的对称振子构成,两振子电流的振幅相等,相位相差 $\pi/2$,如图 2.23 所示。对称振子可以是普通对称振子、宽带对称振子、蝙蝠翼振子等直线对称振子。旋转场天线常用作电视发射天线。

　　设两正交半波对称振子的几何中心放置于 xOy 平面内的坐标原点处。设振子 1 的电流为 I_1,振子 2 的电流为 I_2,且 $I_2 = jI_1$,振子 1 和振子 2 分别沿 x、y 轴放置,振子 1 在空间产生的电场为 E_1,振子 2 在空间产生的电场为 E_2。由式(2-11)可得两对称振子的辐射场。

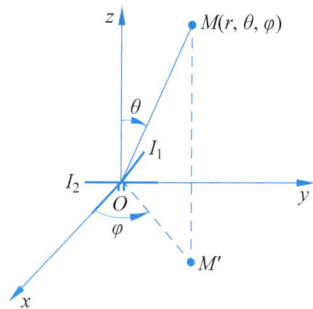

图 2.23　旋转场天线

　　振子 1 沿 x 方向取向,$e_{I1} = e_x$,则由式(2-11)可得半波对称振子 1 在空间的辐射场为

$$\boldsymbol{E}_1 = \mathrm{j} \frac{I_1}{2\pi r} \eta \mathrm{e}^{-\mathrm{j}kr} \frac{\cos\left(\frac{\pi}{2}\boldsymbol{e}_x \cdot \boldsymbol{e}_r\right)}{|\boldsymbol{e}_x \times \boldsymbol{e}_r|^2} \boldsymbol{e}_x \times \boldsymbol{e}_r \times \boldsymbol{e}_r \tag{2-64}$$

　　振子 2 沿 y 方向取向,$e_{I2} = e_y$,则由式(2-11)可得半波对称振子 2 在空间的辐射场为

$$\boldsymbol{E}_2 = \mathrm{j} \frac{I_2}{2\pi r} \eta \mathrm{e}^{-\mathrm{j}kr} \frac{\cos\left(\frac{\pi}{2}\boldsymbol{e}_y \cdot \boldsymbol{e}_r\right)}{|\boldsymbol{e}_y \times \boldsymbol{e}_r|^2} \boldsymbol{e}_y \times \boldsymbol{e}_r \times \boldsymbol{e}_r \tag{2-65}$$

　　利用直角坐标和球坐标单位矢量之间的转换关系

$$\begin{cases} \boldsymbol{e}_x = \boldsymbol{e}_r \sin\theta\cos\varphi + \boldsymbol{e}_\theta \cos\theta\cos\varphi - \boldsymbol{e}_\varphi \sin\varphi \\ \boldsymbol{e}_y = \boldsymbol{e}_r \sin\theta\sin\varphi + \boldsymbol{e}_\theta \cos\theta\sin\varphi + \boldsymbol{e}_\varphi \cos\varphi \\ \boldsymbol{e}_z = \boldsymbol{e}_r \cos\theta - \boldsymbol{e}_\theta \sin\theta \end{cases} \tag{2-66}$$

可得

$$\begin{cases} \boldsymbol{e}_x \cdot \boldsymbol{e}_r = \sin\theta\cos\varphi \\ \boldsymbol{e}_x \times \boldsymbol{e}_r = -\boldsymbol{e}_\varphi \cos\theta\cos\varphi - \boldsymbol{e}_\theta \sin\varphi \\ \boldsymbol{e}_x \times \boldsymbol{e}_r \times \boldsymbol{e}_r = -\cos\theta\cos\varphi\boldsymbol{e}_\theta + \sin\varphi\boldsymbol{e}_\varphi \end{cases} \tag{2-67}$$

$$\begin{cases} \boldsymbol{e}_y \cdot \boldsymbol{e}_r = \sin\theta\sin\varphi \\ \boldsymbol{e}_y \times \boldsymbol{e}_r = -\boldsymbol{e}_\varphi \cos\theta\sin\varphi + \boldsymbol{e}_\theta \cos\varphi \\ \boldsymbol{e}_y \times \boldsymbol{e}_r \times \boldsymbol{e}_r = -\cos\theta\sin\varphi\boldsymbol{e}_\theta - \cos\varphi\boldsymbol{e}_\varphi \end{cases} \tag{2-68}$$

将式(2-67)和式(2-68)分别代入式(2-64)和式(2-65),可得

$$E_1 = j\frac{I_1}{2\pi r}\eta e^{-jkr}\frac{\cos\left(\frac{\pi}{2}\sin\theta\cos\varphi\right)}{\cos^2\theta\cos^2\varphi + \sin^2\varphi}(-\cos\theta\cos\varphi e_\theta + \sin\varphi e_\varphi) \tag{2-69}$$

$$E_2 = j\frac{I_2}{2\pi r}\eta e^{-jkr}\frac{\cos\left(\frac{\pi}{2}\sin\theta\sin\varphi\right)}{\cos^2\theta\sin^2\varphi + \cos^2\varphi}(-\cos\theta\sin\varphi e_\theta - \cos\varphi e_\varphi) \tag{2-70}$$

将式(2-69)和式(2-70)相加,并将 $I_2 = jI_1$ 代入,可得总辐射场为

$$E = E_\theta + E_\varphi = j\frac{I_1}{2\pi r}\eta e^{-jkr}\left\{\left[-\frac{\cos\left(\frac{\pi}{2}\sin\theta\cos\varphi\right)}{\cos^2\theta\cos^2\varphi + \sin^2\varphi}\cos\theta\cos\varphi - j\frac{\cos\left(\frac{\pi}{2}\sin\theta\sin\varphi\right)}{\cos^2\theta\sin^2\varphi + \cos^2\varphi}\cos\theta\sin\varphi\right]e_\theta + \right.$$
$$\left.\left[\frac{\cos\left(\frac{\pi}{2}\sin\theta\cos\varphi\right)}{\cos^2\theta\cos^2\varphi + \sin^2\varphi}\sin\varphi - j\frac{\cos\left(\frac{\pi}{2}\sin\theta\sin\varphi\right)}{\cos^2\theta\sin^2\varphi + \cos^2\varphi}\cos\varphi\right]e_\varphi\right\} \tag{2-71}$$

场强模值为

$$|E| = \sqrt{|E_\theta|^2 + |E_\varphi|^2}$$
$$= \frac{I_1}{2\pi r}\eta\left\{\left(\frac{\cos\left(\frac{\pi}{2}\sin\theta\cos\varphi\right)}{\cos^2\theta\cos^2\varphi + \sin^2\varphi}\right)^2(\cos^2\theta\cos^2\varphi + \sin^2\varphi) + \right.$$
$$\left.\left(\frac{\cos\left(\frac{\pi}{2}\sin\theta\sin\varphi\right)}{\cos^2\theta\sin^2\varphi + \cos^2\varphi}\right)^2(\cos^2\varphi + \cos^2\theta\sin^2\varphi)\right\}^{\frac{1}{2}} \tag{2-72}$$

由此可得其方向函数为

$$f(\theta,\varphi) = \frac{|E|r}{60I} = \frac{\eta}{120\pi}\left\{\left(\frac{\cos\left(\frac{\pi}{2}\sin\theta\cos\varphi\right)}{\cos^2\theta\cos^2\varphi + \sin^2\varphi}\right)^2(\cos^2\theta\cos^2\varphi + \sin^2\varphi) + \right.$$
$$\left.\left(\frac{\cos\left(\frac{\pi}{2}\sin\theta\sin\varphi\right)}{\cos^2\theta\sin^2\varphi + \cos^2\varphi}\right)^2(\cos^2\varphi + \cos^2\theta\sin^2\varphi)\right\}^{\frac{1}{2}} \tag{2-73}$$

对于自由空间,$\eta = \eta_0 = 120\pi$,后面的讨论中均设天线处于自由空间中,则由式(2-73)可绘出其立体方向图,如图 2.24 所示。

由图 2.24 可以看出,最大辐射方向为 $\theta = 0°$ 和 $180°$ 方向。水平面($\theta = 90°$)内的方向图近似为一个圆,接近全向辐射。

下面讨论 $\theta = 90°$ 平面(即水平平面)内的辐射情况。

其方向函数为

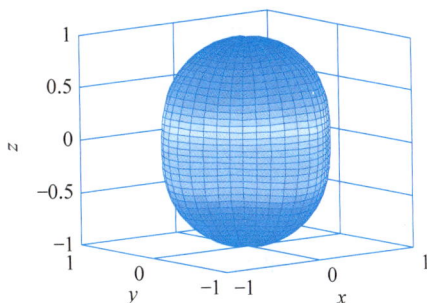

图 2.24 天线在自由空间中的立体方向

$$f(\theta=90°,\varphi)=\left\{\frac{\cos^2\left(\dfrac{\pi}{2}\cos\varphi\right)}{\sin^2\varphi}+\frac{\cos^2\left(\dfrac{\pi}{2}\sin\varphi\right)}{\cos^2\varphi}\right\}^{\frac{1}{2}} \tag{2-74}$$

将 $\theta=90°$ 代入式(2-71),得

$$\boldsymbol{E}_\theta=0 \tag{2-75}$$

$$\boldsymbol{E}_\varphi=\mathrm{j}\,\frac{60I_1}{r}\mathrm{e}^{-\mathrm{j}kr}\left[\frac{\cos\left(\dfrac{\pi}{2}\cos\varphi\right)}{\sin\varphi}-\mathrm{j}\,\frac{\cos\left(\dfrac{\pi}{2}\sin\varphi\right)}{\cos\varphi}\right] \tag{2-76}$$

其瞬时值场的表达式为对式(2-76)乘 $\mathrm{e}^{\mathrm{j}\omega t}$ 并取实部得

$$\boldsymbol{E}_\varphi(t)=\frac{60I_1}{r}\left[\frac{\cos\left(\dfrac{\pi}{2}\sin\varphi\right)}{\cos\varphi}\cos(\omega t-kr)-\frac{\cos\left(\dfrac{\pi}{2}\cos\varphi\right)}{\sin\varphi}\sin(\omega t-kr)\right] \tag{2-77}$$

$\theta=90°$ 平面内瞬时值场的方向函数为

$$f(\varphi,t)=\frac{\cos\left(\dfrac{\pi}{2}\sin\varphi\right)}{\cos\varphi}\cos(\omega t-kr)-\frac{\cos\left(\dfrac{\pi}{2}\cos\varphi\right)}{\sin\varphi}\sin(\omega t-kr)$$

$$=\left\{\frac{\cos^2\left(\dfrac{\pi}{2}\cos\varphi\right)}{\sin^2\varphi}+\frac{\cos^2\left(\dfrac{\pi}{2}\sin\varphi\right)}{\cos^2\varphi}\right\}^{\frac{1}{2}}\cos(\omega t-kr-\alpha(\varphi)) \tag{2-78}$$

式中,$\alpha(\varphi)=\arctan\left[\dfrac{\sin\varphi\cos\left(\dfrac{\pi}{2}\sin\varphi\right)}{\cos\varphi\cos\left(\dfrac{\pi}{2}\cos\varphi\right)}\right]$。

由式(2-74)和式(2-78)可绘出半波对称振子所在平面的稳态方向图和瞬态方向图,如图 2.25 所示。

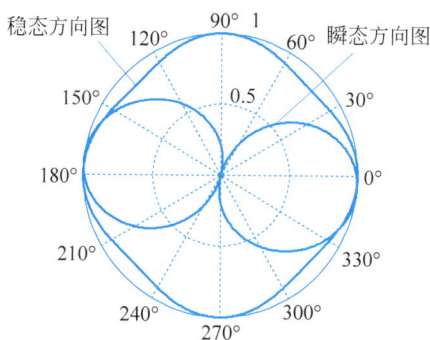

图 2.25 $xOy(\theta=90°)$ 面稳态方向图和瞬态方向图

由图 2.25 可知,对于瞬态方向图,在任何瞬时(t 为常数),在 $\theta=90°$ 的平面内的方向图均为 8 字形,且由式(2-78)可知,当 r 一定时,随着 t 的增加,若要保持相同的相位值,则 φ 也要变化,因此这个 8 字形的方向图随着时间的增加,围绕中心 z 轴以角频率 ω 旋转,这也是旋转场天线名称的由来。在 xOy 平面(即水平平面)内,稳态方向图是一个近似圆,接近

全向辐射。

由式(2-75)和式(2-76)可知,在 xOy 面内,此天线辐射的波为沿 φ 方向的线极化波。若 z 轴与大地垂直,则为水平极化波。由式(2-71)可得,在 $z(\theta=0°)$ 方向天线辐射场为

$$E = j\frac{I_1}{2\pi r}\eta e^{-jkr}e^{j\varphi}\left[e^{-j\pi}\boldsymbol{e}_\theta + e^{-j\frac{\pi}{2}}\boldsymbol{e}_\varphi\right] \tag{2-79}$$

在 $-z(\theta=180°)$ 方向天线辐射场为

$$E = j\frac{I_1}{2\pi r}\eta e^{-jkr}e^{j\varphi}\left[e^{-j\pi}\boldsymbol{e}_\theta + e^{-j\frac{\pi}{2}}\boldsymbol{e}_\varphi\right] \tag{2-80}$$

由式(2-79)可知,在 $z(\theta=0°)$ 方向,E_θ 分量滞后于 E_φ 分量 90°,而两者的幅度相等,因此,当如图 2.23 所示的两半波对称振子的电流为 $I_2=jI_1$ 时,在 z 方向辐射场为左旋圆极化波。同理,由式(2-80)可得,在 $-z$ 方向辐射场为右旋圆极化波。在其他方向,此天线辐射的场为椭圆极化波。可见,此天线在不同的方向具有不同的极化。

本章小结

本章分析了均匀媒质中的对称振子及相关天线。由于天线发射和接收时的大部分的特性参数都是相同的,而将天线当作发射天线来进行分析时相对要简单一些,因此,在这里我们将对称振子当作发射天线来进行分析。在以后对天线的分析中,基本上都是将天线作为发射天线来进行分析的。本章主要分析计算了均匀媒质中对称振子上的电流分布、辐射场、辐射强度、方向函数、辐射功率、辐射阻抗、方向系数、输入阻抗。然后分析了对称振子的波长缩短效应和终端效应、匹配与平衡-不平衡变换。通过以上分析,我们对对称振子有了一个较为全面的了解。对称振子作为一种重要的线天线的形式,在线天线中具有广泛的应用。对对称振子分析之后,还分析了宽频带对称振子、V 形对称振子、蝙蝠翼天线和旋转场天线。这些天线都是在对称振子的基础上构建而成的。

第 3 章

天线阵的分析与综合

3.1 天线阵的基础知识及应用

由前面对对称振子的分析可知,当对称振子的单臂长度 $l/\lambda = 0.635$ 时,D 达到最大值 3.3,当 $l/\lambda > 0.635$ 时,D 值开始下降,因此不能通过增加振子的长度来无限地增大天线的方向性。但若将若干天线排列成阵组成天线系统,则可以产生更强的方向性。

若干辐射单元按一定的方式排列和激励而形成的天线系统称为天线阵。阵的辐射单元不一定相同,但在大多数情况下,为了分析上的方便,采用相同形式的辐射单元。辐射单元可以为任何形式的天线,例如,对称振子、缝隙、微带天线、螺旋天线、喇叭天线、抛物面天线等。天线阵可排成多种几何形状,如线阵、平面阵、共形阵等,线阵是最基本的形式。

3.1.1 天线阵的方向性

1. 方向图乘积定理

天线阵是由许多辐射单元组成的,天线阵在空间产生的场是各辐射单元产生的场的矢量叠加。若任意两个辐射单元通过简单的平移和旋转即可全等,则称为相同单元。若各单元不仅形式相同,而且在空间的放置姿态(或取向)也相同,则为相似元。为了分析上的方便,天线阵一般是由相似元组成的。若相似元不考虑单元之间的互耦,各单元具有相同的电流分布,则其归一化方向图相同,其在远区所产生的电场的方向也相同。

假设有 N 个相似元,如图 3.1 所示。坐标原点选在天线阵单元的附近,第 n 个单元的相位中心位于 $r'_n(x'_n, y'_n, z'_n)$,激励电流为 I_n(包括幅度和相位)。

由前面的分析可知,各辐射单元的辐射场强与其上的激励电流成正比,第 n 个单元在观察点 $P(r, \theta, \varphi)$ 处的辐射场可写为

$$E_n = BI_n \frac{e^{-jkR_n}}{4\pi R_n} F_e(\theta, \varphi) \tag{3-1}$$

式中,B 为与单元形式有关的比例系数,$F_e(\theta, \varphi)$ 为单

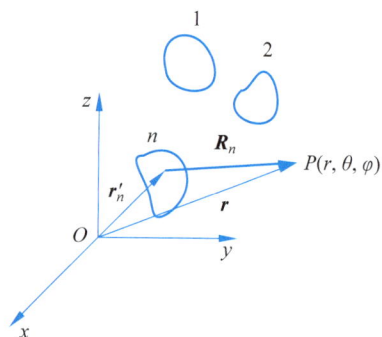

图 3.1 任意的 N 元阵

元的归一化场强方向函数。由于各阵列单元为相似元,则各阵列单元的 B 相同,$F_e(\theta,\varphi)$ 也相同。取远区场近似

$$\frac{1}{R_n} \approx \frac{1}{r} \tag{3-2}$$

相位中的

$$R_n \approx r - \boldsymbol{e}_r \cdot \boldsymbol{r}'_n \tag{3-3}$$

又由

$$\boldsymbol{e}_r = \sin\theta\cos\varphi\boldsymbol{e}_x + \sin\theta\sin\varphi\boldsymbol{e}_y + \cos\theta\boldsymbol{e}_z$$

$$\boldsymbol{r}'_n = x'_n\boldsymbol{e}_x + y'_n\boldsymbol{e}_y + z'_n\boldsymbol{e}_z$$

得

$$\boldsymbol{e}_r \cdot \boldsymbol{r}'_n = x'_n\sin\theta\cos\varphi + y'_n\sin\theta\sin\varphi + z'_n\cos\theta \tag{3-4}$$

将式(3-4)代入式(3-3)得

$$R_n \approx r - (x'_n\sin\theta\cos\varphi + y'_n\sin\theta\sin\varphi + z'_n\cos\theta) \tag{3-5}$$

将式(3-2)和式(3-5)代入式(3-1),得阵列单元在远区所产生的电场的表达式为

$$E_n = BI_n\frac{e^{-jkr}}{4\pi r}F_e(\theta,\varphi)e^{jk(x'_n\sin\theta\cos\varphi+y'_n\sin\theta\sin\varphi+z'_n\cos\theta)} \tag{3-6}$$

式中,$k(x'_n\sin\theta\cos\varphi+y'_n\sin\theta\sin\varphi+z'_n\cos\theta)$ 表示基于阵列单元的空间位置和空间场点的方向而产生的相对于坐标原点处放置的天线单元在空间产生场的相对相位。由叠加原理,天线阵在观察点产生的总场等于各单元在观察点的辐射场的矢量和。由于各单元天线都是相似元,在远区所产生的电场的极化方向相同。因此,矢量和在这里变成了标量和。天线阵所产生的总场为

$$E = \sum_{n=0}^{N-1} E_n = B\frac{e^{-jkr}}{4\pi r}F_e(\theta,\varphi)\sum_{n=0}^{N-1} I_n e^{jk(x'_n\sin\theta\cos\varphi+y'_n\sin\theta\sin\varphi+z'_n\cos\theta)} \tag{3-7}$$

由式(3-7)得天线阵的方向函数为

$$f(\theta,\varphi) = F_e(\theta,\varphi)\sum_{n=0}^{N-1} I_n e^{jk(x'_n\sin\theta\cos\varphi+y'_n\sin\theta\sin\varphi+z'_n\cos\theta)} \tag{3-8}$$

式中,$F_e(\theta,\varphi)$ 为单元的归一化方向函数或称为单元因子。令

$$f_a(\theta,\varphi) = \sum_{n=0}^{N-1} I_n e^{jk(x'_n\sin\theta\cos\varphi+y'_n\sin\theta\sin\varphi+z'_n\cos\theta)} \tag{3-9}$$

$f_a(\theta,\varphi)$ 为阵方向函数或阵因子。因此有

$$f(\theta,\varphi) = F_e(\theta,\varphi)f_a(\theta,\varphi) \tag{3-10}$$

式(3-10)为方向图乘积定理的数学表示式。由式(3-10)可知,方向图乘积定理为天线阵的方向图(或方向函数)等于单元方向图(或单元因子)与阵方向图(或阵因子)的乘积。

单元因子与单元的形式和取向有关,与阵的排列和单元激励电流的相对幅度和相位无关。而阵因子仅与阵的排列、单元激励电流的相对幅度和相位有关,与单元的形式和取向无关。

若天线阵的单元天线为点源,则单元因子为 $F_e(\theta,\varphi)=1$,代入式(3-10)得

$$f(\theta,\varphi) = F_e(\theta,\varphi)f_a(\theta,\varphi) = f_a(\theta,\varphi) \tag{3-11}$$

可见,天线阵的阵因子等于具有相同排列、相同激励电流(包括幅度和相位)的各向同性

点源阵的方向图。在大多数的应用中，单元的方向性很弱，天线阵的方向图主要取决于阵因子。因此常将单元因子设为点源来讨论天线阵的阵因子。

由于阵因子具有方向性，因此，当单元因子和阵因子的最大辐射方向在同一个方向时，总方向函数的主瓣更窄，方向系数更大，天线阵的方向性比单元因子的方向性更强。我国的深空天线组阵系统是由 4 座 35m 口径天线组成的分布阵，其方向性要大于单个的 35m 口径的天线，可达到等效 66m 口径天线的数据接收能力。

2. 二元阵的分析

二元阵是非常有用的一种天线阵，可用二元阵的理论来分析理想地面对天线性能的影响、折合振子、引向器和反射器等。下面举例分析一些典型的二元阵。

例 3.1　求间距为 d、电流幅度比为 $1:m$ 和相位差为 α 的任意二元阵(如图 3.2 所示)的阵因子。

解　建立坐标系如图 3.2 所示，单元天线 1 和单元天线 2 的坐标分别为 $(x_1',y_1',z_1')=(0,0,0)$ 和 $(x_2',y_2',z_2')=(0,0,d)$，将其代入阵因子的表达式(3-9)，得到一个任意的二元阵的阵因子为

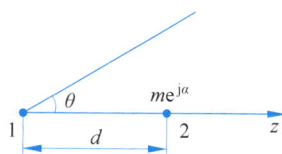

图 3.2　任意二元阵示意图

$$f_a(\theta,\varphi)=1+m\,e^{j\alpha}\,e^{jkd\cos\theta} \tag{3-12}$$

阵因子的模为

$$|f_a(\theta)|=|1+m\cos(kd\cos\theta+\alpha)+jm\sin(kd\cos\theta+\alpha)|$$

$$=\sqrt{[1+m\cos(kd\cos\theta+\alpha)]^2+[m\sin(kd\cos\theta+\alpha)]^2}$$

$$=[1+m^2+2m\cos(kd\cos\theta+\alpha)]^{1/2} \tag{3-13}$$

可用式(3-13)求任意二元阵的阵因子。

例 3.2　间距 $d=\lambda/2$ 的等幅同相二元阵，试求出其阵因子并绘出阵因子的方向图。并从场的叠加的角度，对阵因子的方向图进行物理概念上的解释。

解　坐标原点选在单元天线 1 处，如图 3.2 所示，此时，将 $m=1$、$\alpha=0$ 代入式(3-12)得其阵因子为

$$f_a(\theta)=1+e^{jkd\cos\theta}=e^{jk\frac{d}{2}\cos\theta}2\cos\left(\frac{kd}{2}\cos\theta\right) \tag{3-14}$$

由式(3-14)，得归一化阵因子为

$$F_a(\theta,\varphi)=\cos\left(\frac{kd}{2}\cos\theta\right) \tag{3-15}$$

式(3-15)为等幅同相二元阵的阵因子。将间距 $d=\lambda/2$ 代入，得间距 $d=\lambda/2$ 的等幅同相二元阵的归一化阵因子为

$$F_a(\theta,\varphi)=\cos\left(\frac{\pi}{2}\cos\theta\right) \tag{3-16}$$

阵因子的方向图如图 3.3(b)所示。可以看出，在 $\theta=90°$ 方向上有最大的辐射，在 $\theta=0°$ 方向上的辐射为零。

阵因子的方向性也可以从场的叠加的角度从物理概念上分析出来。天线阵的阵因子与单元天线为点源的天线阵的阵方向函数相同。因此在分析阵因子时，可将单元天线当作点源来分析。如图 3.3(a)所示，在沿 x 方向的远区场上的点，两点源到达场点的波程相同，其

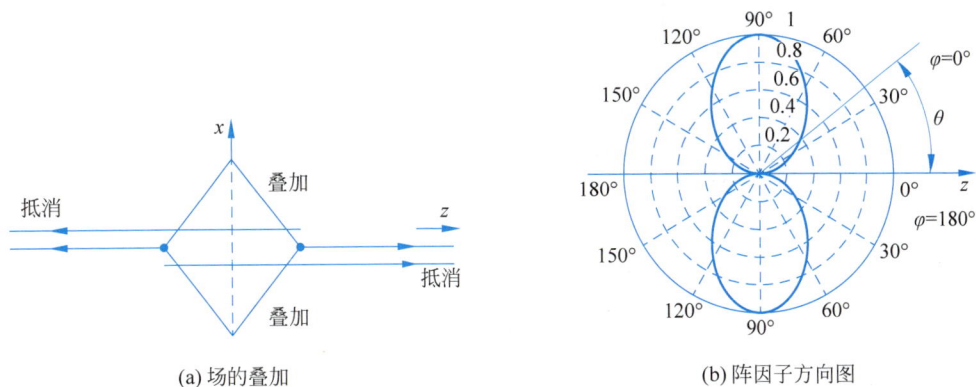

(a) 场的叠加

(b) 阵因子方向图

图 3.3 间距为 λ/2 的等幅同相二元阵

上电流等幅同相,总场为两个点源所产生的场的同相叠加,为一个单元辐射场的 2 倍;对于沿 z 和 −z 方向上远区场上的场点,两点源到达场点有 λ/2 的波程差,引起场的相位差为 π,而激励电流等幅同相,则两点源在 z 和 −z 方向所产生的场等幅反相,辐射场完全抵消,总场为零。而在其他方向场不同相,也不完全反相,场值介于零和最大值之间。可见,从物理概念上分析得到的方向图与上面由阵因子绘出的方向图是一致的。

例 3.3 试求出下列二元阵的阵因子,并绘出阵因子的方向图。

(1) 间距为 λ 的等幅同相二元阵;

(2) 间距为 λ/2 的等幅反相二元阵;

(3) 间距为 λ/2,电流幅度比为 $1:\dfrac{1}{2}$ 的同相二元阵。

解

(1) 将 $d=\lambda$ 代入式(3-15),得归一化阵因子为

$$F_a(\theta,\phi)=\cos\left(\frac{kd}{2}\cos\theta\right)=\cos(\pi\cos\theta) \tag{3-17}$$

其阵因子方向图如图 3.4(a)所示。

(2) 二元阵坐标系的选取如图 3.4(b)所示,由式(3-9)可得阵因子为

$$f_a(\theta,\varphi)=-\mathrm{e}^{\mathrm{j}k\left(-\frac{d}{2}\right)\cos\theta}+\mathrm{e}^{\mathrm{j}k\frac{d}{2}\cos\theta}=2\mathrm{j}\sin\left(k\,\frac{d}{2}\cos\theta\right) \tag{3-18}$$

将 $d=\lambda/2$ 代入式(3-18),得归一化阵因子为

$$F_a(\theta)=\sin\left(\frac{\pi}{2}\cos\theta\right) \tag{3-19}$$

其阵因子方向图如图 3.4(c)所示。

(3) 对于间距为 λ/2,电流幅度比为 $1:\dfrac{1}{2}$ 的同相二元阵,将 $d=\lambda/2,m=0.5$ 代入式(3-13),得阵因子的模值为

$$|f_a(\theta)|=[1.25+\cos(\pi\cos\theta)]^{\frac{1}{2}} \tag{3-20}$$

归一化阵因子为

$$F_a(\theta)=\frac{|f_a(\theta)|}{|f_a(\theta)|_{\max}}=\frac{[1.25+\cos(\pi\cos\theta)]^{\frac{1}{2}}}{1.5} \tag{3-21}$$

由式(3-21)可绘出其阵因子方向图如图 3.4(d)所示。

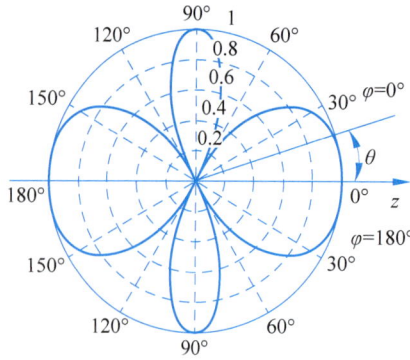

(a) 间距为λ的等幅同相二元阵

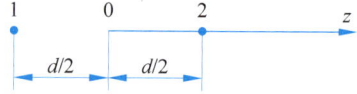

(b) 二元阵坐标示意图

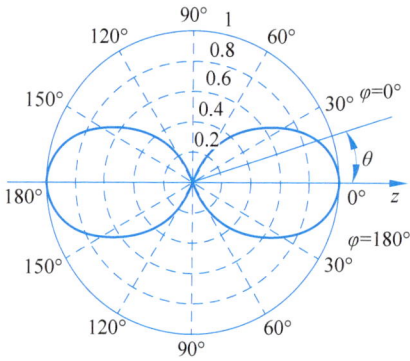

(c) 间距为λ/2的等幅反相二元阵

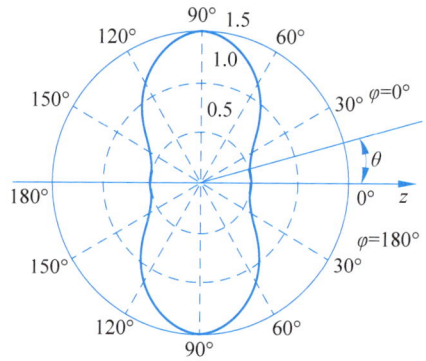

(d) 间距为λ/2幅度比为1:$\frac{1}{2}$的同相二元阵

图 3.4　二元阵阵因子方向图

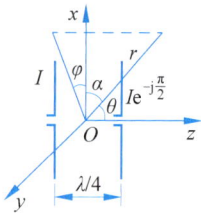

**图 3.5　二元等幅半波
对称振子阵**

例 3.4　间距为 $\lambda/4$ 相位差为 $90°$ 的二元等幅半波对称振子阵,如图 3.5 所示,试求此二元阵的方向函数和方向图。

解　坐标系的选取如图 3.5 所示,由式(3-9)可得此二元阵的阵因子为

$$f_{a}(\theta,\varphi) = e^{jk\left(-\frac{d}{2}\right)\cos\theta} + e^{-j\frac{\pi}{2}}e^{jk\frac{d}{2}\cos\theta}$$

$$= e^{-j\frac{\pi}{4}}2\cos\left(k\frac{d}{2}\cos\theta - \frac{\pi}{4}\right) \tag{3-22}$$

将 $d=\lambda/4$ 代入,得归一化阵因子为

$$F_{a}(\theta) = \cos\left[\frac{\pi}{4}(\cos\theta - 1)\right] \tag{3-23}$$

在 φ 为常数的平面内的阵因子的平面方向图如图 3.6(a)所示。

由于半波对称振子沿 x 方向取向,因而单元因子为

$$F_{e}(\theta,\phi) = \frac{\cos\left(\frac{\pi}{2}\cos\alpha\right)}{\sin\alpha} \tag{3-24}$$

式中，α 为半波对称振子轴线 x 轴与天线（坐标原点）到场点的射线之间的夹角。

$$\cos\alpha = \boldsymbol{e}_r \cdot \boldsymbol{e}_x = (\sin\theta\cos\varphi\boldsymbol{e}_x + \sin\theta\sin\varphi\boldsymbol{e}_y + \cos\theta\boldsymbol{e}_z) \cdot \boldsymbol{e}_x$$

$$= \sin\theta\cos\varphi \qquad\qquad (3\text{-}25)$$

代入式(3-24)得单元因子为

$$F_e(\theta,\varphi) = \frac{\cos\left(\dfrac{\pi}{2}\cos\alpha\right)}{\sin\alpha} = \frac{\cos\left(\dfrac{\pi}{2}\sin\theta\cos\varphi\right)}{\sqrt{1-\sin^2\theta\cos^2\varphi}} \qquad (3\text{-}26)$$

由方向图乘积定理，该二元阵的归一化方向函数为

$$F(\theta,\varphi) = F_e(\theta,\varphi)F_a(\theta) = \frac{\cos\left(\dfrac{\pi}{2}\sin\theta\cos\varphi\right)}{\sqrt{1-\sin^2\theta\cos^2\varphi}}\cos\left[\frac{\pi}{4}(\cos\theta-1)\right] \qquad (3\text{-}27)$$

由式(3-27)可绘出天线阵的立体方向图如图 3.6(b)所示。

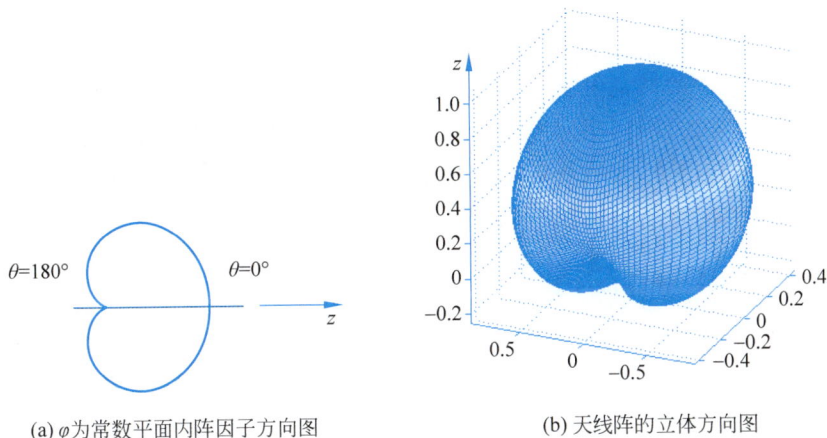

(a) φ 为常数平面内阵因子方向图   (b) 天线阵的立体方向图

图 3.6　二元阵方向图

　　下面来绘此二元阵的 E 面和 H 面的方向图。E 面为电场矢量和最大辐射方向所在的平面，H 面为磁场矢量和最大辐射方向所在的平面。为了确定 E 面和 H 面，首先要确定该天线阵的最大辐射方向。由图 3.6(a)可知，阵因子的最大辐射方向为 z 方向。单元因子为半波对称振子，其最大辐射方向在 yOz 平面内。z 方向同时为单元因子和阵因子的最大辐射方向，因此也一定是此天线阵的最大辐射方向。这也可从图 3.6(b)中得到验证。由 E 面和 H 面的定义可知，此天线阵的 E 面为 xOz 平面，H 面为 yOz 平面。在 E 面，$\varphi=0°$，天线阵的 E 面的方向函数为

$$F_E(\theta,\varphi) = F_e(\theta,\varphi=0°)F_a(\theta) = \frac{\cos\left(\dfrac{\pi}{2}\sin\theta\right)}{\cos\theta}\cos\left[\frac{\pi}{4}(\cos\theta-1)\right]$$

　　方向图如图 3.7 所示。图 3.7 中画出了 E 面的单元方向图和阵因子方向图，天线阵的方向图直接由这两个方向图相乘得到。具体的方法是单元方向图和阵因子方向图的零点方向一定是天线阵方向图的零点方向，若某个方向是单元方向图和阵因子方向图的共同的最大方向，则一定是天线阵方向图的最大方向。两个零点之间一定有一个瓣，瓣的大小与两个零点之间单元方向图和阵因子方向图的幅度的乘积相等。因此，可以由单元方向图和阵因

子方向图直接得到天线阵方向图的零点、最大辐射方向及两个零点之间波瓣的相对大小。由此可得天线阵方向图的示意图如图 3.7(c)所示。与由天线阵 E 面方向函数直接绘出相比,应用方向图乘积定理可使天线阵方向图的绘制变得相对简单。

在 H 面,$\varphi=90°$,将其代入式(3-27)得天线阵的 H 面方向函数为

$$F_H(\theta,\varphi)=F_e(\theta,\varphi=90°)F_a(\theta)=\cos\left[\frac{\pi}{4}(\cos\theta-1)\right]$$

其方向图与阵因子图相同,如图 3.7(b)所示。

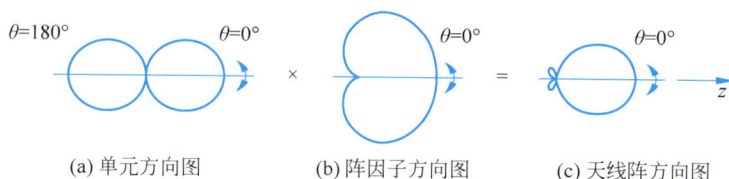

(a) 单元方向图　　　　(b) 阵因子方向图　　　　(c) 天线阵方向图

图 3.7　方向图相乘

以上求出了间距为 $\lambda/2$、相位差为 90° 的等幅二元半波对称振子阵的方向函数和方向图。应该注意的是,天线阵的 E 面和 H 面与天线阵的最大辐射方向有关的。不同的单元电流激励会产生不同的方向性,因而天线阵的 E 面和 H 面也会发生变化。例如在例 3.4 中,若此二元阵等幅同相馈电,天线阵的最大辐射方向为 $\pm y$ 方向,则此天线阵的 E 面为 xOy 面,H 面仍为 yOz 面。

3.1.2　天线阵的阻抗

3.1.1 节对天线阵的方向性进行了研究,当时没有考虑单元天线之间的耦合情况,认为单元天线之间是相互独立的。但实际中,天线阵中的若干单元天线由于彼此相距很近,各振子之间通过电磁场相互作用,会发生电磁耦合效应。因此,天线阵中的每个振子也称为耦合振子。耦合振子表面及周围空间的场分布要受到周围振子的影响而发生变化,振子上的电流也会发生的变化,其辐射功率、辐射阻抗以及输入阻抗等都与单个振子时的不同。在研究天线阵的阻抗特性时必须考虑单元天线之间的耦合。

1. 天线阵的阻抗

1) 天线阵中各单元天线的输入阻抗

可以用电路中的网络理论来研究两个或两个以上单元天线所组成的阵列天线的输入阻抗的问题。如图 3.8(a)所示,将二元耦合振子所在的空间用虚线框起来,若两个振子之间

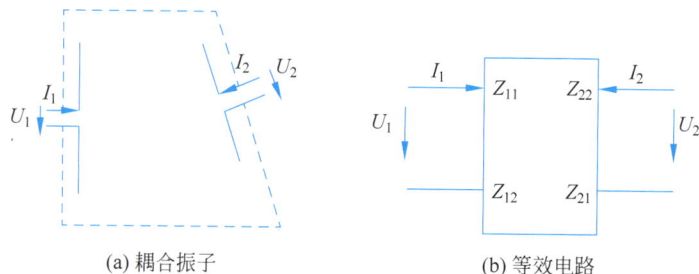

(a) 耦合振子　　　　　　　　　(b) 等效电路

图 3.8　耦合振子及其等效电路

的空间媒质是线性的,且没有其他的源,则可以将此振子系统看成一个线性无源二端口网络,端口分别为两个振子的输入端,如图 3.8(b)所示。反映此二端口网络特性的阻抗方程为

$$\begin{cases} U_1 = I_1 Z_{11} + I_2 Z_{12} \\ U_2 = I_1 Z_{21} + I_2 Z_{22} \end{cases} \tag{3-28}$$

式中,U_1、I_1 和 U_2、I_2 分别为天线 1 和天线 2 输入端的电压和电流或为等效的二端口网络端口 1 和端口 2 的电压和电流。Z_{11} 和 Z_{22} 分别为振子 1 和振子 2 的自阻抗;Z_{12} 和 Z_{21} 为振子 1 和振子 2 的互阻抗,根据互易定理得 $Z_{12} = Z_{21}$。

由式(3-28)可得出,自阻抗和互阻抗可由式(3-29)求出

$$\begin{cases} Z_{11} = \dfrac{U_1}{I_1} \bigg|_{I_2=0} \\[2mm] Z_{12} = \dfrac{U_1}{I_2} \bigg|_{I_1=0} \\[2mm] Z_{21} = \dfrac{U_2}{I_1} \bigg|_{I_2=0} \\[2mm] Z_{22} = \dfrac{U_2}{I_2} \bigg|_{I_1=0} \end{cases} \tag{3-29}$$

即 Z_{11} 为振子 2 输入端开路时,振子 1 输入端的电压 U_1 和电流 I_1 的比值,为振子 1 的自输入阻抗;Z_{22} 为振子 1 输入端开路时,振子 2 输入端的电压 U_2 和电流 I_2 的比值,为振子 2 的自输入阻抗;Z_{12} 为振子 1 输入端开路时,振子 1 输入端的电压 U_1 和振子 2 输入端的电流 I_2 的比值。Z_{21} 为振子 2 输入端开路时,振子 2 输入端的电压 U_2 和振子 1 输入端的电流 I_1 的比值。

由式(3-28)可得天线 1 和大线 2 的输入阻抗(总阻抗)为

$$\begin{cases} Z_1 = \dfrac{U_1}{I_1} = Z_{11} + \dfrac{I_2}{I_1} Z_{12} = Z_{11} + Z'_{12} \\[2mm] Z_2 = \dfrac{U_2}{I_2} = Z_{22} + \dfrac{I_1}{I_2} Z_{21} = Z_{22} + Z'_{21} \end{cases} \tag{3-30}$$

式中,Z'_{12} 是振子 2 感应到振子 1 的输入阻抗,Z'_{21} 是振子 1 感应到振子 2 的输入阻抗。可见,单元天线的输入阻抗为其单独存在时的自输入阻抗和由于其他振子的存在而引起的感应输入阻抗之和。

2) 天线阵中各单元天线的辐射阻抗

由于辐射阻抗反映的是天线的辐射功率的大小,因此,辐射阻抗可以从辐射功率和电流的角度进行分析。

设振子 1 的自辐射功率为振子 1 在自身电流 I_1 及其场作用下的辐射功率 P_{11};振子 1 的感应辐射功率 P_{12} 为振子 1 在振子 2 的电流 I_2 及其场作用下的额外辐射的功率,则振子 1 的总辐射功率为

$$P_{rf1} = P_{11} + P_{12} \tag{3-31}$$

同理,耦合振子 2 的总辐射功率为

$$P_{rf2} = P_{22} + P_{21} \tag{3-32}$$

式中，P_{22} 和 P_{21} 分别为振子 2 的自辐射功率和感应辐射功率。

令 I_{m1} 和 I_{m2} 分别为振子 1 和振子 2 的波腹电流的复振幅值，定义以上各辐射功率所对应的辐射阻抗为假设该辐射功率与一个等效的阻抗所消耗的功率相等，该阻抗上的电流为天线上某处的电流，则该阻抗为此辐射功率所对应的辐射阻抗值。若电流取为振子 1 或振子 2 上的波腹电流，可给出以上各辐射功率所对应的辐射阻抗的定义式为

$$\begin{cases} P_{11} = \dfrac{1}{2} \mid I_{m1} \mid^2 Z_{11} \\[2mm] P_{12} = \dfrac{1}{2} \mid I_{m1} \mid^2 Z'_{12} \\[2mm] P_{rf1} = \dfrac{1}{2} \mid I_{m1} \mid^2 Z_{r1} \\[2mm] P_{22} = \dfrac{1}{2} \mid I_{m2} \mid^2 Z_{22} \\[2mm] P_{21} = \dfrac{1}{2} \mid I_{m2} \mid^2 Z'_{21} \\[2mm] P_{rf2} = \dfrac{1}{2} \mid I_{m2} \mid^2 Z_{r2} \end{cases} \tag{3-33}$$

由式(3-33)可得出两振子的自辐射阻抗(简称自阻抗)、感应辐射阻抗和总辐射阻抗分别为

$$\begin{cases} Z_{11} = \dfrac{2P_{11}}{\mid I_{m1} \mid^2} \\[3mm] Z'_{12} = \dfrac{2P_{12}}{\mid I_{m1} \mid^2} \\[3mm] Z_{r1} = \dfrac{2P_{rf1}}{\mid I_{m1} \mid^2} \\[3mm] Z_{22} = \dfrac{2P_{22}}{\mid I_{m2} \mid^2} \\[3mm] Z'_{21} = \dfrac{2P_{21}}{\mid I_{m2} \mid^2} \\[3mm] Z_{r2} = \dfrac{2P_{rf2}}{\mid I_{m2} \mid^2} \end{cases} \tag{3-34}$$

式中，Z_{11}、Z'_{12} 和 Z_{r1} 分别为振子 1 归算于波腹电流 I_{m1} 的自阻抗、感应辐射阻抗和总辐射阻抗；Z_{22}、Z'_{21} 和 Z_{r2} 则分别为振子 2 归算于 I_{m2} 的自阻抗、感应辐射阻抗和总辐射阻抗。

将式(3-33)代入式(3-31)和式(3-32)，可得阻抗方程为

$$\begin{cases} Z_{r1} = Z_{11} + Z'_{12} \\[2mm] Z_{r2} = Z_{22} + Z'_{21} \end{cases} \tag{3-35}$$

为了得到网络理论中电流、电压所表示的阻抗方程的形式，必须定义一个等效的电压。可由辐射功率和天线上的波腹电流按式(3-36)定义等效电压，即

$$
\begin{cases}
P_{\mathrm{rf1}} = \dfrac{1}{2} I_{\mathrm{m1}}^{*} U_1 \\[4mm]
P_{\mathrm{rf2}} = \dfrac{1}{2} I_{\mathrm{m2}}^{*} U_2
\end{cases}
\tag{3-36}
$$

式中,U_1 和 U_2 分别是归于振子 1 和振子 2 的波腹电流 I_{m1} 和 I_{m2} 的等效电压,并不具体代表天线上某处的电压。

将式(3-36)和式(3-33)代入功率方程(3-31)和式(3-32),得出

$$
\begin{cases}
U_1 = I_{\mathrm{m1}} Z_{11} + I_{\mathrm{m1}} Z_{12}' \\[2mm]
U_2 = I_{\mathrm{m2}} Z_{22} + I_{\mathrm{m2}} Z_{21}'
\end{cases}
\tag{3-37}
$$

由式(3-34)并将(3-36)和式(3-37)代入得振子 1 和振子 2 的总辐射阻抗分别为

$$
\begin{cases}
Z_{\mathrm{r1}} = \dfrac{2P_{\mathrm{rf1}}}{|I_{\mathrm{m1}}|^2} = \dfrac{2 \times \frac{1}{2} I_{\mathrm{m1}}^{*} U_1}{|I_{\mathrm{m1}}|^2} = \dfrac{U_1}{I_{\mathrm{m1}}} = Z_{11} + Z_{12}' \\[4mm]
Z_{\mathrm{r2}} = \dfrac{2P_{\mathrm{rf2}}}{|I_{\mathrm{m2}}|^2} = \dfrac{2 \times \frac{1}{2} I_{\mathrm{m2}}^{*} U_2}{|I_{\mathrm{m2}}|^2} = \dfrac{U_2}{I_{\mathrm{m2}}} = Z_{22} + Z_{21}'
\end{cases}
\tag{3-38}
$$

定义互阻抗 Z_{12} 和 Z_{21} 为

$$
\begin{cases}
Z_{12}' = \dfrac{I_{\mathrm{m2}}}{I_{\mathrm{m1}}} Z_{12} \\[4mm]
Z_{21}' = \dfrac{I_{\mathrm{m1}}}{I_{\mathrm{m2}}} Z_{21}
\end{cases}
\tag{3-39}
$$

将式(3-39)代入式(3-38),可得

$$
\begin{cases}
Z_{\mathrm{r1}} = \dfrac{U_1}{I_{\mathrm{m1}}} = Z_{11} + \dfrac{I_{\mathrm{m2}}}{I_{\mathrm{m1}}} Z_{12} \\[4mm]
Z_{\mathrm{r2}} = \dfrac{U_2}{I_{\mathrm{m2}}} = Z_{22} + \dfrac{I_{\mathrm{m1}}}{I_{\mathrm{m2}}} Z_{21}
\end{cases}
\tag{3-40}
$$

由式(3-40)可得辐射阻抗的阻抗方程为

$$
\begin{cases}
U_1 = I_{\mathrm{m1}} Z_{11} + I_{\mathrm{m2}} Z_{12} \\[2mm]
U_2 = I_{\mathrm{m1}} Z_{21} + I_{\mathrm{m2}} Z_{22}
\end{cases}
\tag{3-41}
$$

式中,Z_{12} 和 Z_{21} 分别是振子 1 和振子 2 的相互辐射阻抗,简称互阻抗。应用电磁场的互易定理可以证明 $Z_{12} = Z_{21}$,它等于当 $I_{\mathrm{m1}} = I_{\mathrm{m2}}$ 时的感应辐射阻抗。

由式(3-41)可画出二元耦合对称振子的等效电路,如图 3.9 所示。

在后面的研究中,主要是对辐射阻抗的研究,下面计算的互阻抗即为耦合振子的辐射互阻抗。

2. 感应电动势法求耦合振子的互阻抗

在上面的辐射阻抗方程中,有耦合振子的自阻抗 Z_{11} 和 Z_{22} 及其互阻抗 Z_{12} 和 Z_{21}。前面已经介绍了

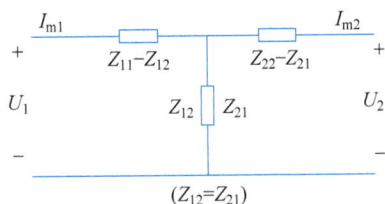

图 3.9 二元耦合振子的等效电路

利用感应电动势法求对称振子自辐射阻抗的计算方法。在这里介绍利用感应电动势法求耦合对称振子互阻抗的方法。

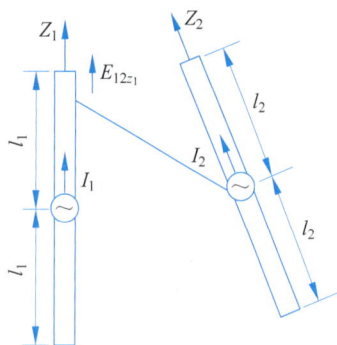

图 3.10 任意排列的两耦合振子

如图 3.10 所示,有任意放置的两个振子。在孤立细振子的条件下,振子上的电流可近似为正弦分布。

设两振子分别沿 z_1 和 z_2 轴放置,振子 2 产生的场在振子 1 表面 z_1 处的切向分量为 E_{12z_1}。根据理想导体表面切向电场为零的边界条件,振子 1 在振子 2 场的作用下产生的感应电流必然在 $\mathrm{d}z_1$ 表面产生一切向电场 $E_{11z_1} = -E_{12z_1}$。从而使振子 1 表面的总的切向电场分量为零,使边界条件得到满足,则振子 1 在 $\mathrm{d}z_1$ 上所感应出的电动势为 $-E_{12z_1}\mathrm{d}z_1$;设振子 1 在 $\mathrm{d}z_1$ 处的电流为 $I_1(z_1)$,则源为产生此感应电动势所提供的功率为

$$\mathrm{d}P_{12} = -\frac{1}{2} I_1^*(z_1) E_{12z_1} \mathrm{d}z_1 \tag{3-42}$$

式中,"*"表示共轭复数值,则电源为产生此感应电动势所提供的总的功率为

$$P_{12} = \int_{-l_1}^{l_1} \mathrm{d}P_{12} = \int_{-l_1}^{l_1} -\frac{1}{2} I_1^*(z_1) E_{12z_1} \mathrm{d}z_1 \tag{3-43}$$

此功率 P_{12} 为在振子 2 的影响下,振子 1 的激励源额外提供的功率,为感应辐射功率。由式(3-43)可得振子 1 的感应辐射阻抗为

$$Z'_{12} = \frac{2P_{12}}{|I_{m1}|^2} = -\frac{1}{|I_{m1}|^2} \int_{-l_1}^{l_1} I_1^*(z_1) E_{12z_1} \mathrm{d}z_1 \tag{3-44}$$

式中,E_{12z_1} 是振子 2 产生的远区场在 z_1 方向的分量,它与振子 2 的波腹电流 I_{m2} 成正比,并和振子 2 的长度 $2l_2$、两振子之间的距离以及它们的取向 $\hat{z}_1$、$\hat{z}_2$ 有关,可用函数符号 $W(l_2, d, \hat{z}_1, \hat{z}_2)$ 表示,则有

$$E_{12z_1} = I_{m2} W(l_2, d, \hat{z}_1, \hat{z}_2) \tag{3-45}$$

将式(3-45)代入式(3-44)并考虑 $I_1(z_1)$ 为正弦分布 $I_1(z_1) = I_{m1}\sin[k(l-|z_1|)]$,可得振子 1 的感应辐射阻抗为

$$Z'_{12} = \frac{I_{m2}}{I_{m1}} Z_{12} = \frac{I_{m2}}{I_{m1}} \int_{-l}^{l} -[\sin k(l-|z_1|)] W(l_2, d, \hat{z}_1, \hat{z}_2) \mathrm{d}z_1 \tag{3-46}$$

由式(3-46)和式(3-39)可得互阻抗 Z_{12} 为

$$Z_{12} = \int_{-l}^{l} -[\sin k(l-|z_1|)] W(l_2, d, \hat{z}_1, \hat{z}_2) \mathrm{d}z_1 \tag{3-47}$$

由式(3-47)可以看出,Z_{12} 只是天线结构与位置等的函数,与电流无关。式(3-47)的积分结果可用函数的形式表示出来。由于计算的结果比较复杂,在这里没有给出,如果需要可以查相关的书籍。利用这些积分结果通过计算机编程可将互阻抗 Z_{12} 计算出来。下面给出一些互阻抗的计算曲线以便使用时查找。

最常用的互阻抗的曲线示于图 3.11～图 3.15 中。由图 3.11 可以看出,若令两等长且齐平平行的耦合对称振子逐渐靠近直到两振子间的距离 d 等于振子直径 $2a$ 时,则两振子的互阻抗就是单个振子的自辐射阻抗。

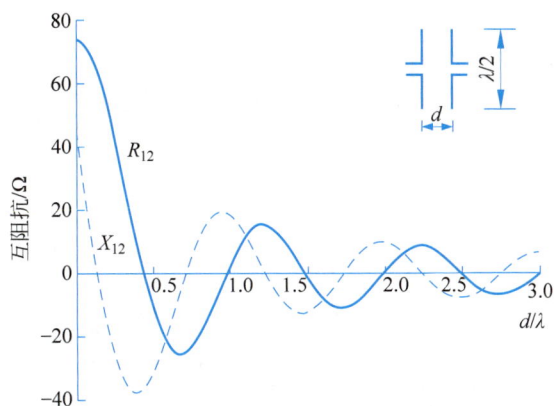

图 3.11 两齐平平行排列半波对称振子 $Z_{12} \sim d/\lambda$

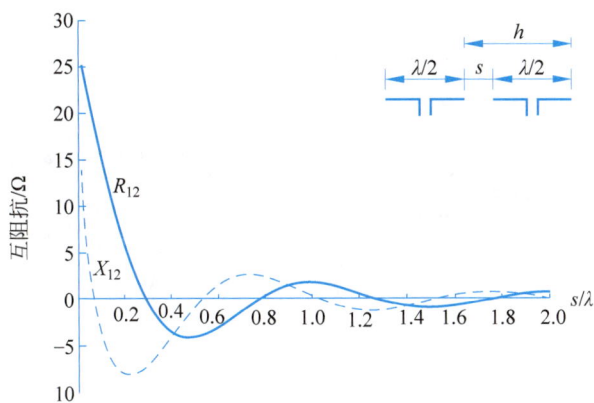

图 3.12 两共线排列半波对称振子

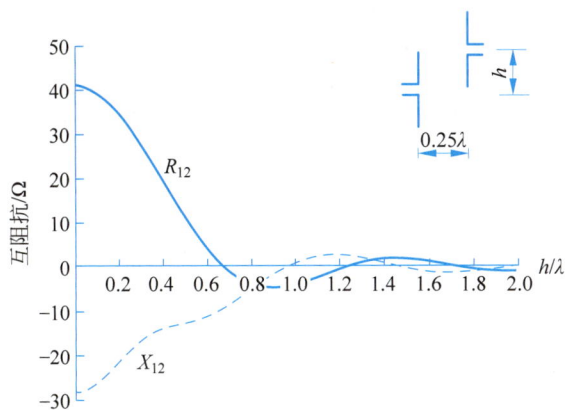

图 3.13 $d = \lambda/4$,中心错开的两半波对称振子 $Z_{12} \sim h/\lambda$ 曲线

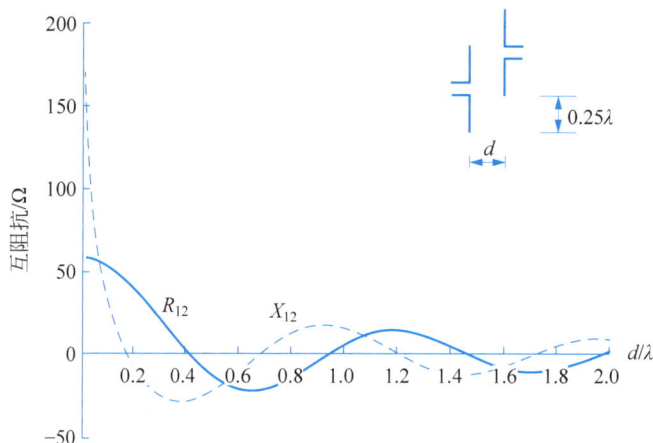

图 3.14 中心错开 $h = 0.25\lambda$，距离为 d 的两半波对称振子 $Z_{12} \sim d/\lambda$ 曲线

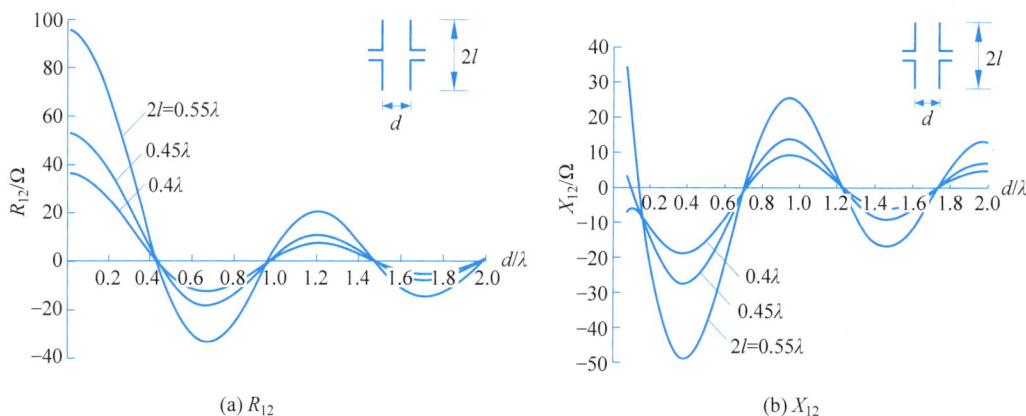

(a) R_{12}

(b) X_{12}

图 3.15 不同臂长齐平平行排列对称振子 $Z_{12} \sim d/\lambda$ 曲线

3. N 元阵的阻抗

可将两元耦合振子阵的结论推广到 N 元阵，可写出 N 元振子阵的阻抗方程为

$$\begin{cases} U_1 = I_{m1}Z_{11} + I_{m2}Z_{12} + \cdots + I_{mN}Z_{1N} \\ U_2 = I_{m1}Z_{21} + I_{m2}Z_{22} + \cdots + I_{mN}Z_{2N} \\ \vdots \\ U_N = I_{m1}Z_{N1} + I_{m2}Z_{N2} + \cdots + I_{mN}Z_{NN} \end{cases} \tag{3-48}$$

则各振子单元的辐射阻抗为

$$\begin{cases} Z_{r1} = \dfrac{U_1}{I_{m1}} = Z_{11} + \dfrac{I_{m2}}{I_{m1}}Z_{12} + \cdots + \dfrac{I_{mN}}{I_{m1}}Z_{1N} \\[2mm] Z_{r2} = \dfrac{U_2}{I_{m2}} = \dfrac{I_{m1}}{I_{m2}}Z_{21} + Z_{22} + \cdots + \dfrac{I_{mN}}{I_{m2}}Z_{2N} \\[2mm] \vdots \\ Z_{rN} = \dfrac{U_2}{I_{mN}} = \dfrac{I_{m1}}{I_{mN}}Z_{N1} + \dfrac{I_{m2}}{I_{mN}}Z_{N2} + \cdots + Z_{NN} \end{cases} \tag{3-49}$$

式中，I_{mi}、U_i、Z_{ii} 和 Z_{ij} 分别是第 i 个振子的波腹电流、等效电压、自阻抗和它与第 j 个振子的互阻抗，且有 $Z_{ji} = Z_{ij}$。

式(3-49)写成矩阵形式为

$$\boldsymbol{U} = \boldsymbol{Z}\boldsymbol{I}_{\mathrm{m}} \qquad (3\text{-}50)$$

式中，$\boldsymbol{U}$ 和 $\boldsymbol{I}_{\mathrm{m}}$ 为 N 阶列矩阵，$\boldsymbol{Z}$ 为 $N \times N$ 方阵。

第 n 个振子的等效电压也可以写为

$$U_n = \sum_{i=1}^{N} I_{mi} Z_{ni} \qquad (3\text{-}51)$$

严格地说，在 N 元阵中某两个振子的互阻抗并不等于仅有这两个振子存在时的互阻抗。但在工程计算中，以上近似可以满足其精度要求，可应用以上二元对称振子阵的互阻抗的计算结果。

4. 天线阵的总辐射阻抗

由式(3-49)可知，在天线阵列中，单元天线的总辐射阻抗可由其自阻抗和与其他天线的互阻抗及它们之间的电流分布关系求出。单元天线的总辐射阻抗是与单元天线的总辐射功率相对应的阻抗。对于二元阵来说，整个天线阵的总辐射功率是两振子辐射功率之和。由于两个振子上的电流分布不同，因此整个天线阵的总辐射阻抗并不等于 Z_{r1} 和 Z_{r2} 之和。可从辐射功率出发来求辐射阻抗。整个二元阵的总辐射功率为

$$P_{\mathrm{rf}} = P_{\mathrm{rf1}} + P_{\mathrm{rf2}} = \frac{1}{2} \mid I_{m1} \mid^2 Z_{r1} + \frac{1}{2} \mid I_{m2} \mid^2 Z_{r2} \qquad (3\text{-}52)$$

如果将阵的总辐射阻抗 Z_r 用振子 1 的电流 I_{m1} 来归算，则有

$$P_{\mathrm{rf}} = \frac{1}{2} \mid I_{m1} \mid^2 Z_{r(1)} \qquad (3\text{-}53)$$

将式(3-53)代入式(3-52)，得

$$Z_{r(1)} = Z_{r1} + \left| \frac{I_{m2}}{I_{m1}} \right|^2 Z_{r2} \qquad (3\text{-}54)$$

同理，若归算于振子 2 的电流 I_{m2}，则有

$$P_{\mathrm{rf}} = \frac{1}{2} \mid I_{m2} \mid^2 Z_{r(2)} \qquad (3\text{-}55)$$

$$Z_{r(2)} = \left| \frac{I_{m1}}{I_{m2}} \right|^2 Z_{r1} + Z_{r2} \qquad (3\text{-}56)$$

显然，只有当 $I_{m1} = I_{m2}$ 时，才有 $Z_{r(1)} = Z_{r(2)} = Z_{r1} + Z_{r2}$。

可将以上结果推广到 N 元天线阵，则归于第 i 个振子的电流 I_{mi} 的天线阵的总辐射阻抗为

$$Z_{r(i)} = \sum_{j=1}^{N} \left| \frac{I_{mj}}{I_{mi}} \right|^2 Z_{rj} \qquad (3\text{-}57)$$

对于等幅多元阵，有

$$Z_{r(1)} = Z_{r(2)} = \cdots = Z_{r(N)} = \sum_{j=1}^{N} Z_{rj} \qquad (3\text{-}58)$$

3.1.3 折合振子

半波对称振子在短波和超短波波段是一种常用天线。但是半波对称振子的输入阻抗仅

有 73Ω，而常用的平行双线传输线的特性阻抗为 $200\sim600\Omega$。当半波对称振子排阵之后，其输入阻抗也可能变小，而无法与特性阻抗为 75Ω 的同轴线匹配。为保证天线与馈线间的良好匹配，必须设法提高天线的输入电阻。折合振子具有对称振子的方向性，但其输入阻抗是对称振子的 4 倍，可以很好地解决以上问题。

如图 3.16 所示，折合振子可看成是由长为 $\lambda/2$ 的短路传输线变换而来的。在此传输线的中点(电流波节点)向外拉伸而形成一两端连接的平行对称振子。振子的长度为 $\lambda/2$，两振子间的间距 $d\ll\lambda$。因此，可将折合振子看作是由一对长 $\lambda/2$ 的耦合对称振子组成的，两者的电流的振幅相等、相位相同，两振子上的电流分布如图 3.16 中的虚线所示。

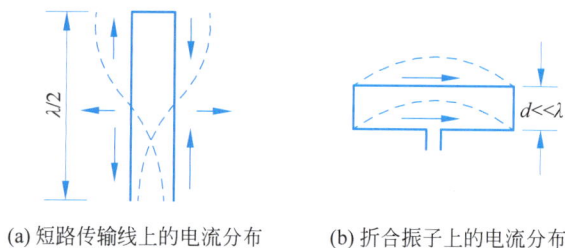

(a) 短路传输线上的电流分布   (b) 折合振子上的电流分布

图 3.16 折合振子的形成

首先对折合振子的阻抗特性进行分析。可以将折合振子的两个耦合半波对称振子看成一个二元阵，因此可以用天线阵的理论来分析折合振子的辐射阻抗。设振子 1 和振子 2 的波腹电流分别为 I_{m1} 和 I_{m2}，则有 $I_{m1}=I_{m2}$，天线阵的总辐射阻抗 Z_r 为

$$Z_r=Z_{r(1)}=Z_{r1}+\left|\frac{I_{m1}}{I_{m2}}\right|^2 Z_{r2}=Z_{r1}+Z_{r2}=\left(Z_{11}+\frac{I_{m2}}{I_{m1}}Z_{12}\right)+\left(Z_{22}+\frac{I_{m1}}{I_{m2}}Z_{21}\right)$$
$$=(Z_{11}+Z_{12})+(Z_{22}+Z_{21})$$

式中，$Z_{r(1)}$ 为归算于振子 1 波腹电流的天线阵总辐射阻抗，Z_{r1} 为振子 1 辐射阻抗，Z_{r2} 为振子 2 的辐射阻抗。Z_{11} 和 Z_{22} 分别为振子 1 和振子 2 的自辐射阻抗，Z_{12} 和 Z_{21} 分别为振子 1 和振子 2 的互辐射阻抗。

由于两振子间距与波长比很小，因此其自阻抗与互阻抗近似相等，即 $Z_{12}\approx Z_{11}=73\Omega$，$Z_{21}\approx Z_{22}=73\Omega$，则有

$$Z_r=Z_{r1}+Z_{r2}=(Z_{11}+Z_{12})+(Z_{22}+Z_{21})\approx300\Omega$$

由于半波对称振子的波腹电流等于输入电流，即 $I_m=I_{in}$，因此，其归算于输入端电流的辐射阻抗也为 300Ω，若忽略折合振子的损耗，折合振子的输入阻抗即为 300Ω。注意，这里的假设是两半波耦合振子臂的直径完全相等。

以上是从天线阵的角度对折合振子输入阻抗的推导，也可以从辐射功率的角度来证明以上结果。由于 d/λ 很小且两振子上电流相同，对于远区辐射场而言，两振子可等效为一个粗振子，其电流为两振子上的电流之和，即为 $2I_m$，此等效振子的辐射功率为

$$P_r=\frac{1}{2}(2I_m)^2 R_r=4\left(\frac{1}{2}I_m^2 R_r\right)$$

由于天线输入端的实际电流为 I_m，因此 $Z_{in}=Z_{r0}=\dfrac{2P_r}{I_m^2}=4R_r\approx300\Omega$。可见，折合振子的输入阻抗比单根半波对称振子的输入阻抗大很多。

由于可将折合振子看成一个粗的半波对称振子,因此其上的电流分布与单根半波对称振子相同,折合振子的方向性与单根半波对称振子相同。

3.2 导电地面对附近天线性能的影响

在前面的讨论中,均假定天线处于无限大自由空间中。但实际中,天线周围的媒质都是不均匀的。架设在地面上的天线要受到大地和空气分界面不均匀性的影响,安装在其他设备或移动体上的天线要受到组成这些设备和移动体的物质(尤其是金属物质)的影响。在天线所辐射的电磁波的照射下,天线附近的导电物体会产生感应电流,这些感应电流会在空间再次辐射电磁场(称为二次场或散射场),空间的场是天线直接产生的场与二次场的叠加。由于空间场与天线在自由空间所产生的场不同,因此,天线的方向和阻抗特性也与天线在自由空间中不同。要研究天线在导电地面附近时的性能,首先要计算天线在空间所产生的场,对于地面或金属导体面,可以将之看作无穷大导电平面的情况,可以应用镜像法来进行计算。

3.2.1 无限大理想导电平面上天线性能的分析

根据场的唯一性定理,由场的散度、旋度及边界条件可将场唯一地确定下来。即如果能找到这样的一个场,在其所研究的区域中满足场的散度方程和旋度方程,并且在这个区域的边界上满足边界条件,那么这个场就是这个区域中场的唯一解。镜像法是用假想的在所研究的区域之外的电荷或电流(称为镜像电流和镜像电荷)所产生的场来代替原来的边界所产生的二次场,只要这些电荷或电流与区域中原有的电荷或电流共同产生的场满足该区域的边界条件。由于假想的电流和电荷是放在所研究的区域之外的,因此,在这个区域中源的情况没有发生变化,总场满足原有的麦克斯韦方程,即满足原有的散度和旋度方程。因此原有电流和电荷与其镜像电流和电荷所共同产生的场就是此区域中场的唯一解。

无限大理想导电平面上垂直、水平和倾斜放置的电基本振子及其镜像振子如图 3.17 所示。为了满足导体表面切向电场为零的边界条件,在垂直放置时,镜像振子与原振子的电流等幅同相,称此为正像;在水平放置时,两者电流等幅反相,即为负像;倾斜放置时,电流可分解为平行和垂直的两个分量,其中垂直分量为正像、水平分量为负像,其合成的电流矢量即为镜像振子电流的大小和方向。镜像振子位于导电平面另一侧与原振

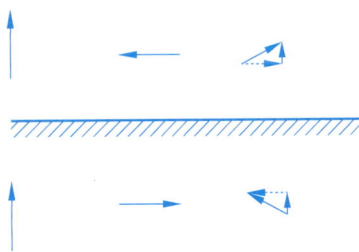

图 3.17 电基本振子及其镜像

子相对称的位置上。可以从电基本振子在自由空间产生的场出发,证明电基本振子与其镜像所产生的总电场在边界处的切向分量为零,因此满足边界条件。可以将电流分布不均匀的天线看作为由许多电基本振子组成,每个电基本振子都有和它对应的镜像,将它们组合起来就得出整个天线的镜像。图 3.18(a)和(b)分别示出了驻波单导线和对称振子及它们的镜像。可以看出,两者在水平放置时均为负像,但在垂直放置时,除驻波单导线的长度为半波长偶数倍时为负像外,其他均为正像。

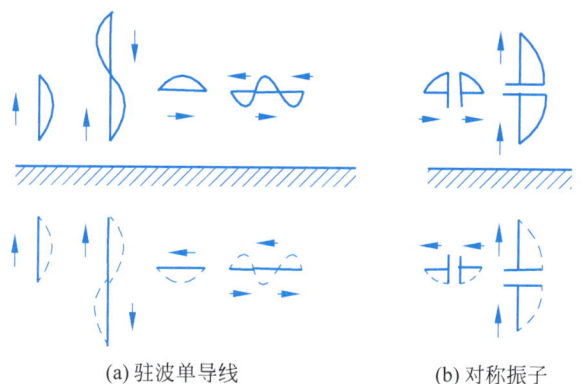

(a) 驻波单导线   (b) 对称振子

图 3.18   驻波单导线和对称振子的镜像

可以看出,导电平面上的实际振子与它的镜像振子构成了一个二元阵,因此可以应用二元阵的分析结论对地面上的天线的性能进行分析。设振子距导电平面的距离为 h,到空间场点的射线和导电平面之间的夹角为仰角 Δ。

如图 3.19 所示为地面上的垂直与水平放置的对称振子,垂直放置时为正像,水平放置时为负像。

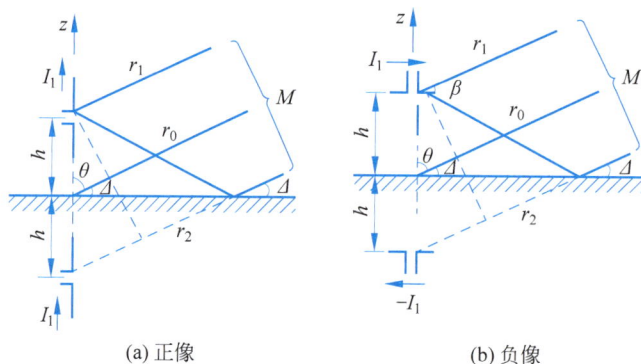

(a) 正像   (b) 负像

图 3.19   地面上的对称振子

由前面二元阵的分析中可得,等幅同相二元阵的阵因子为

$$\mid f_a(\theta) \mid = \left| 2\cos\left(\frac{kd}{2}\cos\theta\right) \right| \tag{3-59}$$

等幅反相二元阵的阵因子为

$$\mid f_a(\theta) \mid = \left| 2\sin\left(\frac{kd}{2}\cos\theta\right) \right| \tag{3-60}$$

式中,d 为两个振子之间的距离,θ 为空间场点到二元阵中心的射线与二元阵排列线之间的夹角。在这里 $d = 2h$,$\theta = \dfrac{\pi}{2} - \Delta$。

由式(3-59)可得正向阵因子为

$$f_a(\Delta) = 2\cos(kh\sin\Delta) \tag{3-61}$$

由式(3-60)可得负像阵因子为

$$f_a(\Delta) = 2\sin(kh\sin\Delta) \tag{3-62}$$

对于垂直放置的半波对称振子,其单元因子为

$$F_{e}(\theta) = \left| \frac{\cos\left(\frac{\pi}{2}\cos\theta\right)}{\sin\theta} \right| = \left| \frac{\cos\left(\frac{\pi}{2}\sin\Delta\right)}{\cos\Delta} \right| \qquad (3\text{-}63)$$

则整个二元阵的方向函数为

$$f(\Delta) = F_{e}(\Delta)f_{a}(\Delta) = \left| \frac{\cos\left(\frac{\pi}{2}\sin\Delta\right)}{\cos\Delta} \right| 2\cos(kh\sin\Delta) \qquad (3\text{-}64)$$

归一化的方向函数为

$$F(\Delta) = \left| \frac{\cos\left(\frac{\pi}{2}\sin\Delta\right)}{\cos\Delta} \right| \cos(kh\sin\Delta) \qquad (3\text{-}65)$$

由式(3-65)可以画出理想导电地面上不同架设高度的垂直半波对称振子在地面上方的 E 面方向图,这里 E 面为通过振子轴线的垂直平面,如图 3.20 所示。

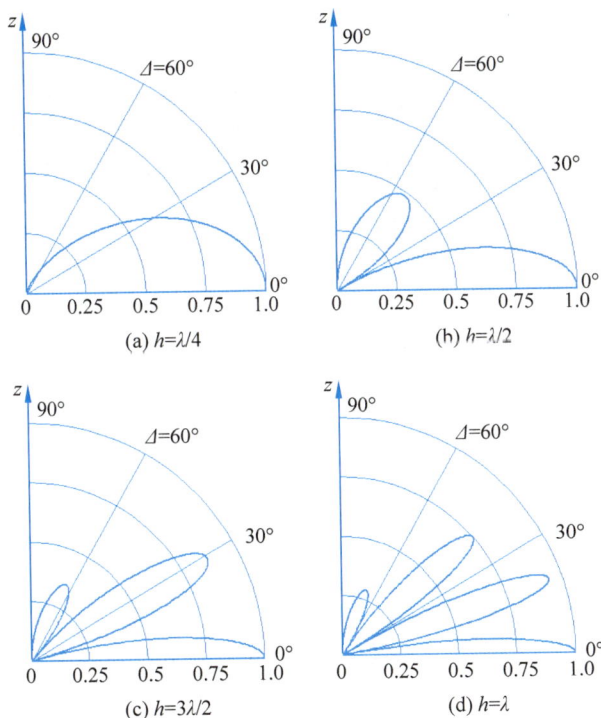

图 3.20　不同架设高度的垂直半波对称振子在地面上方的 E 面的方向图(h 为天线架设高度)

对于水平放置的半波对称振子,其单元因子为

$$F_{e}(\beta) = \left| \frac{\cos\left(\frac{\pi}{2}\cos\beta\right)}{\sin\beta} \right| \qquad (3\text{-}66)$$

式中,β 为空间场点到半波对称振子的中心点的射线与半波对称振子轴线之间的夹角。则

整个二元阵的方向函数为

$$f(\Delta) = F_e(\beta) f_a(\Delta) = \left| \frac{\cos\left(\dfrac{\pi}{2}\cos\beta\right)}{\sin\beta} \right| 2\sin(kh\sin\Delta) \qquad (3\text{-}67)$$

归一化的方向函数为

$$F(\Delta) = \left| \frac{\cos\left(\dfrac{\pi}{2}\cos\beta\right)}{\sin\beta} \right| \sin(kh\sin\Delta) \qquad (3\text{-}68)$$

在 H 面,即垂直于振子轴线的平面

$$\begin{cases} \beta = 90° \\ F(\Delta) = \sin(kh\sin\Delta) \end{cases} \qquad (3\text{-}69)$$

由式(3-69)可以画出理想导电地面上的不同架设高度的水平半波对称振子在地面上方的 H 面的方向图,如图 3.21 所示。

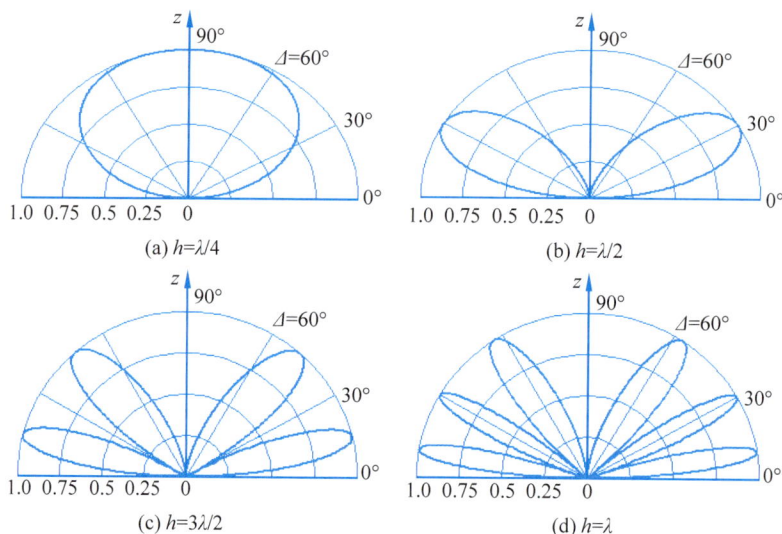

图 3.21　不同架设高度的水平半波对称振子在地面上方的 H 面的方向图(h 为天线架设高度)

由图 3.21 可以看出,对于不同的天线架设高度,天线阵的方向性是不同的。在短波波段远距离通信中,天线辐射的能量通过电离层反射到达接收地点,通信距离越远,要求最大辐射方向与地面间的夹角(即仰角 Δ)越小。对这种利用电离层反射的传播方式,其天线主要是水平架设于地面上,因此,它的镜像是负镜像。可以利用架设高度 h 来控制最大辐射方向的仰角,当通信距离越远,要求 h 越高。

理想导电平面对天线辐射阻抗的影响可用耦合振子理论来计算。由二元阵辐射阻抗的计算公式 $Z_r = Z_{11} + \dfrac{I_{m2}}{I_{m1}} Z_{12}$ 可得,对于正像,由于镜像天线上的电流 I'_m 等于实际天线的电流 I_m,因此辐射阻抗为

$$Z_r = Z_{11} + Z_{12} \qquad (3\text{-}70)$$

对于负像,$I'_m = -I_m$,则辐射阻抗为

$$Z_r = Z_{11} - Z_{12} \tag{3-71}$$

图 3.22(a)和(b)中分别示出了在无限大理想导电平面上,垂直与水平放置的半波对称振子的辐射阻抗随 h/λ 变化的关系曲线。由图 3.22 可以看出,随着 h/λ 的增大,导电平面对天线阻抗的影响减小,R_r 和 X_r 逐渐趋近于自由空间的数值。

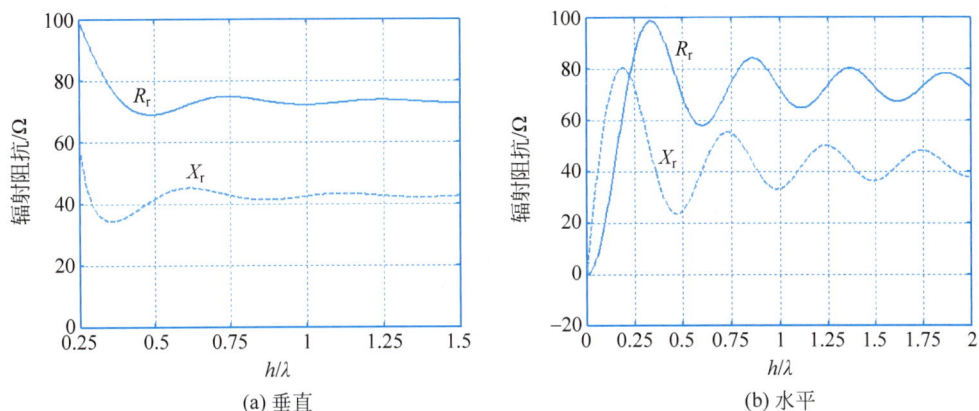

图 3.22 地面上的半波对称振子的辐射阻抗随距地面高度的变化曲线

3.2.2 理想导电地面上的垂直接地天线

图 3.23 为一位于无限大理想导电平面上的垂直接地天线,馈源接在天线臂与大地之间。大地的影响可用天线的镜像来代替。天线臂与其镜像构成一对称振子,则它在地面上半空间的辐射场与自由空间对称振子的辐射场相同。

设 Δ 为到空间场点的射线与地面之间的夹角,则由仅考虑场强大小的对称振子场强公式,

$$|E_\theta| = \left| \frac{60I_m}{r} \frac{\cos(kl\cos\theta) - \cos kl}{\sin\theta} \right| = \frac{60I_m}{r} |f(\theta)| \tag{3-72}$$

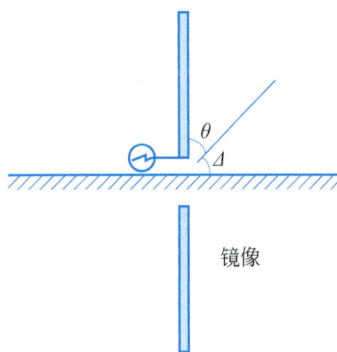

图 3.23 垂直接地天线

式中,$\theta = 90° - \Delta$,l 为对称振子单臂的长度。设天线高度(即臂长)为 h,可得

$$|E(\Delta)| = \left| \frac{60I_m}{r} \frac{\cos(kh\sin\Delta) - \cos(kh)}{\cos\Delta} \right|$$
$$= \frac{60I_0}{r\sin(kh)} \frac{\cos(kh\sin\Delta) - \cos(kh)}{\cos\Delta} \tag{3-73}$$

式中,I_m 为天线上电流的波腹值,I_0 为天线输入端的电流。由于 $I(z) = I_m\sin[k(h-z)]$,则 $I_0 = I(z)|_{z=0} = I_m\sin(kh)$,可得 $I_m = \frac{I_0}{\sin(kh)}$。

当 $h/\lambda < 0.72$ 时,天线归一化方向函数为

$$|F(\Delta)| = \frac{1}{1-\cos(kh)} \left| \frac{\cos(kh\sin\Delta) - \cos(kh)}{\cos\Delta} \right| \tag{3-74}$$

此为天线在上半空间归一化场强方向函数的表示式,下半空间归一化场强方向函数为零。

不同高度的垂直接地天线在地面上方的方向图如图 3.24 所示。

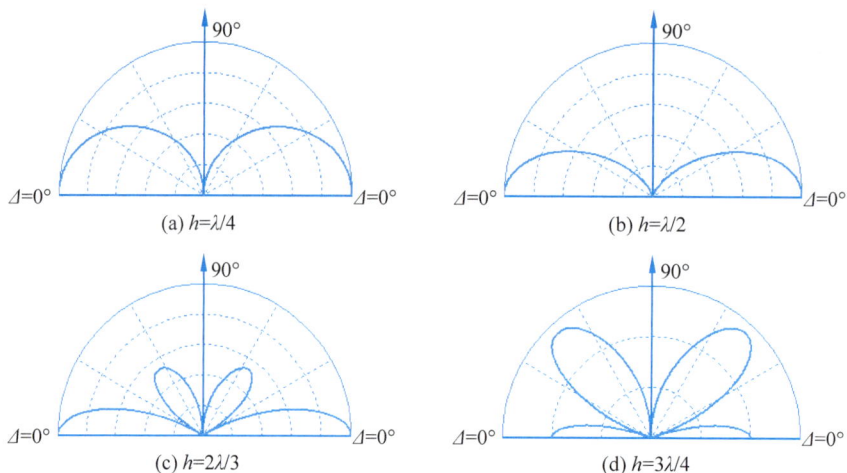

(a) $h=\lambda/4$

(b) $h=\lambda/2$

(c) $h=2\lambda/3$

(d) $h=3\lambda/4$

图 3.24　垂直接地天线在地面上方的方向图（h 为天线的高度）

可用坡印廷矢量法求其辐射功率，由式（3-73）可得其辐射功率为

$$P_r = \frac{1}{240\pi} \int_0^{2\pi} \int_0^{\frac{\pi}{2}} |E|^2 r^2 \sin\theta \,\mathrm{d}\theta \,\mathrm{d}\varphi = 30 |I_m|^2 \int_0^{\frac{\pi}{2}} \frac{[\cos(kh\sin\Delta) - \cos(kh)]^2}{\cos\Delta} \mathrm{d}\Delta$$

(3-75)

注意，在上面的公式中，只对包围天线的上半球面进行了积分。此时的辐射功率是自由空间同等臂长且电流分布相同的对称振子的一半。其辐射电阻为

$$R_{rm} = \frac{2P_r}{|I_m|^2} = 60 \int_0^{\frac{\pi}{2}} \frac{[\cos(kh\sin\Delta) - \cos(kh)]^2}{\cos\Delta} \mathrm{d}\Delta$$

(3-76)

此时天线的辐射电阻也等于同等臂长的自由空间对称振子的辐射电阻的一半。当 $h=\lambda/4$ 时，$R_{rm}=36.51\Omega$，当 $h\ll\lambda$ 时，由式（1-94），可得这种电小直立天线的归算于输入端电流的辐射电阻为

$$R_{r0} \approx 40\pi^2 \left(\frac{h}{\lambda}\right)^2$$

(3-77)

又由 $I(z)=I_m \sin[k(l-|z|)]$，得在天线的输入端的电流为 $I_0=I_m \sin(kl)$，当 $l\ll\lambda$ 时，有 $I_0 \approx I_m kl$，由 $\frac{1}{2}I_0^2 R_{r0} \approx \frac{1}{2}I_m^2 R_{rm}$，可得 $R_{rm}=R_{r0}\dfrac{I_0^2}{I_m^2}=R_{r0}(kl)^2$，将 $l=h$ 和式（3-77）代入得

$$R_{rm} \approx 160\pi^4 \left(\frac{h}{\lambda}\right)^4$$

(3-78)

式中，R_{r0} 和 R_{rm} 分别为归于输入电流和波腹电流的辐射电阻。

由于天线到地面的单位长度电容比到对称振子的另一个臂的单位长度电容大一倍，因此，天线的平均特性阻抗为同等臂长对称振子的一半为

$$\overline{W}_0 = 60 \left[\ln\left(\frac{2h}{a}\right) - 1\right]$$

(3-79)

式中，a 为天线臂导体柱的半径。则接地直立天线的输入阻抗亦等于同等臂长的自由空间

对称振子输入阻抗的一半。

由于垂直接地天线辐射的能量仅存在于上半空间,对于同样的上半空间的场强,所需的辐射功率是对称振子的一半,因此,其方向系数 D 提高一倍。在理想导电平地上 $h = \lambda/4$ 的单极接地天线,其方向系数 D 为 3.28;对于 $h \ll \lambda$ 的短直立天线,其方向系数 D 约为 3。

3.2.3 有限导电率地面对天线性能的影响

大地的导电率并不是无穷大,因此不能当作理想导电平面来进行处理。对于有限导电率的地面,若忽略地表面波的影响,可用直射波和反射波的叠加来确定其场。

天线的入射波可分解为垂直极化波 $\boldsymbol{E}_\mathrm{v} = \boldsymbol{E}_{0\mathrm{v}} \dfrac{e^{-jkr_1}}{r_1}$ 和水平极化波 $\boldsymbol{E}_\mathrm{h} = \boldsymbol{E}_{0\mathrm{h}} \dfrac{e^{-jkr_1}}{r_1}$。入射波的电场可表示为垂直极化电场和水平极化电场之和。

$$\boldsymbol{E}_1 = \boldsymbol{E}_0 \frac{e^{-jkr_1}}{r_1} = \boldsymbol{E}_\mathrm{v} + \boldsymbol{E}_\mathrm{h} = (\boldsymbol{E}_{0\mathrm{v}} + \boldsymbol{E}_{0\mathrm{h}}) \frac{e^{-jkr_1}}{r_1} \tag{3-80}$$

式中,r_1 为由实际天线到空间场点之间的距离。

不同极化电磁波的反射系数不同,垂直极化波的反射系数为

$$R_\mathrm{v} = \frac{\varepsilon_\mathrm{c} \sin\Delta - \sqrt{\varepsilon_\mathrm{c} - \cos^2\Delta}}{\varepsilon_\mathrm{c} \sin\Delta + \sqrt{\varepsilon_\mathrm{c} - \cos^2\Delta}} \tag{3-81}$$

水平极化波的反射系数为

$$R_\mathrm{h} = \frac{\sin\Delta - \sqrt{\varepsilon_\mathrm{c} - \cos^2\Delta}}{\sin\Delta + \sqrt{\varepsilon_\mathrm{c} - \cos^2\Delta}} \tag{3-82}$$

式中,$\varepsilon_\mathrm{c} = \varepsilon_\mathrm{r} - j60\lambda\sigma$,$\varepsilon_\mathrm{r}$ 与 σ 分别为大地的相对介电常数和电导率。Δ 为到空间场点的射线与地面之间的夹角。则反射波的电场为

$$\boldsymbol{E}_2 = (R_\mathrm{v}\boldsymbol{E}_{0\mathrm{v}} + R_\mathrm{h}\boldsymbol{E}_{0\mathrm{h}}) \frac{e^{-jkr_2}}{r_2} \tag{3-83}$$

式中,r_2 为实际天线经过反射波的路程到观察点的距离;R_v 和 R_h 分别为垂直极化波和水平极化波的地面反射系数。

由图 3.25 可以看出,反射波到达空间场点的行程与天线的镜像到达空间场点的行程相同。当场点在远区时,反射波和直射波近似平行,则式(3-83)在相位中 $r_2 \approx r_1 + 2H\sin\Delta$,在分母中 $r_2 \approx r_1$,由此可得

$$\boldsymbol{E}_2 = (R_\mathrm{v}\boldsymbol{E}_{0\mathrm{v}} + R_\mathrm{h}\boldsymbol{E}_{0\mathrm{h}}) \frac{e^{-jkr_1}}{r_1} e^{-j2kH\sin\Delta} \tag{3-84}$$

直射波和反射波的合成电场为

$$\boldsymbol{E} = \boldsymbol{E}_1 + \boldsymbol{E}_2 = [\boldsymbol{E}_{0\mathrm{v}}(1 + R_\mathrm{v}e^{-j2kH\sin\Delta}) +$$

$$\boldsymbol{E}_{0\mathrm{h}}(1 + R_\mathrm{h}e^{-j2kH\sin\Delta})] \frac{e^{-jkr_1}}{r_1} \tag{3-85}$$

式中,H 是天线的架设高度。

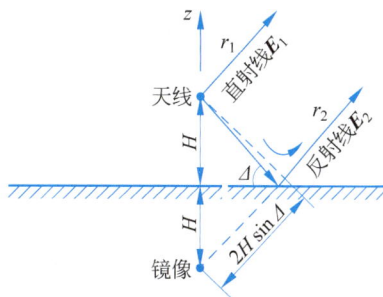

图 3.25 直射波与经地面反射的反射波

在图 3.25 中,实际天线的位置矢量为 $r_1' = He_z$,由远区场近似公式,在式(3-85)分母中 $r_1 \approx r$,在相位中 $r_1 \approx r - r_1'$。$e_r = r - H\cos\theta = r - H\sin\Delta$,式中,$\theta$ 为球坐标系中原点发出的射线与 z 轴之间的夹角,Δ 为仰角。将以上近似代入式(3-85)可得合成波的电场表达式为

$$E = E_1 + E_2 = \left[E_{0v}(e^{jkH\sin\Delta} + R_v e^{-jkH\sin\Delta}) + E_{0h}(e^{jkH\sin\Delta} + R_h e^{-jkH\sin\Delta})\right]\frac{e^{-jkr}}{r}$$

$$= E_{v1}(e^{jkH\sin\Delta} + R_v e^{-jkH\sin\Delta}) + E_{h1}(e^{jkH\sin\Delta} + R_h e^{-jkH\sin\Delta}) \tag{3-86}$$

式中,$E_{v1} = E_{0v}\dfrac{e^{-jkr}}{r}$ 和 $E_{h1} = E_{0h}\dfrac{e^{-jkr}}{r}$ 分别为当实际天线位于坐标原点时所辐射的垂直极化电场分量和水平极化电场分量。

由式(3-86)可以看出,对于有限导电率的实际地面,也可用镜像来代替大地的影响,对于地面上的天线只辐射垂直极化波,此时镜像振子上的电流为 $I_M' = R_v I_M$,对于地面上的天线只辐射水平极化波,此时镜像振子上的电流 $I_M' = R_h I_M$,对于地面上的天线即辐射水平极化波又辐射垂直极化波,则可将此天线的垂直极化波和水平极化波用不同的镜像电流来分别进行处理。用镜像代替地面的反射波所计算得到的空间场的计算的结果与用式(3-86)计算的结果相同。图 3.26 和图 3.27 分别绘出了各种典型地面上的短振子的方向图与理想导电大地的结果对比,由图 3.26 和图 3.27 可以得到以下结论:

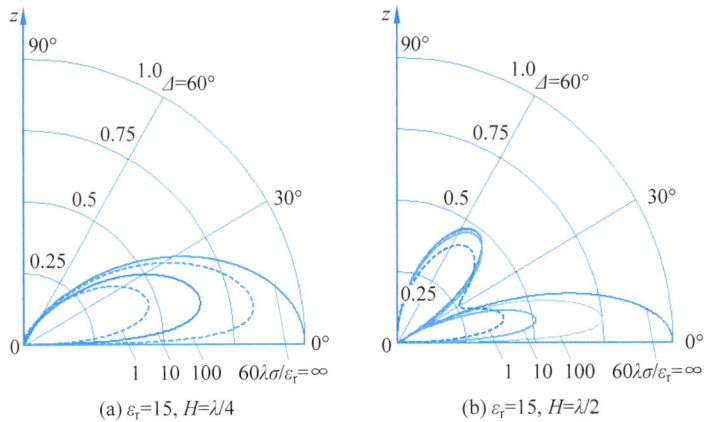

图 3.26　各种典型地面上垂直短振子的 E 面方向图

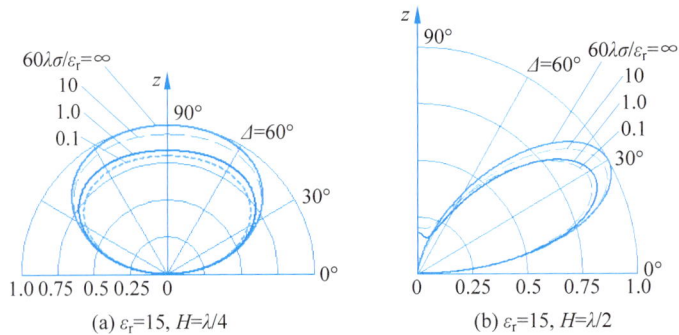

图 3.27　各种典型地面上水平短振子的 H 面方向图（H 为天线架设高度）

（1）有限导电率的地面对垂直振子的影响较水平振子大，使波瓣上翘，这对 Δ 接近 $0°$ 的低仰角方向的辐射不利。

（2）波瓣的最大值变小。即非理想导电地面上的对称振子在最大辐射方向上的场强与理想导电地面上的对称振子的场强相比要小。

由式（3-81）和式（3-82）可以看出，当 $\Delta \to 0°$ 时，上述两式中的 R_v 和 R_h 均趋近于 -1，由式（3-85）可得在 $\Delta = 0°$ 方向上的辐射场强为零，这也可以由图 3.26 和图 3.27 看出。即垂直振子除大地的导电率为 ∞ 之外，在这一方向上的辐射均为零。这与实际情况不符，因为各种垂直接地天线在实际地面上有较强的辐射。这是由所用的反射系数的误差所造成的。式（3-81）和式（3-82）的反射系数是平面波投射到地面的反射系数，当天线靠近地面架设时并未形成一平面波，因此在 $\Delta \to 0°$ 的条件下不能应用平面波的反射系数来处理，同时还要考虑沿地面传播的表面波。即使对于水平天线，其架设高度至少为 0.2λ，才可使式（3-82）有效。

天线的辐射阻抗为

$$Z_r = Z_{11} + \frac{I_{m2}}{I_{m1}} Z_{12} = Z_{11} + R Z_{12} \tag{3-87}$$

由式（3-87）可以看出，非理想导电大地时天线的辐射阻抗也与理想导电大地时的不同。非理想导电大地除了可以改变天线的方向和阻抗特性外，还可以引起天线的损耗，这是由于天线电流产生的电磁场作用在地表面上，在地面引起电流，此电流流过有耗地层时将产生损耗，称之为磁场损耗。对于垂直接地天线，由于大地是天线电流回路中的一部分，电流流经大地时将产生损耗，称为电场损耗。大地的损耗是由磁场损耗和电场损耗两方面因素引起的，总的损耗电阻为电场损耗和磁场损耗所引入的电阻之和。它与天线形式、接地条件以及大地的等效电参数等有关。大地的损耗将造成天线效率的降低。

为了增强天线在上半空间的场强，同时也为了降低天线的损耗，改善大地的导电性质非常重要，常要求人为地改善天线附近大地的表面导电率，例如，用有限尺寸的金属板、金属网或金属线来替代实际地面。

3.2.4 有限尺寸金属面上的直立天线

在超短波波段范围内，往往将天线置于人工模拟的金属平面上，这时地平面的尺寸是有限的，如图 3.28 所示为装置在一金属圆盘上的单极天线。在有些情况下，地面可能是非平面，例如，安装在飞机、导弹机体上的直立天线。严格地求解天线的辐射场是非常困难的，即使将这些地面代之以典型形状，例如，圆锥、球面等。下面以圆盘上的单极天线为例从概念上作简要介绍。

设振子置于圆盘的中心并垂直于盘面，同轴馈电线的内导体与振子相连，外导体与金属圆盘相连，圆盘实际上是天线的另一个臂。当圆盘的半径 $a \geqslant \lambda$ 时，天线的输入阻抗与无穷大地面上的天线的输入阻抗相比的变化不超过 10%，因此，只要圆盘尺寸不是很小，对输入阻抗的影响并不大。地平面的尺寸对方向性的影响要比对阻抗的影响大得多。空间的场是由天线的直射场、地面的反射场和边缘的绕射场共同组成的。此时在仰角 $\Delta =$

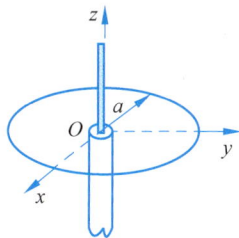

图 3.28 圆盘地面上的单极天线

$0°$方向上不是天线的最大辐射方向,圆盘的半径 a 越小,最大方向的仰角 Δ 越大。由于场边缘绕射线的作用,在圆盘的下半空间存在一定辐射。圆盘也可用 3 或 4 根辐射状金属棒代替。为了使最大辐射方向指向水平方向,可通过实验调整棒(或金属盘)和垂直单极振子轴之间的夹角使之大于 $90°$ 来实现。

3.3　一般直线阵

设对于一般的直线阵,其各阵元沿 z 轴排列,如图 3.29 所示。第 n 号单元位于 z_n,电流的幅度为 A_n,电流的相位为 α_n。下面求这种最普遍形式的线阵的一些与方向性相关的参数。

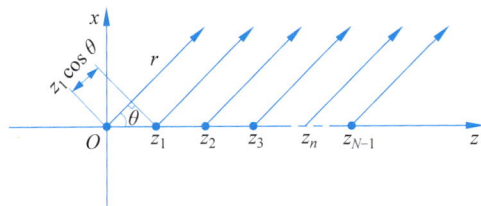

图 3.29　等间距线阵

3.3.1　阵因子

由式(3-9)得其阵因子为

$$f_a(\theta) = \sum_{n=0}^{N-1} I_n e^{jk(x_n'\sin\theta\cos\varphi + y_n'\sin\theta\sin\varphi + z_n'\cos\theta)}$$

$$= \sum_{n=0}^{N-1} A_n e^{j\alpha_n} e^{jkz_n\cos\theta}$$

$$= \sum_{n=0}^{N-1} A_n e^{j(kz_n\cos\theta + \alpha_n)} \tag{3-88}$$

其中,$kz_n\cos\theta + \alpha_n$ 是第 n 个单元在空间所产生的场的相位的相对值。在空间某个 θ 方向,各单元所产生的场相位相同,即 $kz_n\cos\theta + \alpha_n = 2n\pi$ 时,有阵因子的最大值

$$f_{amax}(\theta) = \sum_{n=0}^{N-1} A_n \tag{3-89}$$

则归一化阵因子为

$$F_a(\theta) = \frac{f_a(\theta)}{f_{amax}(\theta)} = \frac{\displaystyle\sum_{n=0}^{N-1} A_n e^{j(kz_n\cos\theta + \alpha_n)}}{\displaystyle\sum_{n=0}^{N-1} A_n} \tag{3-90}$$

由式(3-90)可得,沿 z 轴线阵的阵因子是 θ 的函数,与 φ 无关,阵因子的方向图相对于阵元排列线具有旋转对称性。由阵因子可以计算得到半功率波瓣宽度、零功率波瓣宽度和副瓣电平等参数。

3.3.2 波束立体角

一般单元天线的方向性较弱,对方向图的影响不大,因此当单元数较大时,可将单元天线认为是点源而不考虑其对天线方向性的影响,则式(3-90)所对应的波束立体角为

$$\Omega_A = \int_0^{2\pi}\int_0^{\pi}|F_a(\theta)|^2\sin\theta\,d\theta\,d\varphi = \frac{2\pi}{\left(\sum\limits_{k=0}^{N-1}A_k\right)^2}\sum_{m=0}^{N-1}\sum_{p=0}^{N-1}A_mA_p e^{j(\alpha_m-\alpha_p)}\int_0^{\pi}e^{jk(z_m-z_p)\cos\theta}\sin\theta\,d\theta$$

$$= \frac{4\pi}{\left(\sum\limits_{k=1}^{N-1}A_k\right)^2}\sum_{M=0}^{N-1}\sum_{P=0}^{N-1}A_mA_p e^{j(\alpha_m-\alpha_p)}\frac{\sin[k(z_m-z_p)]}{k(z_m-z_p)} \tag{3-91}$$

3.3.3 方向系数

将式(3-91)代入 $D=4\pi/\Omega_A$,得线阵的方向系数为

$$D = \frac{\left(\sum\limits_{k=0}^{N-1}A_k\right)^2}{\sum\limits_{m=0}^{N-1}\sum\limits_{p=0}^{N-1}A_mA_p e^{j(\alpha_m-\alpha_p)}\dfrac{\sin[k(z_m-z_p)]}{k(z_m-z_p)}} \tag{3-92}$$

下面对各种情况下天线阵的方向系数进行分析。

(1) 对于等间距线阵 $z_n=nd$,则式(3-92)表示的方向系数简化为

$$D = \frac{\left(\sum\limits_{k=0}^{N-1}A_k\right)^2}{\sum\limits_{m=0}^{N-1}\sum\limits_{p=0}^{N-1}A_mA_p e^{j(\alpha_m-\alpha_p)}\dfrac{\sin[(m-p)kd]}{(m-p)kd}} \tag{3-93}$$

(2) 对于等间距相位线性渐变即相邻单元之间的相位差 α 相同,且相位沿一个方向增加的等间距线阵,其 $\alpha_n=n\alpha$,则由式(3-92)表示的方向系数可简化为

$$D = \frac{\left(\sum\limits_{k=0}^{N-1}A_k\right)^2}{\sum\limits_{m=0}^{N-1}\sum\limits_{p=0}^{N-1}A_mA_p e^{j(m-p)\alpha}\dfrac{\sin[(m-p)kd]}{(m-p)kd}} \tag{3-94}$$

对于均匀激励等间距线性相位渐变线阵,由式(3-94)可得方向系数为

$$D = \frac{N^2}{\sum\limits_{m=0}^{N-1}\sum\limits_{p=0}^{N-1}e^{j(m-p)\alpha}\dfrac{\sin[(m-p)kd]}{(m-p)kd}} = \frac{1}{\dfrac{1}{N}+\dfrac{2}{N^2}\sum\limits_{n=0}^{N-1}\dfrac{N-n}{nkd}\cos(n\alpha)\sin(nkd)}$$

$$\tag{3-95}$$

(3) 对于相位相同的等间距线阵其 $\alpha_n=0,z_n=nd$,则式(3-92)简化为

$$D = \frac{\left(\sum\limits_{k=0}^{N-1}A_k\right)^2}{\sum\limits_{m=0}^{N-1}\sum\limits_{p=0}^{N-1}A_mA_p\dfrac{\sin[(m-p)kd]}{(m-p)kd}} \tag{3-96}$$

（4）若间距 $d = \dfrac{n\lambda}{2}, n \in Z$，则由式（3-93）得方向系数为

$$D = \frac{\left(\displaystyle\sum_{n=0}^{N-1} A_n\right)^2}{\displaystyle\sum_{n=0}^{N-1}(A_n)^2} \tag{3-97}$$

式（3-97）的方向系数与各单元电流的相位 α_n 无关，因而与最大辐射方向扫描角 θ_0 无关。而且，若幅度均匀，即 $A_1 = A_2 = \cdots = A_n$，则由式（3-97）得出 $D = N$。

本节对直线阵的一般形式及相关参数进行了讨论，后面将对具体的各种形式的线阵进行讨论。

3.4　线性相位渐变等间距线阵

如图 3.30 所示的线性相位渐变等间距线阵沿 z 轴排列。d 为相邻单元之间的距离，N 为单元数。电流可表示为

$$I_n = A_n \mathrm{e}^{\mathrm{j}n\alpha} \tag{3-98}$$

式中，α 为相邻单元之间的相位差，即步进相位。

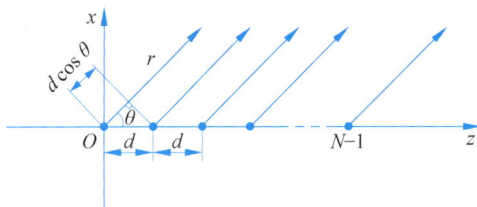

图 3.30　线性相位渐变等间距线阵

3.4.1　阵因子

将 $z_n = nd$ 和 $\alpha_n = n\alpha$ 代入式（3-88），可得其阵因子为

$$f_a(\theta) = \sum_{n=0}^{N-1} A_n \mathrm{e}^{\mathrm{j}n(kd\cos\theta + \alpha)} \tag{3-99}$$

令 $\psi = kd\cos\theta + \alpha$，其为相邻单元在观察点产生的辐射场的相位差，它由空间行程所引起的相位差 $kd\cos\theta$ 和激励电流的相位差 α 两部分组成。将其代入式（3-99），则阵因子可用 ψ 表示，即

$$f_a(\psi) = \sum_{n=0}^{N-1} A_n \mathrm{e}^{\mathrm{j}n\psi} \tag{3-100}$$

由式（3-90）可得其归一化阵因子为

$$F_a(\psi) = \frac{\displaystyle\sum_{n=0}^{N-1} A_n \mathrm{e}^{\mathrm{j}n\psi}}{\displaystyle\sum_{n=0}^{N-1} A_n} \tag{3-101}$$

以 ψ 表示的阵因子称为通用方向函数,它便于计算,且可方便地用于对阵列天线的方向图进行设计。由式(3-100)可知,只要各单元激励的相对幅度相同,其归一化通用方向函数就是相同的。因此一个通用方向函数对应着很多种不同步进相位 α 和间距 d 的天线阵。不同步进相位 α 和间距 d 的天线阵的用方向角 θ 表示的极坐标方向图可以由通用方向图通过图解的形式得到。

如图 3.31 所示,在以 ψ 为自变量的归一化阵因子的模 $|F_a(\psi)|$ 曲线的下方,以 kd 为半径,$\psi = \alpha$ 处的点 O' 为圆心画一个圆,此圆为结构圆。以结构圆的圆心 O' 为坐标原点,平行于 ψ 轴与其方向一致,建立 z 轴。自圆心画一条径向线与圆周相交于 A 点,此径向线与 z 轴的夹角为 θ。对于给定的 θ 值,由 A 点向下画垂线与 z 轴相交于 E 点,OA 在 z 轴上的投影为 $kd\cos\theta$。因此,E 点到 $|F_a(\psi)|$ 轴的垂直距离为 $kd\cos\theta + \alpha$ 即为 θ 角所对应的 ψ。由 A 点向上画垂线与 ψ 轴相交于 B 点,B 点即是该 θ 所对应的 ψ 值。再向上与 $|F_a(\psi)|$ 的曲线的交点 C 所对应的 $|F_a(\psi)|$ 的值即是该 θ 和 ψ 所对应的阵因子值。若结构圆圆周上阵因子的值为 1,圆心处为 0,$|F_a(\psi)|$ 的值可相应地标在 D 点。这样通过确定某些特殊点,例如,最大值点和零点的位置,就可以很快地草画出 θ 角的极坐标方向图。如图 3.31 所示,可由 $|F_a(\psi)|$ 的特殊点 F 向下画垂线,与结构圆相交,再由此交点向圆心画直线。在此直线上标出 F_1 值来。将这些特殊点用一条光滑曲线相连,即可得到极坐标方向图。

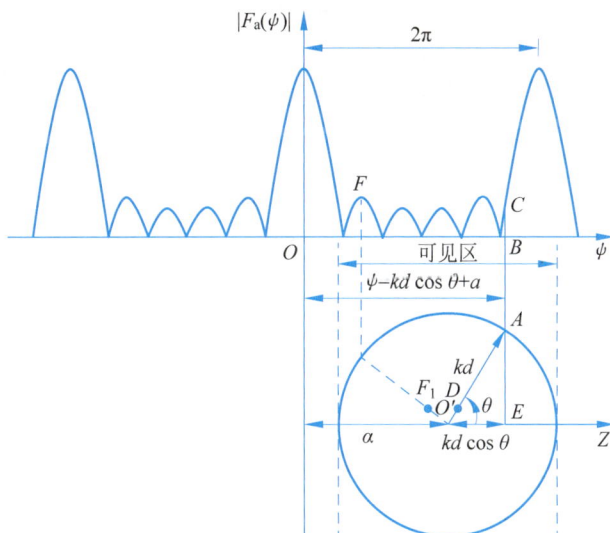

图 3.31　由图解法求方向角 θ 表示的极坐标方向图

3.4.2　通用方向函数的特点

分析阵因子的通用方向函数(3-100),可得阵因子是变量 ψ 的周期函数,周期为 2π,即

$$f_a(\psi + 2\pi) = \sum_{n=0}^{N-1} A_n e^{jn(\psi + 2\pi)} = \sum_{n=0}^{N-1} A_n e^{jn\psi} e^{jn2\pi} = \sum_{n=0}^{N-1} A_n e^{jn\psi} = f_a(\psi) \quad (3\text{-}102)$$

3.4.3　间距 d 的取值

θ 的取值范围为

$$0 < \theta < \pi \tag{3-103}$$

称为可见空间。由 θ 的取值范围可得，$-1 < \cos\theta < 1$、$-kd < kd\cos\theta < kd$，则 ψ 的取值范围为

$$\alpha - kd < \psi < \alpha + kd \tag{3-104}$$

用 θ 和 ψ 表示的可见空间分别由式(3-103)和式(3-104)给出。kd 确定了结构圆的大小，即确定了阵因子的多大部分在可见空间出现。步进相位 α 确定了结构圆的位置，从而确定了阵因子的曲线中哪些部分在可见空间出现。由式(3-104)可知，以 ψ 为变量的可见空间长为 $2kd$，即等于结构圆的直径。

当 $d/\lambda = \dfrac{1}{2}$ 时，有 $2kd = 2\pi$，阵因子在可见空间正好出现一个周期。间距小于半波长时，阵因子在可见空间出现的部分小于一个周期；间距大于半波长时，阵因子在可见空间出现的部分大于一个周期。此时，在可见空间可能有不止一个主瓣，在 θ 的方向图中可能出现栅瓣，这取决于步进相位 α 的大小。例如，对于间距为一个波长的等幅同相二元阵，在 $\theta = 90°$ 方向上的波瓣为主瓣，则在 $\theta = 0°$ 和 $180°$ 方向的波瓣为栅瓣，如图 3.4(a)所示。在大多数场合都不希望出现栅瓣，因而，大多数天线阵设计成间距小于一个波长，通常接近半波长。

3.5　均匀激励等间距线阵

均匀激励等间距线阵是单元电流的幅度均相等的等间距线阵，即

$$A_0 = A_1 = A_2 = \cdots \tag{3-105}$$

这里仅对线性相位渐变的均匀激励等间距线阵进行分析。

3.5.1　阵因子

将式(3-105)代入式(3-100)，得阵因子为

$$f_a(\psi) = A_0 \sum_{n=0}^{N-1} e^{jn\psi} = A_0(1 + e^{j\psi} + e^{j2\psi} + \cdots + e^{j(N-1)\psi}) \tag{3-106}$$

用 $e^{j\psi}$ 乘式(3-106)，得

$$e^{j\psi} f_a(\psi) = A_0(e^{j\psi} + e^{j2\psi} + e^{j3\psi} \cdots + e^{jN\psi}) \tag{3-107}$$

用式(3-106)减去式(3-107)，得

$$f_a(\psi)(1 - e^{j\psi}) = A_0(1 - e^{jN\psi}) \tag{3-108}$$

由式(3-108)，得

$$f_a(\psi) = A_0 \frac{1 - e^{jN\psi}}{1 - e^{j\psi}} = A_0 e^{j(N-1)\psi/2} \frac{\sin(N\psi/2)}{\sin(\psi/2)} \tag{3-109}$$

略去式(3-109)的相位因子后得到天线阵的通用方向函数为

$$f_a(\psi) = A_0 \frac{\sin(N\psi/2)}{\sin(\psi/2)} \tag{3-110}$$

由式(3-106)可知，当 $\psi = 0$ 时，$f_a(\psi)$ 有最大值，其最大值为

$$f_a(\psi)\big|_{max} = f_a(\psi=0) = A_0 \sum_{n=0}^{N-1} e^{jn\psi}\bigg|_{\psi=0} = A_0(1 + 1 + 1 + \cdots 1) = NA_0 \tag{3-111}$$

则归一化阵因子为

$$F_a(\psi) = \frac{f_a(\psi)}{f_a(\psi)\mid_{\max}} = \frac{\sin(N\psi/2)}{N\sin(\psi/2)} \tag{3-112}$$

3.5.2 最大辐射方向

式(3-112)的最大值发生在

$$\frac{\psi}{2} = \frac{1}{2}(kd\cos\theta_m + \alpha) = \pm m\pi, \quad m = 0,1,2\cdots \tag{3-113}$$

此时式(3-112)的分子和分母均为零。

由式(3-113)可得天线阵的最大辐射方向为 $\theta_m = \arccos\left[\dfrac{1}{kd}(-\alpha \pm 2m\pi)\right]$，其中，$m = 0$ 时，$\psi = 0$，为主瓣，m 为其他值时为栅瓣，θ 所对应的主瓣最大值方向为

$$\theta_0 = \arccos\left(-\frac{\alpha}{kd}\right) \tag{3-114}$$

3.5.3 半功率波瓣宽度

半功率(或 3dB)点为

$$F_a(\psi) = \frac{\sin(N\psi/2)}{N\sin(\psi/2)} = 0.707 \tag{3-115}$$

时的 ψ 值。

当线阵的单元数很多时，N 很大，天线阵的方向性很强，则在半功率波瓣宽度处的 ψ 值很小，因此，$\sin(\psi/2) \approx \psi/2$，将其代入式(3-115)可得

$$\frac{\sin(N\psi/2)}{N\sin(\psi/2)} \approx \frac{\sin(N\psi/2)}{N\psi/2} = 0.707 \tag{3-116}$$

可计算出(3-116)的解为

$$\frac{N\psi}{2} = \frac{N}{2}(kd\cos\theta_{\mathrm{Hp}} + \alpha) = \pm 1.391 \tag{3-117}$$

由此可推出半功率点所在的 θ 值为

$$\theta_{\mathrm{Hp}} = \arccos\left[\frac{1}{kd}\left(-\alpha \pm \frac{2.782}{N}\right)\right] = \arccos\left[-\frac{\alpha}{kd} \pm 0.443\frac{\lambda}{Nd}\right]$$

$$= \arccos\left[\cos\theta_0 \pm 0.443\frac{\lambda}{Nd}\right] \tag{3-118}$$

可推出当 $F_a(\theta = 0°) < 0.707$ 且 $F_a(\theta = 180°) < 0.707$ 时，即最大辐射方向不在 $\theta = 0°$ 和 $\theta = 180°$附近时，半功率波瓣宽度为

$$2\theta_{\mathrm{Hp}} = \arccos\left(\cos\theta_0 - 0.443\frac{\lambda}{Nd}\right) - \arccos\left(\cos\theta_0 + 0.443\frac{\lambda}{Nd}\right) \tag{3-119}$$

当 $F_a(\theta = 0°) \geqslant 0.707$ 时，此时最大辐射方向在 $\theta = 0°$附近，半功率波瓣宽度为

$$2\theta_{\mathrm{Hp}} = 2\arccos\left(\cos\theta_0 - 0.443\frac{\lambda}{Nd}\right) \tag{3-120}$$

当 $F_a(\theta = 180°) > 0.707$ 时，此时最大辐射方向在 $\theta = 180°$附近，半功率波瓣宽度为

$$2\theta_{Hp} = 2\left[180° - \arccos\left(\cos\theta_0 + 0.443\frac{\lambda}{Nd}\right)\right] \tag{3-121}$$

由图 3.32 可以看出,对于不同的扫描角 θ_0,当线阵长度固定,随着主瓣由边射向端射方向扫描,主瓣展宽。对于某个最大辐射方向,阵的电长度 Nd/λ 越大,则其半功率波瓣宽度越小。

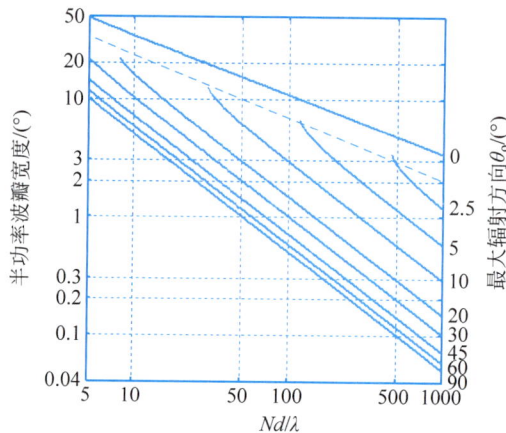

图 3.32 均匀激励等间距线阵半功率波瓣宽度随扫描角和电长度的变化曲线

3.5.4 零功率波瓣宽度

归一化阵因子式(3-112)的零点发生在分子为零分母不为零时,分子为零时有

$$\frac{N\psi}{2} = \frac{N}{2}(kd\cos\theta_n + \alpha) = \pm n\pi, \quad n = 1, 2, 3\cdots \tag{3-122}$$

式中,θ_n 为阵因子的零辐射方向。若使分母不为零则必须使 $n \neq N, 2N, 3N\cdots$,由式(3-122)可得

$$\theta_n = \arccos\left[\frac{1}{kd}\left(-\alpha \pm \frac{2n\pi}{N}\right)\right], \quad \begin{array}{l} n = 1, 2, 3\cdots \\ n \neq N, 2N, 3N\cdots \end{array} \tag{3-123}$$

则零功率波瓣宽度为主瓣两侧的零点方向之间的夹角。

主瓣的第一对零点发生在 $\frac{N\psi}{2} = \pm\pi$ 时,则有

$$\psi_{Np} = \pm\frac{2\pi}{N} \tag{3-124}$$

以 ψ 表示的零功率波瓣宽度为

$$2\psi_{Np} = 2\frac{2\pi}{N} \tag{3-125}$$

3.5.5 副瓣电平

当天线阵的单元数很多,N 很大时,$\sin(N\psi/2)$ 随 ψ 变化的速度远大于 $\sin(\psi/2)$ 随 ψ 变化的速度,副瓣最大值近似发生在式(3-112)的分子为最大值时,即

$$\frac{N\psi}{2} = \frac{N}{2}(kd\cos\theta_S + \alpha) = \pm\frac{2S+1}{2}\pi \tag{3-126}$$

式中,θ_S 为副辦的最大值,则

$$\theta_S = \arccos\left[\frac{1}{kd}\left(-\alpha \pm \frac{2S+1}{N}\pi\right)\right], \quad S = 1,2,3\cdots \tag{3-127}$$

式(3-122)的第一副瓣最大值近似发生在 $S=1$ 时,有

$$\frac{N\psi}{2} = \frac{N}{2}(kd\cos\theta_1 + \alpha) = \pm\frac{3}{2}\pi \tag{3-128}$$

当 N 较大时,$\frac{\psi}{2}$ 很小,有

$$\sin\frac{\psi}{2} \approx \frac{\psi}{2} \tag{3-129}$$

将式(3-128)和式(3-129)代入式(3-112),得在第一副瓣最大值处,

$$F_a(\psi) = \frac{\sin(N\psi/2)}{N\sin(\psi/2)} \approx \frac{2}{3\pi} \approx 0.212 = -13.46\text{dB} \tag{3-130}$$

因此当 N 很大时,均匀激励等间距线阵的副瓣电平为 -13.46dB。

3.5.6 通用方向函数的特性

由式(3-112)可画出 $N=3,5,7,10$ 时,均匀激励等间距线阵阵因子的通用方向图如图 3.33 所示。

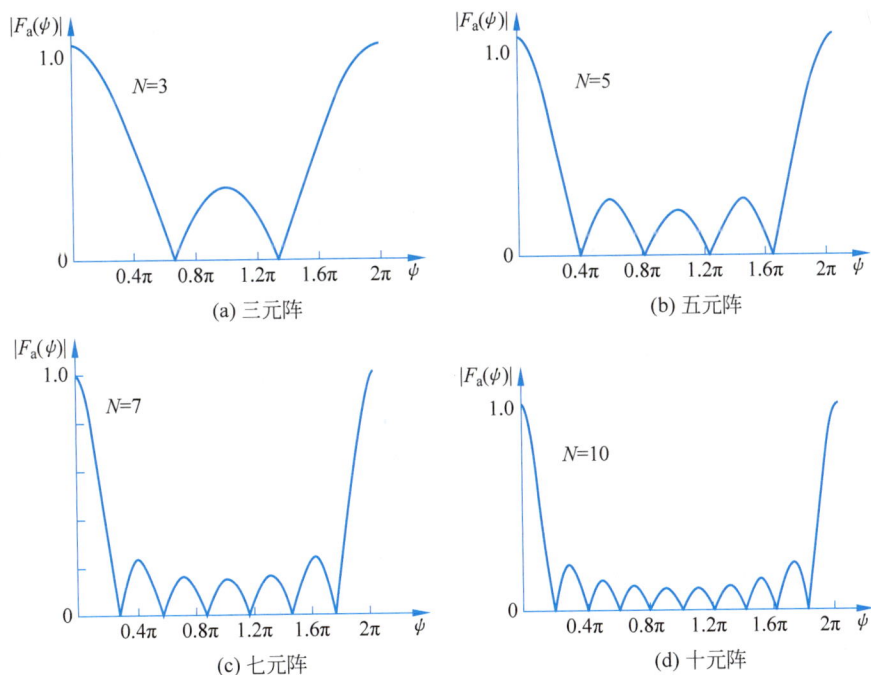

图 3.33 均匀激励等间距线阵阵因子的通用方向图

由图 3.33 可得以下的结论:

(1) 随着单元数 N 增加,主瓣变窄,以 ψ 为变量的零功率主瓣和栅瓣的半宽度为 $2\pi/N$。

(2) 在 $F_a(\psi)$ 的一个周期内的波瓣总数为 $N-1$,在每个周期内有一个主瓣和 $N-2$ 个

副瓣。单元数增加,副瓣数也增加。$|F_a(\psi)|$ 相对于 $\psi=\pi$ 对称。

（3）邻近主瓣的第一副瓣最大。随着 n 的增加,副瓣电平减小;当 N 较大时,第一副瓣电平趋于 -13.5dB。

例 3.5 一均匀激励等间距五元阵,试画出其通用方向图,并由通用方向图画出下列各五元阵的由空间方向 θ 表示的方向图。

（1）间距 $d=0.6\lambda$ 的同相均匀激励等间距五元阵。

（2）$d=0.45\lambda$,步进相位 $\alpha=kd=0.9\pi$ 的均匀激励等间距五元阵。

（3）$d=0.35\lambda$,步进相位 $\alpha=kd+\dfrac{\pi}{N}=0.9\pi$ 的均匀激励等间距五元阵。

解 将 $N=5,A_n=1$ 代入式(3-112)得,均匀激励等间距五元阵的归一化阵因子为

$$|F_a(\psi)|=\left|\frac{\sin(5\psi/2)}{5\sin(\psi/2)}\right| \tag{3-131}$$

由(3-131)可画出归一化通用方向图,如图 3.34(a)所示。

（1）间距 $d=0.6\lambda$ 的同相均匀激励等间距五元阵的结构圆的半径为 $kd=1.2\pi$,结构圆的圆心位于 $\psi=\alpha=0$ 处,则可由作图法由均匀激励等间距五元阵的通用方向图得到与空间方向 θ 有关的空间方向图,如图 3.34(b)所示。

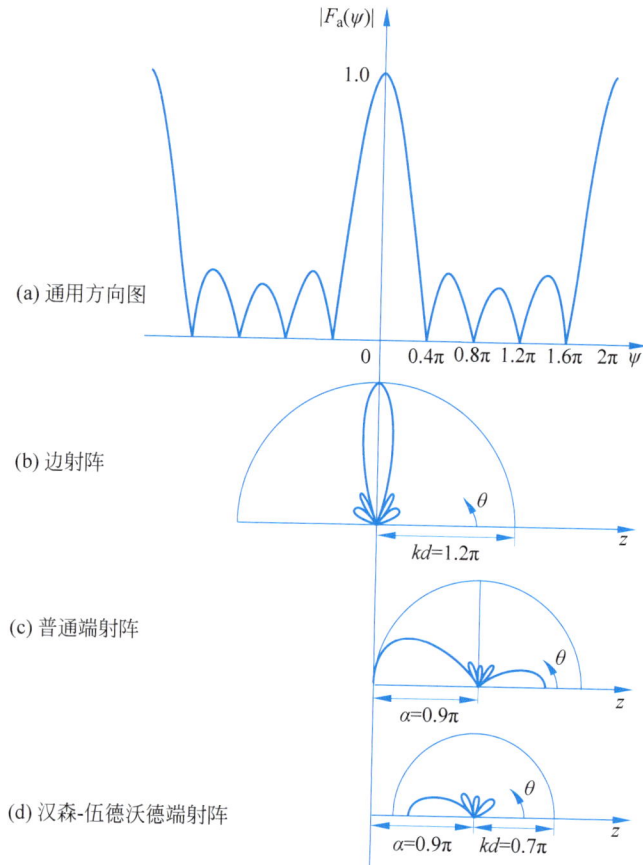

图 3.34 均匀激励等间距五元阵

（2）间距 $d=0.45\lambda$，步进相位 $\alpha=kd=0.9\pi$ 的均匀激励等间距五元阵的结构圆的半径为 $kd=0.9\pi$，结构圆的圆心位于 $\psi=\alpha=0.9\pi$ 处，则可由作图法由均匀激励等间距五元阵的通用方向图得到与空间方向 θ 有关的空间方向图，如图 3.34（c）所示。

（3）间距 $d=0.35\lambda$，步进相位 $\alpha=kd+\dfrac{\pi}{N}=0.9\pi$ 的均匀激励等间距五元阵的结构圆的半径为 $kd=0.7\pi$，结构圆的圆心位于 $\psi=\alpha=0.9\pi$ 处，则可通过作图法，由均匀激励等间距五元阵的通用方向图得到与空间方向 θ 有关的空间方向图，如图 3.34（d）所示。

3.6　典型常用均匀激励等间距线阵

常用的直线阵有边射阵、普通端射阵、汉森-伍德沃德（Hansen-Woodyard）端射阵和相控阵。下面分别应用前面所讲的内容对它们进行分析。

3.6.1　边射阵

边射阵为最大辐射方向沿线阵的法线方向的直线阵。如图 3.34（b）所示，边射阵的最大辐射方向在 $\theta=\theta_0=90°$ 的方向，则在最大辐射方向有

$$\psi=kd\cos\theta_0+\alpha=\alpha \tag{3-132}$$

由前面的分析可知，对于等幅相位线性渐变的等间距线阵，在最大辐射方向有 $\psi=0$，代入式（3-132）得 $\alpha=0$，因此，边射阵各单元激励电流的相位相同。

1. 阵因子

由于步进相位 $\alpha=0$，可得 $\psi=kd\cos\theta+\alpha=kd\cos\theta$，代入式（3-112），得边射阵的归一化阵因子为

$$F_a(\psi)=\frac{\sin(N\psi/2)}{N\sin(\psi/2)}=\frac{\sin\left(\dfrac{N}{2}kd\cos\theta\right)}{N\sin\left(\dfrac{1}{2}kd\cos\theta\right)} \tag{3-133}$$

1）半功率波瓣宽度

由式（3-119）～式（3-121）可求出半功率波瓣宽度，下面求解半功率波瓣宽度的近似公式。

将 $\alpha=0$ 代入式（3-117）可得出半功率点 θ_{Hp} 满足的方程为

$$\frac{N\psi}{2}=\frac{N}{2}kd\cos\theta_{\mathrm{Hp}}=\pm1.391 \tag{3-134}$$

令 θ' 表示由坐标原点到观察点的射线与线阵法线的夹角，如图 3.35 所示，则有 $\theta+\theta'=90°$，则式（3-134）可写为

$$\frac{N\psi}{2}=\frac{N}{2}kd\sin\theta'_{\mathrm{Hp}}=\pm1.391 \tag{3-135}$$

由式（3-135）可得

$$\sin\theta'_{\mathrm{Hp}}=\pm0.443\frac{\lambda}{Nd} \tag{3-136}$$

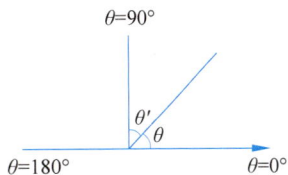

图 3.35　θ 和 θ' 角示意图

对于长阵（$Nd\gg\lambda$），主瓣很窄，则 θ'_{Hp} 很小，则有 $\sin\theta'_{\mathrm{Hp}}\approx\theta'_{\mathrm{Hp}}$，代入式（3-136）可得

$$\theta'_{\text{Hp}} \approx \pm 0.443 \frac{\lambda}{Nd} \text{(rad)} \tag{3-137}$$

则半功率波瓣宽度为

$$2\theta_{\text{Hp}} \approx 0.886 \frac{\lambda}{Nd} \text{(rad)} = 51° \frac{\lambda}{Nd} \tag{3-138}$$

2) 零功率波瓣宽度

与上面类似可求出长阵零功率波瓣宽度的近似公式为

$$2\theta_{\text{Np}} = 2 \frac{\lambda}{Nd} \text{(rad)} = 114.6° \frac{\lambda}{Nd} \tag{3-139}$$

可见,边射阵的主瓣宽度与阵的电长度成反比。

3) 副瓣电平

由式(3-130)可知,对于长阵,副瓣电平趋于 -13.5dB。

4) 间距 d 的选取

边射阵的步进相位 $\alpha = 0$,$\psi = kd\cos\theta$,ψ 的可见空间为 $-kd < \psi < kd$。为使栅瓣的最大值不进入可见空间,必须使

$$-2\pi < \psi = kd\cos\theta < 2\pi \tag{3-140}$$

则 $kd < 2\pi$,得

$$d < \lambda \tag{3-141}$$

以上的条件只能保证栅瓣的最大值不进入可见空间,并不能保证不出现很大的副瓣。

若要求整个栅瓣不进入可见空间,由于零功率栅瓣的半宽度为 $\psi_{\text{Np}} = \frac{2\pi}{N}$,应有

$$-\left(2\pi - \frac{2\pi}{N}\right) < \psi < 2\pi - \frac{2\pi}{N}$$

或

$$d < \frac{N-1}{N}\lambda \tag{3-142}$$

因此,对于边射阵,为使栅瓣不进入可见空间,必须选择间距使得 $d < \lambda$ 或 $d < \frac{N-1}{N}\lambda$。

间距 $d = 0.6\lambda$ 的均匀激励等间距五元边射阵的通用和极坐标方向图,如图 3.34(a)和(b)所示。

2. 方向系数

边射阵的方向系数可由式(3-95)求出,也可由下列近似公式求出

$$D = 2\frac{L}{\lambda} = 2\frac{Nd}{\lambda} \tag{3-143}$$

式中,$L = Nd$ 为阵长度。

图 3.36 为不同单元数的均匀激励等间距边射阵的方向系数随 d/λ 的变化曲线。对于 $N=10$,式(3-143)的近似如图 3.36 中虚线所示。由图中可以看出,它在 d 由稍低于半波长到接近全波长的区间内是非常准确的。

由图 3.36 还可以看出,$d = n\lambda/2$,n 为正整数时,方向系数 D 等于单元数 N;在 $d/\lambda < 1$ 时,随着 d/λ 的增加,方向系数增大,d 接近于 $n\lambda$ 时,由于栅瓣进入可见空间,方向系数急

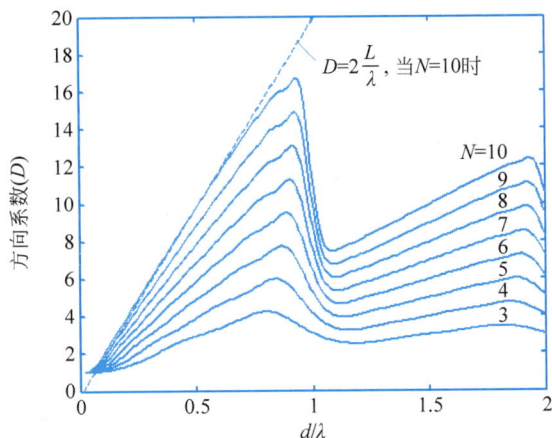

图 3.36 不同单元数的均匀激励等间距边射阵的方向系数 d/λ 的变化曲线

剧下降。当间距 $d=0$ 时,各个单元重合,则方向系数为点源的方向系数 1。对于相同的 d/λ,随着单元数的增加,方向系数增大。

3.6.2 普通端射阵

边射阵的阵因子产生相对于线阵排列线旋转对称的扇形波瓣,其方向图在通过阵排列线平面内是有方向性的,但在垂直于阵排列线的平面内是全向的,因此其方向系数不能做得很大。若通过适当地选择阵元的电流激励相位,使得阵方向图具有单一的笔形波瓣,则可使方向性得到较大的提高。由于阵方向图沿排列线的方向是轴对称的,所以这样的单一的笔形波瓣的最大辐射方向只能在与阵排列线平行的方向,即在 $\theta_0=0°$ 或 $180°$ 的方向。这种最大辐射方向沿线阵的排列线方向的天线阵为端射阵。下面对这种线阵进行分析。

端射阵的最大辐射方向为 $\theta_0=0°$ 或 $180°$,则在最大辐射方向有

$$\psi = kd\cos\theta_0 + \alpha = \pm kd + \alpha = 0 \tag{3-144}$$

1. 阵因子

由式(3-144)可得 $\alpha = \mp kd$,则得 $\psi = kd\cos\theta + \alpha = kd\cos\theta \mp kd$。将其代入式(3-112),得端射阵的归一化阵因子为

$$F_a(\theta) = \frac{\sin\left[\dfrac{N}{2}kd(\cos\theta \mp 1)\right]}{N\sin\left[\dfrac{1}{2}kd(\cos\theta \mp 1)\right]} \tag{3-145}$$

2. 半功率波瓣宽度和零功率波瓣宽度

半功率波瓣宽度可由式(3-129)或式(3-121)求出,零功率波瓣宽度可由零功率点的计算公式(3-123)求出零点,再由零点求出。

3. 副瓣电平

对于长阵,副瓣电平趋于 -13.5dB。

4. 间距 d 的选取

若间距 $d=\lambda/2$,将在 $\theta_0=0°$ 或 $180°$ 有两个相同的端射波瓣。为了得到单一的笔形波瓣应减小间距使之小于半波长。使 ψ 的可见空间 $2kd$ 满足下面的关系:

$$2kd \leqslant 2\pi - \frac{\pi}{N} \tag{3-146}$$

$2\pi/N$ 为零功率栅瓣的半宽度,可见空间减小 π/N 可消除栅瓣的大部分。

由式(3-146)可得,为了消除栅瓣间距 d 应满足的关系为

$$d \leqslant \frac{\lambda}{2}\left(1 - \frac{1}{2N}\right) \tag{3-147}$$

因此,间距 d 满足式(3-147)的普通端射阵,将在 $\theta=0°$ 或 $180°$ 产生单一的笔形波瓣。

例如一个五元普通端射阵,间距 d 必须满足 $d \leqslant \frac{\lambda}{2}\left(1 - \frac{1}{2N}\right) = \frac{\lambda}{2}\left(1 - \frac{1}{10}\right) = 0.45\lambda$,选择 $d=0.45\lambda$,主瓣方向 $\theta_0=180°$,则步进相位 $\alpha=kd=0.9\pi$,其通用方向图和极坐标方向图如图 3.34(a)和(c)所示。

5. 方向系数

阵的方向系数可由式(3-95)求出,也可由近似公式求出。间距满足式(3-147)的普通端射阵的方向系数的近似公式为

$$D \approx 4\frac{L}{\lambda} \tag{3-148}$$

3.6.3　汉森-伍德沃德端射阵

上面所介绍的普通端射阵的方向性要比边射阵的强,但还可以通过改变间距和步进相位来增强天线阵的方向性。从图 3.34(c)中可以得到这样的启示,若将主瓣的一部分移出可见空间,则可以使主瓣更窄,方向性更强。这就需要增大步进相位 α。即使结构圆向右移,而结构圆的半径不发生变化,或使结构圆的半径变小,即减小 d 值。由若干长线源得出(但对于长线阵也适用)这样的结论:当步进相位增加到

$$\alpha = \mp\left(kd + \frac{\pi}{N}\right) \tag{3-149}$$

时,可以使端射阵的方向系数最大。式(3-149)称为汉森-伍德沃德增强方向性条件。由式(3-149)可得

$$\psi = kd\cos\theta + \alpha = kd\cos\theta \mp\left(kd + \frac{\pi}{N}\right) \tag{3-150}$$

在最大辐射方向,即 $\theta_0=0°$ 或 $180°$,代入式(3-150)可得 $\psi=\mp\frac{\pi}{N}$,因此各单元在最大辐射方向产生的场不再同相,相邻单元相位差为 $\frac{\pi}{N}$。

1. 阵因子

将式(3-150)代入式(3-112),得

$$f_a(\psi) = \frac{\sin(N\psi/2)}{N\sin(\psi/2)} = \frac{\sin\left\{N\left[kd\cos\theta \mp\left(kd + \frac{\pi}{N}\right)\right]/2\right\}}{N\sin\left\{\left[kd\cos\theta \mp\left(kd + \frac{\pi}{N}\right)\right]/2\right\}} \tag{3-151}$$

阵因子的最大值为

$$f_{\text{amax}}(\psi) = f_a\left(\psi = \frac{\pi}{N}\right) = \frac{1}{N\sin\left(\frac{\pi}{2N}\right)} \tag{3-152}$$

由式(3-151)和式(3-152)得归一化阵因子为

$$F_a(\theta) = \frac{f_a(\psi)}{f_{\text{amax}}(\psi)} = \sin\left(\frac{\pi}{2N}\right)\frac{\sin\left\{\frac{N}{2}\left[kd\cos\theta \mp \left(kd + \frac{\pi}{N}\right)\right]\right\}}{\sin\left\{\frac{1}{2}\left[kd\cos\theta \mp \left(kd + \frac{\pi}{N}\right)\right]\right\}} \tag{3-153}$$

2. 半功率波瓣宽度

可由式(3-153)求出半功率波瓣宽度,对于长阵($Nd \gg \lambda$),汉森-伍德沃德端射阵的半功率波瓣宽度近似为

$$2\theta_{\text{Hp}} \approx 2\sqrt{0.28\frac{\lambda}{Nd}}\,(\text{rad}) \tag{3-154}$$

3. 副瓣电平

由于通用方向图中的主瓣的最大值变小,副瓣相对于主瓣变大,背瓣的幅度相对于主瓣也将增加。对于长阵,由式(3-130)得副瓣处的方向函数值为 $f_a(\psi) = \frac{2}{3\pi}$,再由式(3-152)得第一副瓣电平为

$$\text{SLL}_1 = \frac{f_a(\psi)}{f_{\text{amax}}\left(\psi = \frac{\pi}{N}\right)} = N\sin\left(\frac{\pi}{2N}\right) \times \frac{2}{3\pi} \approx N \times \frac{\pi}{2N} \times \frac{2}{3\pi} = \frac{1}{3} = -9.6(\text{dB}) \tag{3-155}$$

式中,对于长阵,应用了近似 $\sin\left(\frac{\pi}{2N}\right) \approx \frac{\pi}{2N}$。

4. 间距 d 的选择

为避免背瓣等于或大于主瓣,应使 α 小于 π,即

$$\alpha = kd + \frac{\pi}{N} < \pi$$

可得

$$d < \frac{\lambda}{2}\left(1 - \frac{1}{N}\right) \tag{3-156}$$

可见,为了避免栅瓣的出现,汉森-伍德沃德端射阵所要求的单元间距比普通端射阵更小。

一个五元汉森-伍德沃德端射阵,间距必须满足 $d < \frac{\lambda}{2}\left(1-\frac{1}{N}\right) = 0.4\lambda$,若选择 $d = 0.35\lambda$,主瓣方向 $\theta_0 = 180°$,$\alpha = kd + \frac{\pi}{N} = 0.9\pi$,则此五元汉森-伍德沃德端射阵的通用与极坐标方向图如图 3.34(a)和(d)所示。

5. 方向系数

汉森-伍德沃德端射阵的方向系数可由式(3-95)求出,也可由近似公式求出。对于 $\alpha = \mp\left(kd + \frac{\pi}{N}\right)$ 和间距满足式(3-156)的汉森-伍德沃德端射阵的方向系数的近似公式为

$$D \approx 7.28 \frac{L}{\lambda} \qquad (3\text{-}157)$$

阵越长,上面介绍的 3 种天线阵方向系数的近似公式就越精确,并且由式(3-143)、式(3-148)和式(3-157)可以看出,普通端射阵方向性比边射阵的方向性强,而汉森-伍德沃德端射阵又比普通端射阵方向性明显增强。因此汉森-伍德沃德端射阵的方向性最强。图 3.37 为五元汉森-伍德沃德端射阵和五元普通端射阵的方向系数随间距的变化曲线。由图 3.37 可以看出,汉森-伍德沃德端射阵比普通端射阵方向性明显增强,这与上面的分析一致。当汉森-伍德沃德端射阵在间距接近 $d=0.4\lambda$ 及普通端射阵接近 $d=0.45\lambda$ 时,方向系数迅速下降,这主要是由于栅瓣的出现而引起的。

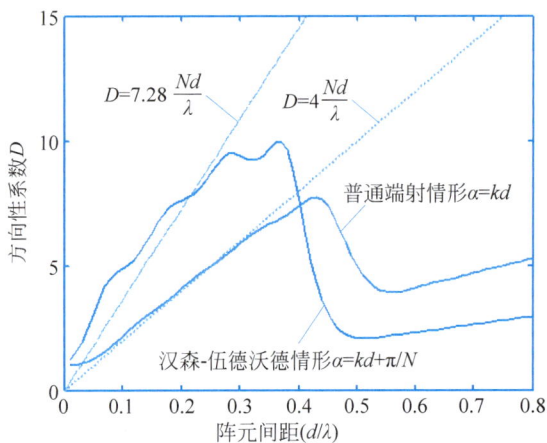

图 3.37 五元汉森-伍德沃德端射阵和五元普通端射阵的方向系数随间距变化曲线

3.6.4 相控阵

相控阵在快速跟踪雷达、测相等领域中得到广泛的应用,它可以使主瓣指向随着通信的需要而不断调整。相控阵为主瓣最大值方向或方向图形状主要由单元激励电流的相对相位来控制的天线阵。

假设沿 z 轴排列的非均匀激励不等间距线阵的第 n 个单元位于 z_n,激励电流为

$$I_n = A_n \mathrm{e}^{\mathrm{j}\alpha_n} \qquad (3\text{-}158)$$

激励电流的相位与单元的位置 z_n 成正比,比例系数为 $k\cos\theta_0$,称为线性或均匀渐变相位。则有

$$\alpha_n = -kz_n\cos\theta_0 \qquad (3\text{-}159)$$

1. 阵因子

将式(3-159)代入阵因子的计算公式,得相控阵的阵因子为

$$f_a(\theta, \varphi) = \sum_{n=0}^{N-1} I_n \mathrm{e}^{\mathrm{j}k(x_n'\sin\theta\cos\varphi + y_n'\sin\theta\sin\varphi + z_n'\cos\theta)} = \sum_{n=0}^{N-1} A_n \mathrm{e}^{\mathrm{j}kz_n(\cos\theta-\cos\theta_0)} \qquad (3\text{-}160)$$

当 $\cos\theta=\cos\theta_0$ 或 $\theta=\theta_0$ 时,各单元产生的远区场同相,阵因子最大。因此,主瓣最大值方向为 $\theta=\theta_0$ 的方向。若各单元的相位随时间变化,则主瓣指向可基于式(3-159)由相位值计算出来,因而方向图在空间扫描。相位控制是通过电控铁氧体移相器来完成的。

对于均匀激励等间距线阵,$z_n=nd$、$\alpha_n=-kz_n\cos\theta_0=-knd\cos\theta_0=n\alpha$,$A_n$ 相同。式

中，$\alpha = -kd\cos\theta_0$ 为步进相位。则可得

$$\psi = kd\cos\theta + \alpha = kd\cos\theta - kd\cos\theta_0 = kd(\cos\theta - \cos\theta_0) \tag{3-161}$$

将式(3-161)代入式(3-112)，可得其归一化阵因子为

$$F_a(\theta) = \frac{\sin\left[\dfrac{N}{2}kd(\cos\theta - \cos\theta_0)\right]}{N\sin\left[\dfrac{1}{2}kd(\cos\theta - \cos\theta_0)\right]} \tag{3-162}$$

2. 半功率波瓣宽度和副瓣电平

半功率波瓣宽度如图 3.32 所示。随着方向图在空间的扫描，副瓣位置变化，但副瓣大小不变。当单元数 N 较大时，第一副瓣电平趋于-13.5dB。

3. 间距 d 选取

为使栅瓣不进入可见空间必须适当地选择间距，使得

$$-2\pi < \psi = kd(\cos\theta - \cos\theta_0) < 2\pi$$

得

$$d < \frac{\lambda}{1 + |\cos\theta_0|} \tag{3-163}$$

间距 $d = 0.4\lambda$ 的均匀激励等间距五元相控阵在 $\theta_0 = 0°$、$30°$、$75°$、$90°$时的极坐标方向图如图 3.38 所示。

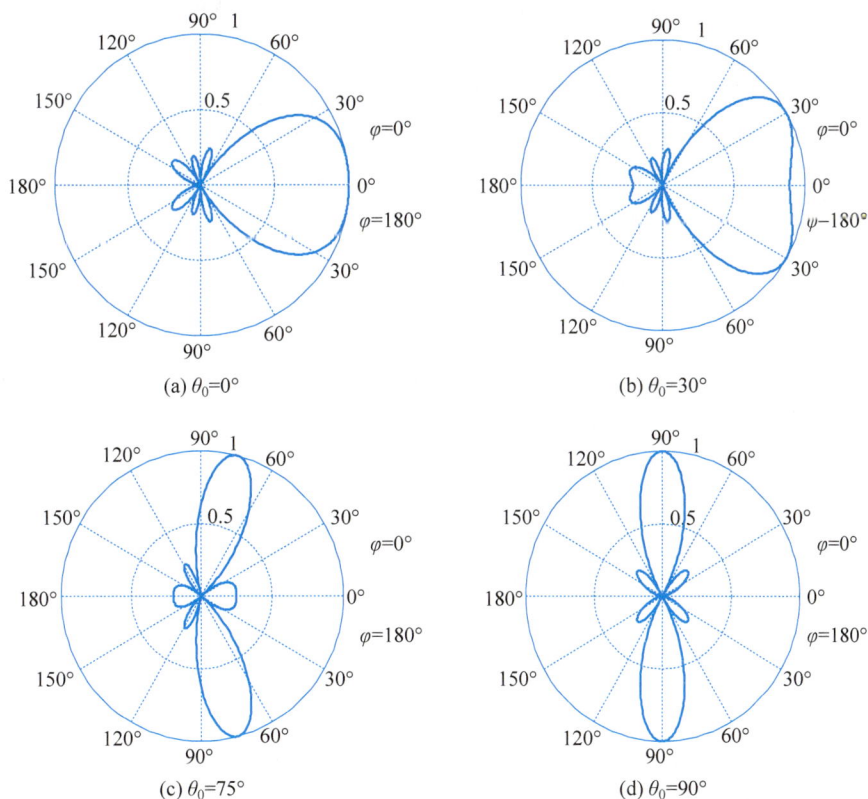

图 3.38　间距为 0.4λ 的均匀激励等间距五元相控阵的扫描方向图

4. 方向系数

相控阵的方向系数可由式(3-95)求出,不同间距均匀激励等间距五元阵的方向系数随扫描角的变化如图 3.39 所示。由图 3.39 可以看出,

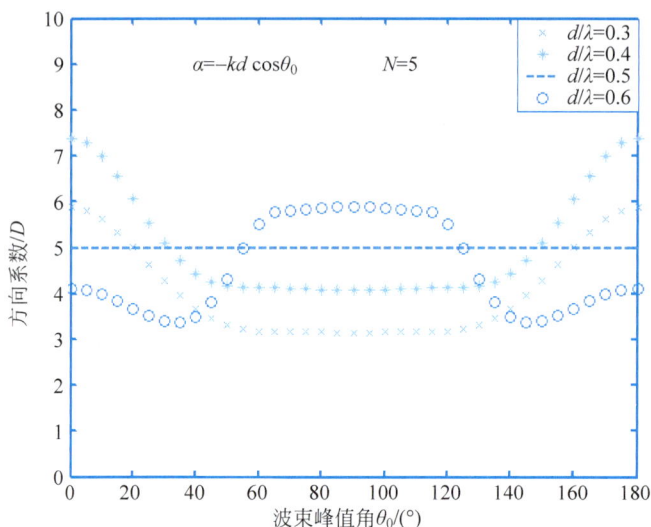

图 3.39 不同间距均匀激励等间距五元阵的方向系数随扫描角的变化

(1) 当 $d = n\lambda/2$, n 为正整数时,扫描线阵的方向系数与扫描角无关。这可由方向系数的计算公式(3-97)得出。

(2) 在接近边射方向的宽角范围内,线阵的方向系数保持不变。

这是由于随着主瓣自边射向端射方向扫描,主瓣展宽使方向系数下降,但同时方向图所包含的体积减小又使方向系数增大。在接近边射方向的宽角范围内,主瓣展宽的影响几乎抵消了方向图体积减小的影响,因而方向系数基本保持不变。

(3) 为了不出现栅瓣,对于五元边射阵,由式(3-142)可得间距 d 必须满足 $d < \dfrac{N-1}{N}\lambda = 0.8\lambda$;对于五元端射阵,由式(3-147)可得间距 d 必须满足 $d \leqslant 0.45\lambda$。在不出现栅瓣(即 $d \leqslant 0.45\lambda$)的情况下,端射阵的方向性要比边射阵的强。如图 3.39 中相控阵天线在 $d/\lambda = 0.3$ 和 $d/\lambda = 0.4$ 时,在端射方向(即 $\theta = 0°$ 和 $\theta_0 = 180°$)时有最大的方向系数。而由于 $d/\lambda = 0.3$ 的间距比 $d/\lambda = 0.4$ 的间距小,因而其方向系数也比 $d/\lambda = 0.4$ 的相控阵的小。对于五元阵,当间距 $0.5\lambda < d < 0.8\lambda$ 时,最大辐射方向在端射时方向图出现了栅瓣,而最大辐射方向在边射时未出现栅瓣,由于栅瓣的出现最大辐射方向在端射方向时的方向系数下降,最大的方向系数发生在边射方向,即 $\theta_0 = 90°$ 的方向。

3.7 非均匀激励等间距线阵

前面所介绍的均为均匀激励等间距线阵,其方向图的改变可以通过改变线阵的步进相位和间距来得到。这里介绍非均匀激励等间距线阵,可以通过控制单元激励电流的幅度和相位来形成所需要的方向图。在此介绍一种控制副瓣电平和主瓣宽度的简单方法。

非均匀激励等间距线阵的阵因子式(3-100)通过令 $z = \mathrm{e}^{\mathrm{j}\psi}$ 可写为如下形式

$$f_a(z) = \sum_{n=0}^{N-1} A_n z^n \tag{3-164}$$

其中,多项式的系数为单元激励电流的幅度。

可见,z 为一个模值为 1 的复数。分别以复数的实部和虚部为轴建立坐标系,则 z 总是落在此复平面的单位圆上,如图 3.40 所示。z 点与坐标原点 O 的连线与实轴的夹角为 ψ。当 θ 由 $0°$ 变到 $180°$ 时,ψ 由 $\alpha + kd$ 顺时针旋转到 $\alpha - kd$。ψ 的变化范围(可见空间)为 $2kd$。

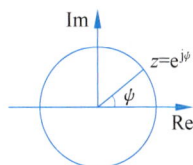

对于不同的单元间距,可能有 3 种情况:

(1) 当 $d = \lambda/2$ 时,$2kd = 2\pi$,单位圆上每一点与一个空间 θ 角相对应;

(2) 当 $d < \lambda/2$ 时,$2kd < 2\pi$,z 仅在单位圆上某些点与一个空间 θ 角相对应;

(3) 当 $d > \lambda/2$ 时,$2kd > 2\pi$,z 的路径将重叠,圆上一点可能与几个空间 θ 角相对应。

式(3-164)为 z 的 $N-1$ 次多项式,此 $N-1$ 次多项式在复数域中有 $N-1$ 个根,则可将式(3-164)写为 $N-1$ 个因子的乘积为

$$f_a(z) = A_{N-1}(z - z_1)(z - z_2)\cdots(z - z_{N-1}) = A_{N-1} \prod_{n=1}^{N-1}(z - z_n) \tag{3-165}$$

其模值为

$$|f_a(z)| = A_{N-1} |z - z_1||z - z_2|\cdots|z - z_{N-1}| = A_{N-1} \prod_{n=1}^{N-1} |z - z_n| \tag{3-166}$$

式中,$z_1, z_2, \cdots, z_{N-1}$ 是多项式的 $N-1$ 个根,对应阵因子的 $N-1$ 个零点。$|z - z_n|$ 表示 z 与第 n 个根的距离。由式(3-166)可知,θ 方向阵因子的模正比于 z 与各根距离的乘积。

$d = \lambda/2$ 的均匀激励等间距五元边射阵的阵因子为

$$f_a(z) = \frac{1 - z^5}{1 - z} \tag{3-167}$$

当 $z = 1$ 时,$\psi = 0$,对应主瓣。式(3-167)的 4 个根为 $z_4^1 = e^{\pm j\frac{2}{5}\pi}$,$z_3^2 = e^{\pm j\frac{4}{5}\pi}$。4 个根在单位圆上的位置如图 3.41 所示,每个根都对应着空间方向的零点。

观察角 θ 的变化范围为从 $0°$ 变化到 $180°$,则间距为 $d = \lambda/2$ 的均匀激励等间距五元边射阵 $\psi = kd\cos\theta$ 的变化范围为从 π 变化到 $-\pi$。因此单位圆上的每一点都与空间的一个 θ 角相对应,且只与一个 θ 角相对应。相邻两根之间有一个瓣,如图 3.41 所示。

若相邻两根彼此靠近,相应的副瓣就会降低。对于此边射阵而言,若要求降低所有副瓣,就必须使所有根向 $-\pi$ 靠近,这就必然导致主瓣展宽(z_1 到 z_4)。可见,副瓣降低是以主瓣展宽为代价的。

图 3.41 根、主瓣和副瓣在单位圆上的位置示意图

例 3.6 已知 $d = \lambda/2$ 均匀激励等间距五元边射阵的第一副瓣电平为 -13.5dB,第二副

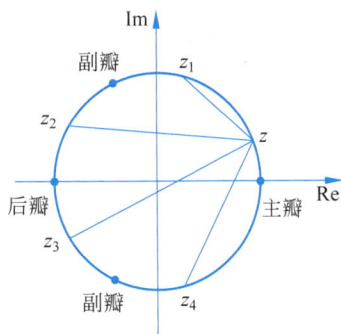

瓣电平为-17.9dB。要求通过改变单元电流幅度的方法来将所有的副瓣均降到-20dB,试应用作图法求出各单元的电流分布,并绘出均匀激励等间距五元边射阵和所设计的五元阵的方向图,并对它们的方向图进行分析。

解 从$d=\lambda/2$均匀激励等间距五元边射阵的根的位置出发,将各根的位置向$-\pi$靠近。用尺子量出副瓣到各个根的距离,将这些距离相乘,即为副瓣处的方向函数的相对大小。用同样的方法可得出主瓣处方向函数值的相对大小,再将得出的副瓣的值除以主瓣的值并取分贝值,即得出此时的副瓣电平值。若达不到要求,再将零点向$-\pi$靠近,重复上面的过程,直到达到要求为止。通过作图求出各根的位置为$\psi_4^1=\pm89°=\pm1.55\text{rad}$,$\psi_3^2=\pm145.5°=\pm2.54\text{rad}$。将相应的根代入式(3-165),得到

$$f_a(z)=(z-e^{j1.55})(z-e^{j2.54})(z-e^{-j2.54})(z-e^{-j1.55})$$
$$=z^4+1.62z^3+1.95z^2+1.62z+1 \qquad (3\text{-}168)$$

式(3-168)中多项式的系数即为单元电流的相对幅度,可得各单元电流的幅度比应为

$$1:1.62:1.95:1.62:1$$

此时的电流分布是不均匀分布,由中间向两边递减。

若各单元电流同相,将$z=e^{j\psi}$和$\psi=kd\cos\theta$代入式(3-168),得

$$f_a(z)=z^4+1.62z^3+1.95z^2+1.62z+1$$
$$=e^{j4kd\cos\theta}+1.62e^{j3kd\cos\theta}+1.95e^{j2kd\cos\theta}+1.62e^{jkd\cos\theta}+1$$
$$=(e^{j4kd\cos\theta}+1)+1.62(e^{j3kd\cos\theta}+e^{jkd\cos\theta})+1.95e^{j2kd\cos\theta}$$
$$=\left[2\cos(2kd\cos\theta)+2\times1.62\cos(kd\cos\theta)+1.95\right]e^{j2kd\cos\theta} \qquad (3\text{-}169)$$

当$\theta=90°$时,有最大值为

$$f_{a\max}(z)=1+1.62+1.95+1.62+1=7.19$$

因此,阵因子的归一化值为

$$F_a(z)=\left|\frac{f_a(z)}{f_{a\max}(z)}\right|=\left|\frac{2\cos(2kd\cos\theta)+2\times1.62\cos(kd\cos\theta)+1.95}{7.19}\right| \qquad (3\text{-}170)$$

由式(3-170)可以绘出此五元阵的阵因子的方向图,如图3.42(b)所示,图3.42(a)是均匀激励等间距五元边射阵的阵因子方向图。从图3.42可以看出,本题设计出的非均匀激励的五元阵的副瓣电平要比均匀激励等间距五元边射阵的低,但其主瓣宽度要比均匀激励等间距五元边射阵的宽。

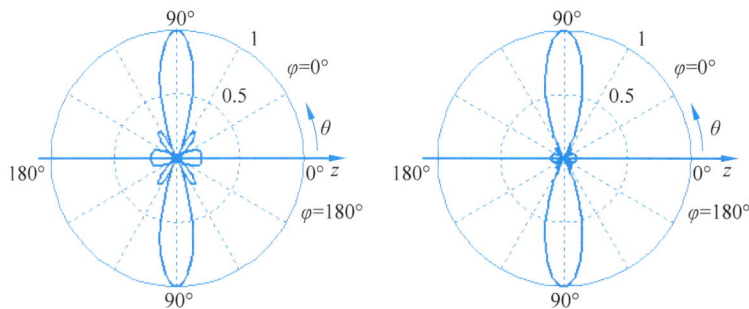

(a) 均匀激励等间距五元边射阵   (b) 副瓣电平低于-20dB 的非均匀激励五元边射阵

图 3.42 五元边射阵方向图

通过上述分析可以看出,若要压低副瓣,则必须使阵多项式的根在单位圆上的位置彼此靠近。由于多项式的根与系数满足一定的关系,因此根彼此靠近,系数必然变化。多项式的系数即是单元电流的相对幅度,因而,通过调整单元电流的幅度可降低副瓣,同时导致主瓣展宽。

可以证明,对于等间距同相的直线阵,当电流的幅度由中间向两边递减时,可使线阵的副瓣电平降低,但同时也使主瓣得到展宽;反之,当电流的幅度由中间向两边递增时,可使主瓣变窄,但同时使线阵的副瓣电平升高。

3.8 道尔夫-契比雪夫线阵法

3.7节介绍了一种通过改变天线的各单元电流幅值来降低副瓣电平的方法,这属于天线综合方面的内容。天线的综合是首先给定期望的方向图,而后采用综合的方法得出天线的形式,使之产生的方向图能够满意地逼近期望方向图,并能满足其他系统特性。在这里具体而言是确定给定天线形式的激励,使之产生的方向图能够满意地逼近期望方向图。

由3.7节的讨论可知,低副瓣和窄主瓣往往是天线的两个相互矛盾的参数。在大多数应用中一般希望主瓣既窄副瓣又低,因而就需要在主瓣宽度与副瓣电平之间寻求最佳折中,即要求线阵的方向图对于给定的主瓣宽度副瓣电平尽可能低,或者对于给定的副瓣电平主瓣宽度尽可能窄,这种方向图称为最佳方向图。本节介绍间距等于或大于半波长的边射阵获得最佳方向图的方法,即道尔夫-契比雪夫线阵法。

主瓣宽度与副瓣电平之间的最佳折中发生在可见空间有尽可能多的副瓣,并且所有副瓣均相等时。若要求天线阵阵因子的曲线满足上面的要求,则首先需要找到这样一个曲线的表达式,然后再通过改变各单元电流的激励幅度,使阵因子与这样的曲线的表达式相等。道尔夫考虑到契比雪夫多项式具有这种性质,并将它用于天线的综合。

3.8.1 契比雪夫多项式

契比雪夫多项式的定义为

$$T_n(x) = \begin{cases} (-1)^n \cosh(n \operatorname{arcosh}|x|), & x < -1 \\ \cos(n \operatorname{arccos} x), & -1 < x < 1 \\ \cosh(n \operatorname{arcosh} x), & x > 1 \end{cases} \quad (3\text{-}171)$$

可以证明式(3-171)是 x 的 n 次多项式。令 $x = \cos\delta$,则 $T_n(\cos\delta) = \cos(n\delta)$,再利用三角函数公式

$$\cos(n\delta) = \cos^n\delta - \frac{n(n-1)}{2!}\cos^{n-2}\delta\sin^2\delta + \frac{n(n-1)(n-2)}{4!}\cos^{n-4}\delta\sin^4\delta + \cdots$$

$$(3\text{-}172)$$

和

$$\sin^2\delta = 1 - \cos^2\delta \quad (3\text{-}173)$$

可将 $\cos(n\delta)$ 展成 $\cos\delta$ 的幂多项式,再将 $x = \cos\delta$ 代入,即可证明 $\cos(n \operatorname{arccos} x)$ 为 x 的幂多项式。n 阶契比雪夫多项式是最高幂次等于阶数的 x 或 $\cos\delta$ 的幂多项式。

契比雪夫多项式写成多项式形式的表达式为

$$\begin{cases} T_0(x) = 1 \\ T_1(x) = x \\ T_2(x) = 2x^2 - 1 \\ T_3(x) = 4x^3 - 3x \\ T_4(x) = 8x^4 - 8x^2 + 1 \end{cases} \tag{3-174}$$

其他各阶多项式可由如下的递推公式得出

$$T_{n+1}(x) = 2xT_n(x) - T_{n-1}(x) \tag{3-175}$$

下面分析一下契比雪夫多项式的特性。低阶契比雪夫多项式的曲线如图 3.43 所示,可知契比雪夫多项式具有如下的特性:

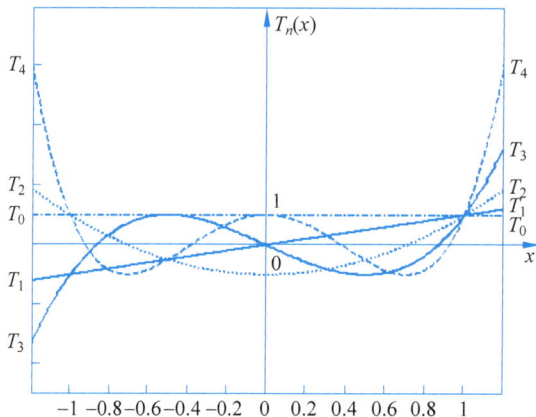

图 3.43　契比雪夫多项式 $T_0(x)$、$T_1(x)$、$T_2(x)$、$T_3(x)$ 和 $T_4(x)$

(1) 偶阶多项式是偶函数,其曲线相对于纵轴对称。即 n 为偶数时,$T_n(-x) = T_n(x)$。奇阶多项式是奇函数,即 n 为奇数时,$T_n(-x) = -T_n(x)$。

(2) 所有多项式均通过(1,1)点。在 $-1 \leqslant x \leqslant 1$ 区间,多项式的值在 -1 和 1 之间振荡,多项式模值的最大值总是 1。

(3) 多项式的所有零点(根)均在 $-1 \leqslant x \leqslant 1$ 区间,在 $|x| \leqslant 1$ 区间外,多项式的值单调上升或下降。

契比雪夫多项式曲线的特性正是等副瓣方向图所需要的曲线特性,因此,希望阵因子的表达式能为契比雪夫多项式的形式。

3.8.2　对称激励等间距边射阵的阵因子

对单元为偶数 $N = 2M$ 的同相对称激励等间距边射阵建立坐标如图 3.44(a)所示,其阵因子可写为

$$f_a(\theta) = A_1(e^{j\frac{1}{2}kd\cos\theta} + e^{-j\frac{1}{2}kd\cos\theta}) + A_2(e^{j\frac{3}{2}kd\cos\theta} + e^{-j\frac{3}{2}kd\cos\theta}) +$$

$$\cdots + A_M(e^{j\frac{2M-1}{2}kd\cos\theta} + e^{-j\frac{2M-1}{2}kd\cos\theta})$$

$$= 2\sum_{n=1}^{M} A_n \cos\left[(2n-1)\frac{1}{2}kd\cos\theta\right] = 2\sum_{n=1}^{M} A_n \cos\left[(2n-1)\frac{\psi}{2}\right] \tag{3-176}$$

(a) $N=2M$

(b) $N=2M+1$

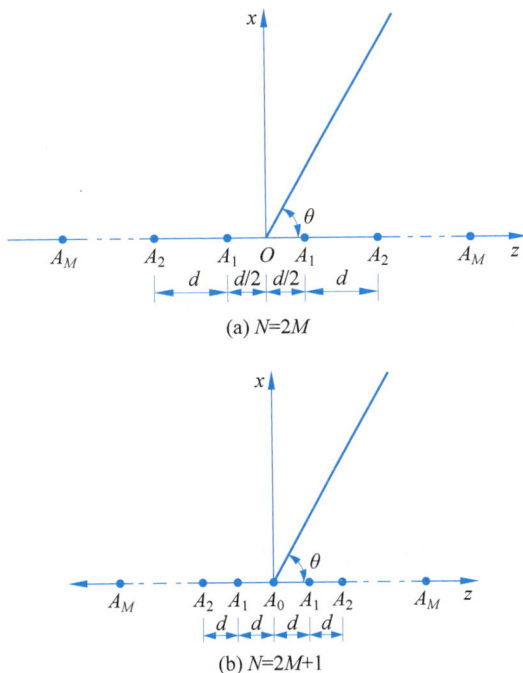

图 3.44　对称激励的等间距边射阵

对单元数为奇数 $N=2M+1$ 的对称激励等间距边射阵建立坐标系如图 3.44(b)所示，其阵因子可写为

$$f_a(\theta)=A_0+A_1(e^{jkd\cos\theta}+e^{-jkd\cos\theta})+A_2(e^{j2kd\cos\theta}+e^{-j2kd\cos\theta})+$$

$$\cdots+A_M(e^{jMkd\cos\theta}+e^{-jMkd\cos\theta})$$

$$=A_0+2\sum_{n=1}^{M}A_n\cos\left[2n\frac{1}{2}kd\cos\theta\right]$$

$$=A_0+2\sum_{n=1}^{M}A_n\cos\left(2n\frac{\psi}{2}\right) \tag{3-177}$$

由式(3-172)和式(3-173)可知，式(3-176)和式(3-177)中的 $\cos\left[(2n-1)\dfrac{\psi}{2}\right]$ 和 $\cos\left(2n\dfrac{\psi}{2}\right)$ 分别

可展开为 $\cos\dfrac{\psi}{2}$ 的 $(2n-1)$ 和 $2n$ 幂次的多项式之和。因此，式(3-176)式(3-177)所表示

的阵因子为最高幂次等于 $N-1$ 次的 $\cos\left(\dfrac{\psi}{2}\right)$ 的幂多项式，可与 $N-1$ 阶契比雪夫多项式相

对应。通过对电流激励幅度 A_n 的选取，可使其与 $N-1$ 阶契比雪夫多项式相等。

3.8.3　阵因子的契比雪夫表达式

由于在契比雪夫多项式的 $[+1,-1]$ 区间内只有副瓣，主瓣在 $[-1,+1]$ 区间之外。因此必须使阵因子的变化范围超出 $[-1,+1]$ 区间，可令

$$x=x_0\cos\left(\frac{\psi}{2}\right) \tag{3-178}$$

式中，$x_0>1$，令

$$f_a(\psi)=T_{N-1}\left(x_0\cos\frac{\psi}{2}\right) \tag{3-179}$$

则在最大辐射方向 $\theta_0=90°$ 时，

$$\psi=kd\cos90°=0, \quad x=x_0\cos\frac{\psi}{2}=x_0, \quad f_a(\psi=0)=T_{N-1}(x_0)=R \tag{3-180}$$

对应于主瓣最大值。由于副瓣的最大值为1，因此主副瓣比为 R，副瓣电平可由 R 计算出来为 $\mathrm{SLL}=20\lg\dfrac{1}{R}=-20\lg R$，因此，$R$ 可由副瓣电平计算出来为

$$R=10^{-\mathrm{SLL}/20} \tag{3-181}$$

则 x_0 可基于式(3-180)由 R 计算出来。可见，只要知道了副瓣电平，x_0 就可由副瓣电平计算出来。

下面分析一下契比雪夫多项式曲线与 θ 表示的阵因子的方向图之间的对应关系。当 θ 由 0° 变到 180° 时，阵因子(契比雪夫多项式曲线)的值及契比雪夫多项式曲线的自变量变化过程如下：

$$\theta \quad 0°\rightarrow90°\rightarrow180°$$

$$\psi=kd\cos\theta \quad kd\rightarrow0\rightarrow-kd$$

$$x=x_0\cos\left(\frac{\psi}{2}\right) \quad x_0\cos\left(\frac{kd}{2}\right)\rightarrow x_0\rightarrow x_0\cos\left(\frac{kd}{2}\right)$$

$$f_a(\psi)=T_{N-1}\left(x_0\cos\frac{\psi}{2}\right) \quad T_{N-1}\left(x_0\cos\frac{kd}{2}\right)\rightarrow R\rightarrow T_{N-1}\left(x_0\cos\frac{kd}{2}\right)$$

可见，阵因子在契比雪夫多项式中的自变量的变化范围为 x_0 到 $x_0\cos\dfrac{kd}{2}$，它的范围的大小取决于间距 d 和 x_0。为了不出现栅瓣，$x_0\cos\dfrac{kd}{2}$ 要大于 -1。当间距 $d=\lambda/2$ 时，$x_0\cos\dfrac{kd}{2}=0$，契比雪夫多项式的自变量 x 的变化范围由 $0\rightarrow x_0\rightarrow0$，阵因子值的变化范围为由 $T_{N-1}(0)\rightarrow R\rightarrow T_{N-1}(0)$。

3.8.4 线阵的道尔夫-契比雪夫线阵法设计

道尔夫-契比雪夫线阵法的设计一般是给定副瓣电平和单元数，求产生最佳方向图的各单元的电流值。其设计可采用如下步骤。

1. 求 x_0

由副瓣电平，利用式(3-181)可求出 R 为

$$R=10^{-\mathrm{SLL}/20}$$

再由

$$R=T_{N-1}(x_0)=\cosh[(N-1)\mathrm{arcosh}x_0] \tag{3-182}$$

求出 x_0 为

$$x_0=\cosh\left(\frac{1}{N-1}\mathrm{arcosh}R\right) \tag{3-183}$$

为了计算的方便,利用双曲函数的公式可将(3-183)化为

$$x_0 = \frac{1}{2}\left[(R+\sqrt{R^2-1})^{\frac{1}{N-1}} + (R-\sqrt{R^2-1})^{\frac{1}{N-1}}\right] \tag{3-184}$$

2. 求各阵列单元电流分布

令阵因子等于 $N-1$ 阶契比雪夫多项式

$$f_a(\psi) = T_{N-1}\left(x_0\cos\frac{\psi}{2}\right)$$

令等式两边 $\cos\frac{\psi}{2}$ 同次幂的系数相等,求出各阵列单元电流分布。

上面即完成了对天线阵的设计,由此天线阵可得到满足设计所要求的副瓣电平值的最佳方向图。此方向图是在相同的副瓣电平下的天线方向图中主瓣最窄的。若还要对此天线阵的其他参数进行计算可进入下一步。

3. 天线阵参数的计算

阵因子可用式(3-176)或式(3-177)、式(3-179)计算。可参考前面各章节中有关天线阵的参数计算的公式,将此天线阵的与天线的方向性有关的一些参数计算出来。有关天线阵的阻抗特性的参数要结合具体的单元天线,应用本章中的天线阵阻抗的内容来计算。

例 3.7　综合副瓣电平 $SLL=-40dB$,间距 $d=\frac{\lambda}{2}$ 的五元契比雪夫边射阵,绘出其阵因子方向图,求出其方向系数。

解　由副瓣电平用式(3-181)求出主副瓣比为

$$R = 10^{-SLL/20} = 100 \tag{3-185}$$

以 $N=5$ 和 $R=100$ 代入式(3-184)得出

$$x_0 = 2.01 \tag{3-186}$$

由式(3-177)得对称激励五元边射阵($N=5,M=2$)的阵因子为

$$f_a(\psi) = A_0 + 2A_1\cos\psi + 2A_2\cos(2\psi) \tag{3-187}$$

利用式(3-172)和式(3-173)将 $\cos\psi$ 和 $\cos(2\psi)$ 展成 $\cos\frac{\psi}{2}$ 的幂多项式,得 $\cos\psi = 2\cos^2\left(\frac{\psi}{2}\right)-1$ 和 $\cos2\psi = 8\cos^4\left(\frac{\psi}{2}\right)-8\cos^2\left(\frac{\psi}{2}\right)+1$。代入式(3-187)得阵因子为

$$f_a(\psi) = (A_0 - 2A_1 + 2A_2) + (4A_1 - 16A_2)\cos^2\left(\frac{\psi}{2}\right) + 16A_2\cos^4\left(\frac{\psi}{2}\right) \tag{3-188}$$

令阵因子等于 $N-1$ 阶契比雪夫多项式

$$f_a(\psi) = T_4\left(x_0\cos\frac{\psi}{2}\right) = 1 - 8x_0^2\cos^2\frac{\psi}{2} + 8x_0^4\cos^4\frac{\psi}{2} \tag{3-189}$$

令式(3-188)和式(3-189)中 $\cos\frac{\psi}{2}$ 同次幂的系数相等,得

$$A_2 = \frac{1}{2}x_0^4 = 8.16 \tag{3-190}$$

$$A_1 = 4A_2 - 2x_0^2 = 24.56 \tag{3-191}$$

$$A_0 = 2A_1 - 2A_2 + 1 = 33.80 \tag{3-192}$$

对 A_2 归一,得出 $A_0' = 4.14$、$A_1' = 3.00$、$A_2' = 1.00$,则归一化电流分布为 $1:3.00:4.14:3.00:1$。将电流分布 A_0'、A_1' 和 A_2' 代入式(3-187),得阵因子

$$f_a(\psi) = A_0' + 2A_1'\cos\psi + 2A_2'\cos(2\psi) = 4.14 + 6\cos\psi + 2\cos(2\psi) \tag{3-193}$$

再将 $\psi = kd\cos\theta$ 代入式(3-193),得

$$f_a(\theta) = 4.14 + 6\cos(kd\cos\theta) + 2\cos(2kd\cos\theta) \tag{3-194}$$

当 $\theta = 90°$ 时,阵因子的最大值为

$$f_{amax}(\psi) = 12.14$$

可得归一化的阵因子为

$$F_a(\psi) = \frac{f_a(\psi)}{12.14} = 0.341 + 0.4942\cos(kd\cos\theta) + 0.1647\cos(2kd\cos\theta) \tag{3-195}$$

由式(3-195)可绘出阵因子方向图如图 3.45 所示。

由于间距为半波长,方向系数可用式(3-97)计算为

$$D = \frac{\left|\sum\limits_{n=-2}^{2} A_n\right|^2}{\sum\limits_{n=-2}^{2} A_n^2} \approx 3.97 \tag{3-196}$$

式中,$A_1' = A_{-1}'$,$A_2' = A_{-2}'$。

图 3.46 为副瓣为 -20dB 的道尔夫-契比雪夫五元阵方向图。将图 3.46 与图 3.45 进行对比,可以看出,副瓣为 -40dB 的道尔夫-契比雪夫五元阵方向图比副瓣为 -20dB 的道尔夫-契比雪夫五元阵方向图的主瓣要宽,方向系数减小,可见对于道尔夫-契比雪夫线阵副瓣电平越低则主瓣越宽,方向系数越小。

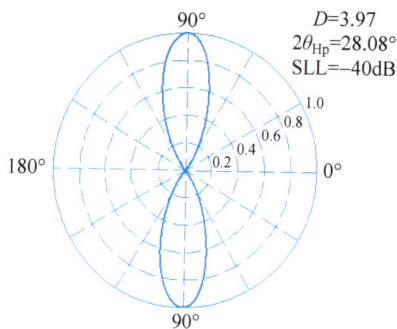

图 3.45　副瓣为 -40dB 的道尔夫-契比雪夫五元阵方向图

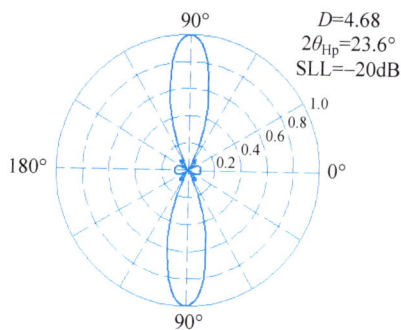

图 3.46　副瓣为 -20dB 的道尔夫-契比雪夫五元阵方向图

3.9　平　面　阵

线阵只能提高通过排列线的平面内的方向性,而在垂直于排列线的平面内,由于旋转对称性,阵因子没有方向性。天线单元除了可按直线排列之外,也可在一个平面内按一定的形

式排列而形成平面阵,如图 3.47 所示。与线阵相比,平面阵可以提供更对称的低副瓣方向图,同时还可以使主瓣扫向空间任意点,克服了线阵仅能使主瓣在 $0° < \theta < 180°$ 的范围内扫描的缺点。

如图 3.47 所示,M 个单元组成的线性相位渐变线阵沿 x 方向以间距 d_x 排列,第 m 个单元激励电流的幅度为 A_m,步进相位为 α_x。将 N 个这样的线阵作为子阵再沿 y 方向以间距 d_y,子阵电流幅度为 A_n,步进相位为 α_y 排列,由此形成矩形栅格矩形平面阵。第 mn 号单元的电流幅度为 $A_n A_m$,相位为 $m\alpha_x + n\alpha_y$。根据方向图乘积定理,平面阵的阵因子为

$$f_a(\theta,\varphi) = f_{ax}(\theta,\varphi) f_{ay}(\theta,\varphi) \quad (3\text{-}197)$$

图 3.47 矩形栅格平面阵

式中,

$$f_{ax}(\theta,\varphi) = \sum_{m=1}^{M} A_m e^{jm(kd_x \sin\theta\cos\varphi + \alpha_x)} \quad (3\text{-}198)$$

为沿 x 方向的非均匀激励等间距线阵的阵因子。

$$f_{ay}(\theta,\varphi) = \sum_{n=1}^{N} A_n e^{jn(kd_y \sin\theta\sin\varphi + \alpha_y)} \quad (3\text{-}199)$$

为沿 y 方向非均匀激励等间距线阵的阵因子。由式(3-197)可以看出,矩形平面阵的方向图等于沿 x 方向与沿 y 方向的线阵方向图的乘积。

在 xz 平面,$\varphi = 0°$,由式(3-197)~式(3-199)得在此平面内平面阵的阵因子为

$$f_a(\theta,\varphi = 0°) = \sum_{m=1}^{M} A_m e^{jm(kd_x \sin\theta + \alpha_x)} \sum_{n=1}^{N} A_n e^{jn\alpha_y} = f_{ax}(\theta,\varphi = 0°) \sum_{n=1}^{N} A_n e^{jn\alpha_y}$$

将与方向性无关的项去掉,得

$$f_a(\theta,\varphi = 0°) = f_{ax}(\theta,\varphi = 0°) = \sum_{m=1}^{M} A_m e^{jm(kd_x \sin\theta + \alpha_x)} \quad (3\text{-}200)$$

由式(3-200)可以看出,xOz 面的方向性仅取决于单元沿 x 方向的排列方式和电流分布,与单元沿 y 方向的排列方式和电流分布无关。同样,yOz 面的方向性仅取决于单元沿 y 方向的排列方式和电流分布,与单元沿 x 方向的排列方式和电流分布无关。

因此,可通过分别控制沿 x 和 y 方向线阵的间距、激励电流的幅度和相位来形成两个平面内不同的方向性。为了抑制栅瓣的出现,间距必须满足与线阵相同的条件。对于均匀激励等间距边射阵,必须使 $d_x < \lambda$ 和 $d_y < \lambda$ 或 $d_x < \dfrac{M-1}{M}\lambda$ 和 $d_y < \dfrac{N-1}{N}\lambda$。前者可以保证栅瓣的最大值不出现在可见空间中,后者可保证整个栅瓣不出现在可见空间中。

若所有单元激励电流的幅度相等,则由式(3-197)~式(3-199),可得阵因子为

$$f_a(\theta,\varphi) = A_0 \sum_{m=1}^{M} e^{jm(kd_x \sin\theta\cos\varphi + \alpha_x)} \sum_{n=1}^{N} e^{jn(kd_y \sin\theta\sin\varphi + \alpha_y)} \quad (3\text{-}201)$$

式中,$A_0 = A_1^2$。归一化阵因子为

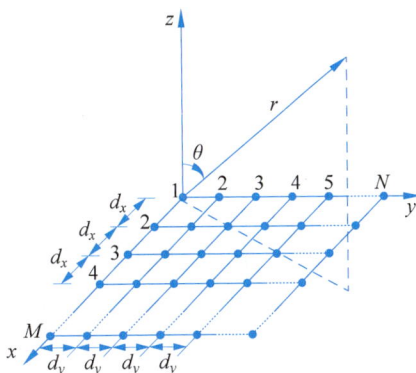

$$F_a(\psi_x, \psi_y) = \frac{\sin\left(\frac{M}{2}\psi_x\right)}{M\sin\left(\frac{1}{2}\psi_x\right)} \frac{\sin\left(\frac{N}{2}\psi_y\right)}{N\sin\left(\frac{1}{2}\psi_y\right)} \tag{3-202}$$

式中,

$$\begin{cases} \psi_x = kd_x\sin\theta\cos\varphi + \alpha_x \\ \psi_y = kd_y\sin\theta\sin\varphi + \alpha_y \end{cases} \tag{3-203}$$

可通过分别调整 α_x 和 α_y 使 $f_{ax}(\theta,\varphi)$ 和 $f_{ay}(\theta,\varphi)$ 的主瓣方向不同。在大多数实际应用中,要求 $f_{ax}(\theta,\varphi)$ 和 $f_{ay}(\theta,\varphi)$ 的主瓣相交,最大辐射指向同一方向。若单一主瓣的指向为 (θ_0,φ_0),则在最大辐射方向 (θ_0,φ_0),应有 $\psi_x = \psi_y = 0$,代入式(3-203)得步进相位为

$$\begin{cases} \alpha_x = -kd_x\sin\theta_0\cos\varphi_0 \\ \alpha_y = -kd_y\sin\theta_0\sin\varphi_0 \end{cases} \tag{3-204}$$

联立求解式(3-204),可得出主瓣最大值方向应满足

$$\begin{cases} \tan\varphi_0 = \dfrac{\alpha_y d_x}{\alpha_x d_y} \\ \sin^2\theta_0 = \left(\dfrac{\alpha_x}{kd_x}\right)^2 + \left(\dfrac{\alpha_y}{kd_y}\right)^2 \end{cases} \tag{3-205}$$

若步进相位随时间变化,则主瓣指向将随时间按式(3-205)变化,方向图在一定空域内扫描。间距 $d_x = d_y = \lambda/2$ 的 8×8 元均匀激励等间距边射阵($\alpha_x = \alpha_y = 0$)的三维方向图如图 3.48(a)所示。对应的 $\varphi = 0°$ 面内的平面方向图如图 3.48(b)所示。

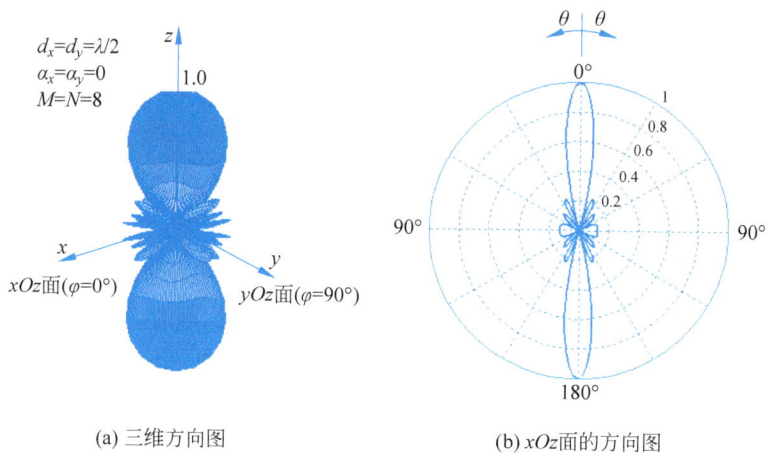

(a) 三维方向图   (b) xOz面的方向图

图 3.48 间距 $d_x = d_y = \lambda/2$ 的 8×8 元均匀激励等间距边射阵的方向图

间距 $d_x = d_y = \lambda/2$,主瓣最大值方向 $\theta_0 = 40°$、$\varphi_0 = 20°$ 的 8×8 元均匀激励等间距斜射阵的三维方向图和其在 $\varphi_0 = 20°$ 面的平面方向图如图 3.49(a)和(b)所示。

由图 3.48 和图 3.49 可以看出,平面阵在 xOy 平面两侧有对称的辐射。在实际的应用中,一般只需要一个方向的辐射,这可通过选择合适的单元天线或在不需要的一个方向加吸收腔或反射器来实现。

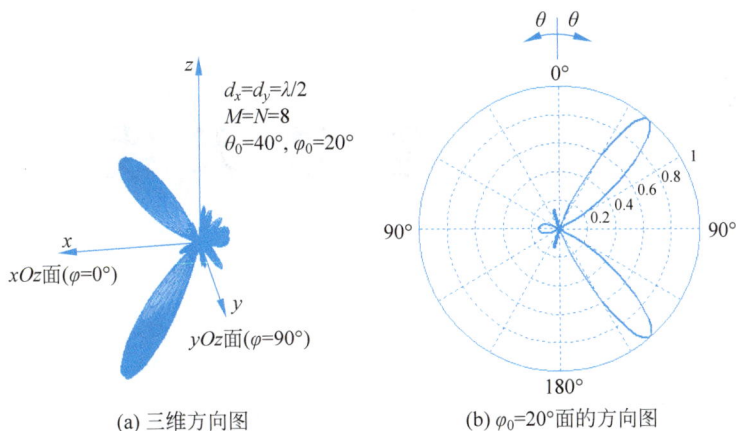

图 3.49 间距 $d_x = d_y = \lambda/2$，主瓣最大值方向 $\theta_0 = 40°$、$\varphi_0 = 20°$ 的 8×8 元均匀激励等间距斜射阵的方向图

本章小结

本章对天线阵进行了分析与综合。3.1 节为天线阵的基础知识及应用，主要分析了天线阵的方向性、天线阵的阻抗和折合振子。在天线阵的方向性中，介绍了方向图乘积定理和二元阵的分析。通过方向图乘积定理可以计算任何天线阵的方向函数并绘制方向图。二元阵作为最简单的天线阵具有很多的应用。在天线阵的阻抗中主要分析了二元阵的阻抗、感应电动势法求耦合振子的互阻抗、N 元阵的阻抗和天线阵的总辐射阻抗。折合振子具有半波对称振子的方向性，其输入阻抗近似为半波对称振子的 4 倍，在线天线中具有较多的应用。对其进行分析应用了二元阵的理论。3.2 节为导电地面对附近天线性能的影响，主要内容包括无限大理想导电平面上天线性能的分析、理想导电地面上的垂直接地天线、有限导电率地面对天线性能的影响和有限尺寸金属面上的直立天线。在这些分析中应用了镜像法和二元阵的概念。3.3 节为一般直线阵，主要包括阵因子、波束立体角和方向系数。3.4 节为线性相位渐变等间距线阵，主要包括阵因子、通用方向函数的特点和间距 d 的取值。3.5 节为均匀激励等间距线阵，主要包括阵因子、最大辐射方向、半功率波瓣宽度、零功率波瓣宽度、副瓣电平和通用方向函数的特性。对均匀激励等间距线阵的各种参数进行了介绍。3.6 节为典型常用均匀激励等间距线阵，分析介绍了边射阵、普通端射阵、汉森-伍德沃德端射阵和相控阵。3.7～3.9 节分别为非均匀激励等间距线阵、道尔夫-契比雪夫线阵法和平面阵。

通过本章的学习，我们可以掌握天线阵的分析方法，通过对 3.7 节和 3.8 节的学习，可以掌握天线阵综合的方法。通过对 3.6 节的学习可以掌握 4 种典型常用均匀激励等间距线阵。

第4章

驻 波 天 线

按其上电流分布的不同,天线可分为驻波天线和行波天线。这两种电流分布所对应的天线特性有较大区别。一般来说,驻波天线的特性参数随频率变化较快,频带很窄,是窄频带天线;而行波天线的输入阻抗等于天线的特性阻抗,且当线长较长时,其方向性随频率的变化较慢,因而频带较宽。本章主要介绍驻波天线,行波天线放在第5章宽频带天线中进行介绍。下面对几种类型的驻波天线进行介绍。

4.1 水平对称振子天线

在通信、电视或其他无线电系统中,常使用水平天线,水平架设天线具有如下优点:

(1) 架设和馈电方便;

(2) 地面电导率对水平天线方向性的影响较垂直天线小;

(3) 辐射水平极化波。因工业干扰大多为垂直极化波,故可减小干扰对接收的影响。这对短波通信是有实际意义的。

水平对称振子又称双极天线,其结构如图4.1所示。振子臂由硬拉铜线、铜包铜线或多股软铜线构成,导线直径一般为3～6cm。为减小感应场引入天线的损耗,天线臂与支架需用高频绝缘子隔开。为避免拉紧振子臂的拉线上感应电流过大,必须在离振子臂终端2～3m处另加一绝缘子,故两支柱间的距离必须大于 $2l+2(2\sim3)$m。l 为一臂的长度。支柱

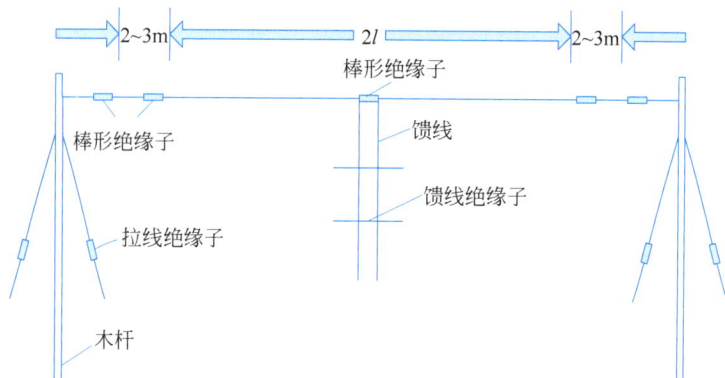

图 4.1 水平对称振子的结构

的金属拉线中亦应适当加入绝缘子,要求每段拉线不长于 $\lambda/4$(λ 是工作波长)。一般采用 $600\,\Omega$ 特性阻抗的双线传输线对振子进行馈电。由于此种天线在地面上架设,因此其方向特性和阻抗特性都要考虑大地的影响,可将大地近似为理想导电地面用二元阵的方法来进行分析,由前面二元阵的分析可知,天线的方向性和阻抗特性与天线的架设高度有关。这种天线的应用范围很广泛,主要用于短波通信中。

4.2 引向天线

由前面对对称振子的分析可知,其方向性不是很强,若将对称振子排成阵,则可得到更强的方向性。引向天线又称为八木天线,如图 4.2 所示,它由一个半波有源振子、一个反射振子(称为反射器)和若干个引向振子(称为引向器)组成。反射振子的长度稍长于半波长,引向振子稍短于半波长。可将八木天线看成是由长度接近于半波长的对称振子组成的天线阵,因此引向天线可得到比单个半波对称振子更强的方向性,其最大辐射方向在引向器的方向如图 4.2 所示,它相当于天线阵中所讲的端射阵。

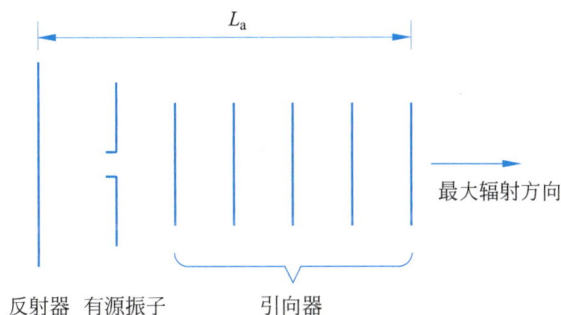

图 4.2 引向天线的结构

4.2.1 无源振子、反射器与引向器

八木天线是由一个有源振子和若干个无源振子组成的天线阵。因此在分析八木天线的特性时要用到天线阵的理论。下面分析如图 4.3 所示的二元阵,其中两个振子仅一个振子被激励,设其电压为 U_1;另一个振子在馈电端短接,其电压为 $U_2=0$,注意,此处的电压 U_1 和 U_2 并不特指天线上某处的电压。在此条件下,振子 2 上的电流完全由激励振子 1 的场感应而产生,因此称振子 2 为无源振子或寄生振子。

由二元阵的辐射阻抗方程可得

$$\begin{cases} U_1 = I_{m1}Z_{11} + I_{m2}Z_{12} \\ 0 = I_{m1}Z_{21} + I_{m2}Z_{22} \end{cases} \quad (4\text{-}1)$$

图 4.3 带无源振子的二元振子阵

式中,I_{m1} 为振子 1 的波腹电流,I_{m2} 为振子 2 的波腹电流,Z_{11} 和 Z_{22} 分别为振子 1 和振子 2 的自辐射阻抗,$Z_{12}=Z_{21}$ 为振子 1 和振子 2 的互辐射阻抗。

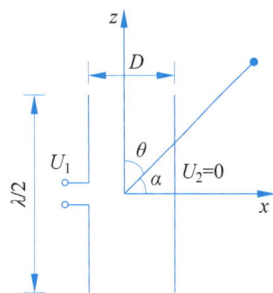

由式(4-1)可解得

$$\frac{I_{m2}}{I_{m1}} = -\frac{Z_{12}}{Z_{22}} = m\,e^{j\beta} \tag{4-2}$$

由式(4-2)可得振子 2 与振子 1 的电流幅度之比为

$$m = \sqrt{\frac{R_{12}^2 + X_{12}^2}{R_{22}^2 + X_{22}^2}} \tag{4-3}$$

振子 2 与振子 1 的相位差为

$$\beta = \pi + \arctan\frac{X_{12}}{R_{12}} - \arctan\frac{X_{22}}{R_{22}} \tag{4-4}$$

由式(4-2)得二元阵的阵因子为

$$f(\alpha) = 1 + m\,e^{j(\beta + kd\cos\alpha)} \tag{4-5}$$

式中,d 为两振子之间的距离,α 为射线与 x 轴之间的夹角,如图 4.3 所示。从式(4-2)可以看出,通过改变 Z_{22} 和 Z_{12} 可以改变电流的幅度比 m 和相位差 β,从而可获得不同的方向图。由式(4-4)可得,可通过调整或改变无源振子的电抗来调整 β。改变无源振子电抗的办法通常有两种:

(1) 在无源振子馈电端接入一电抗 X_{2n}(例如,短路支节)。此时,由式(4-3)和式(4-4)可得

$$m = \sqrt{\frac{R_{12}^2 + X_{12}^2}{R_{22}^2 + (X_{22} + X_{2n})^2}} \tag{4-6}$$

$$\beta = \pi + \arctan\frac{X_{12}}{R_{12}} - \arctan\frac{X_{22} + X_{2n}}{R_{22}} \tag{4-7}$$

(2) 改变振子 2 的长度 $2l_2$。由前面的分析可知,当对称振子的长度发生变化时,其辐射阻抗也会发生变化。

若天线阵的方向图主瓣方向是在激励振子指向无源振子的阵轴方向上,则称此无源振子为引向器,此时无源振子的作用是将有源振子的辐射能量导引向无源振子一侧。反之,若主瓣在无源振子指向激励振子的方向上,此时无源振子的作用是将有源振子辐射的能量反射回去,则称此无源振子为反射器。调节 β 和 d,可以使无源振子成为引向器,也可以使无源振子成为反射器。在超短波天线中,通常采用改变 l_2 的办法来改变 β。当 $2l_2$ 大于谐振长度时,自阻抗呈现为感抗,有 $X_{22} > 0$,$\arctan\dfrac{X_{22}}{R_{22}} > 0$。另外,通常有 $\left|\dfrac{X_{12}}{R_{12}}\right| < \left|\dfrac{X_{22}}{R_{22}}\right|$,由式(4-7)可知,$\beta$ 角在 $0 \sim \pi$ 的范围内,即无源振子上的电流相位超前于激励振子,此时无源振子起反射器的作用;反之,当 $2l_2$ 小于谐振长度时,$X_{22} < 0$,呈现为容抗,$\arctan\dfrac{X_{22}}{R_{22}} < 0$,同理,由式(4-7)可知,$\beta$ 角在 $\pi \sim 2\pi$ 的范围内变化,无源振子上的电流相位滞后于激励振子,故无源振子起引向器的作用。调节 d 也可改变 m 和 β。当 d 太大时,无源振子上感应电流变小,其引向或反射的作用也减小。当 d 很小时,若 $d \to a$(a 为振子导线半径),如前所述,$Z_{12} \to Z_{22}$,此时有 $m = \sqrt{\dfrac{R_{12}^2 + X_{12}^2}{R_{22}^2 + X_{22}^2}} = 1$,$\beta = \pi + \arctan\dfrac{X_{12}}{R_{12}} - \arctan\dfrac{X_{22}}{R_{22}} = \pi$,此二元阵

的辐射能力很低($R_r \to 0$)。一般 d 由实验确定,用作引向器时,$d=(0.2 \sim 0.3)\lambda$,用作反射器时,$d=(0.15 \sim 0.23)\lambda$。

4.2.2　引向天线的电参数

在实际工作中往往根据经验公式进行计算,下面介绍常用的经验公式。

1. 方向系数 D 和增益 G

近似计算公式为

$$D = K_1 \frac{L_a}{\lambda} \tag{4-8}$$

式中,L_a 为引向天线纵向长度,即由反射器到最末一个引向器之间的距离,K_1 为由多次实验归纳得出的比例系数。$K_1 \sim L_a/\lambda$ 的关系曲线如图 4.4 所示。对图 4.4 的曲线进行分析可以看出,K_1 值随着 L_a/λ 的增大(相应为单元数增多)而下降。当引向器由 3 个增加到 4 个时,D 约提高 1dB,而从 9 个增加到 10 个时,D 仅能提高约 0.2dB,因此,不能仅仅用增多引向器的办法来得到更大的方向系数 D。一般情况下,引向器的数目不超过 $10 \sim 12$ 个。由于反向辐射很微弱,故只需要一个反射器。

引向天线主要在米波分米波段使用,天线的架设高度一般比波长大得多,因此可忽略地面损耗的影响,天线效率很高,接近100%,因而增益系数 G 可近似为

$$G = \eta_A D \approx D \tag{4-9}$$

2. 半功率宽度

引向天线主瓣的半功率宽度的近似计算式为

$$2\alpha_{3dB} \approx 55° \sqrt{\frac{\lambda}{L_a}} \tag{4-10}$$

式(4-10)得出的是两个主平面的半功率波瓣宽度的平均值。由于单元天线在 E 面有方向性,在 H 面没有方向性,因此,引向天线 E 面的波瓣较之 H 面要窄一些。图 4.5 为由式(4-10)绘出的 $2\alpha_{3dB} \sim L_a/\lambda$ 的关系曲线。

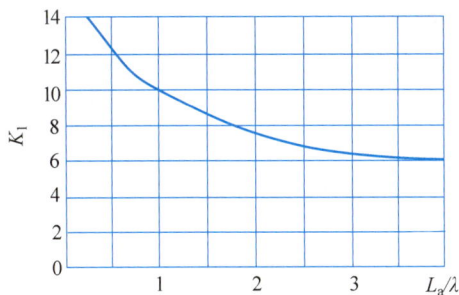

图 4.4　$K_1 \sim L_a/\lambda$ 关系曲线

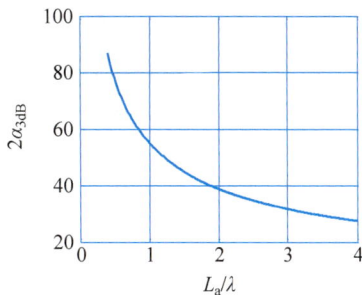

图 4.5　$2\alpha_{3dB} \sim L_a/\lambda$ 关系曲线

4.2.3　引向天线的设计

引向天线的结构参数较多,对其进行设计相对烦琐,可利用电磁场的一些数值方法进行优化设计。这里只介绍根据经验公式对引向天线进行初步设计的方法。一般在设计之前都

要对天线的增益、主瓣宽度、旁瓣电平、前后辐射比及工作频带宽度等电参数提出一定的要求,然后根据提出的要求确定天线的尺寸。可根据增益确定天线的轴长 L_a 和单元数 N,再根据经验确定各个阵元的长度和间距,最后通过实验调整来满足其他指标及匹配的要求。一般在实验调整或应用计算机辅助设计之前,必须由经验公式或常用尺寸范围确定初始结构参数,这些结构参数有:振子数 N,$N = n + 2$,n 为引向器的数目,反射器的长度 L_r 及其和主振子间的距离 d_r;引向器长度 L_i 及其与主振子间的距离 d_i 等。

在给定天线的增益时,根据图 4.6 确定振子数 N(dB 为以半波对称振子为参考,若以点源为参考,则应加上 2.15dB),再根据图 4.7,由 N 查得 L_a。

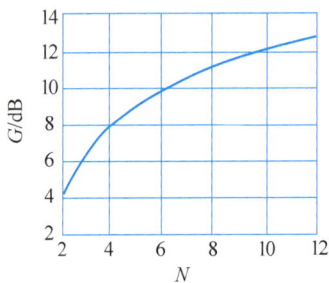

图 4.6　$G \sim N$ 曲线

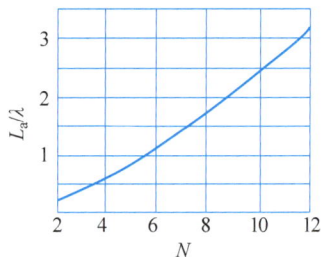

图 4.7　$L_a/\lambda \sim N$ 曲线

当给定主瓣宽度 $2\alpha_{3dB}$ 时,可先由图 4.5 查得 L_a/λ,再由图 4.7 查得 N。

由 $D = K_1 \dfrac{L_a}{\lambda}$ 可知,当 N 一定时,若引向器间距 d_i 取大一些,则 D 大。但由端射阵的理论可知,当 $d_i > 0.4\lambda$ 时,D 开始下降,因此,d_i 不能太大。从旁瓣电平看,d_i 小一些,旁瓣电平低一些。但间距太小,振子间的互耦增大,有源振子的输入阻抗随频率变化激烈,带宽变窄。电阻数值变小,影响天线与馈线间的匹配,因此 d_i 不应小于 0.1λ。由以上分析可得 $d_i = (0.1 \sim 0.4)\lambda$。

反射器与主阵子间距离 $d_r = (0.15 \sim 0.23)\lambda$,$d_r$ 对方向图的前后辐射比和输入阻抗的影响较大。当 $d_r = (0.15 \sim 0.17)\lambda$ 时,后瓣电平低,输入阻抗也较低。当 $d_r = (0.2 \sim 0.23)\lambda$ 时,后瓣电平高,但输入阻抗也较高,便于和常用电缆匹配。

反射器的长度应稍大于半波长,引向器的长度应稍短于半波长,有源振子应等于半波长。考虑到波长缩短效应,实验表明,反射器的长度一般取 $(0.5 \sim 0.55)\lambda$,引向器的长度一般取 $(0.4 \sim 0.44)\lambda$,引向器越多,引向器的长度应越短。

振子半径通常总是尽可能取大一些,因为振子越粗,其特性阻抗越低,有利于增大天线的带宽。

有源振子一般选用半波对称振子,但考虑到波长缩短效应和终端效应,其长度应是半波长的 0.95 倍。为了提高天线的输入阻抗,也可采用折合振子作为主振子。

八木天线为驻波天线,因而其工作频带窄。其结构参数较多,调整较为麻烦。但其结构简单、牢固、造价低,方向性强,体积小。因此八木天线广泛应用于米波及分米波的通信、雷达、电视及其他无线电系统中。

4.3　背射天线

4.3.1　背射天线概述

背射天线是在引向天线最末端的引向器后面再加一反射盘 T 构成的,如图 4.8 所示。

当电波沿引向天线的慢波结构传播到反射盘 T 后即发生反射,再一次沿慢波结构向相反方向传播,最后越过反射器向外辐射,故又称为反射天线。反射盘一般称为表面波反射器。它的直径大致与同一增益的抛物面天线的直径相等;反射盘与引向天线的反射器之间的距离应为 λ/2 的整数倍。如果在反射盘的边缘上再加一圈反射环(边框),则可使增益再加大 2dB 左右,一个设计良好的背射天线,可以做到比同样长度的引向天线多 8dB 的增益,其增益的近似计算公式为

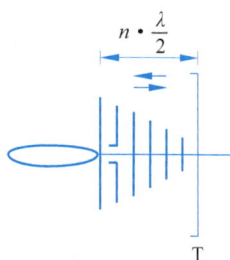

图 4.8　背射天线

$$G = 60\,\frac{L}{\lambda} \tag{4-11}$$

背射天线的增益可达 15～30dB,在此增益范围内,背射天线具有比引向天线和抛物面天线更大的优越性。它具有结构简单、馈电方便、纵向长度短、增益高和副瓣背瓣较小(可分别做到 −20dB 和 −30dB 以下)等优点。

4.3.2　短背射天线

短背射天线由一根有源振子(或开口波导、小喇叭)和两个反射盘组成,如图 4.9 所示。小反射盘 T_2 的直径为 $(0.4～0.6)\lambda$,大反射盘 T_1 的直径为 2λ,边缘上有宽度 $W = \lambda/4～\lambda/2$ 的边框——反射环。电波在两个反射盘之间来回反射,其中一部分越过小反射盘向外辐射,形成了一个较为理想的开口电磁谐振腔,使其定向辐射性能加强而杂散能量减弱,因而可获得较高增益和较低副瓣。其增益为 8.5～17dB,在同样的增益下,其长度可为引向天线的 1/10。目前该天线主要依靠经验数据进行设计,再通过实验调整。

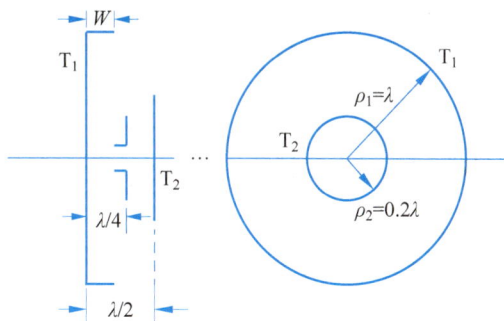

图 4.9　短背射天线

短背射天线具有效率高、能平装及可用介质材料密封等优点,在宇航和卫星上得到应用。

4.4 直立天线

在某些情况下,由于天线结构或通信等方面的要求,需要使用垂直极化天线,产生垂直极化波。例如,在长、中波波段,由于波长较长,天线架设的电高度 h/λ 受限,若采用水平悬挂的天线,受大地的负镜像的作用,天线的辐射能力很弱。另外,在此波段,主要采用地波传播方式,当波沿地表面传播时,水平极化波由于其电场与大地平行,可以在大地中引起感应电流,因此衰减很大。为了减小损耗,要求天线辐射垂直极化波。所以,在长、中波波段,主要使用垂直于地面架设的天线。垂直天线还广泛应用于移动通信中,这主要是为了移动的方便。在短波和超短波波段的移动通信电台中,一般用一节或数节金属棒或金属管构成直立天线,节间可以用螺接、卡接或拉伸等方法连接。由于此波段天线的长度并不长,外形像鞭,故又称为鞭天线。移动通信基站天线也使用直立天线辐射垂直极化波。

4.4.1 直立接地天线

直立接地天线为立于大地之上或金属地面上的垂直单极子天线。信号源的一端接在单极子靠近大地的一端,另一端与大地相连,若地面为一无限大理想导电地面,则单极子与其镜像构成一对称振子。当单极子的高度较小时,在平行于地面的方向有最大的辐射,由前面的分析可知,若大地为非理想地面,则波瓣上翘。

在长、中波波段,天线的几何高度很高,除用高塔(木杆或金属)作为支架将天线吊起外,也可直接用铁塔作为辐射体,称为铁塔天线或桅杆天线。在此波段,由于波长很长,因此天线的电高度不可能很高,其辐射电阻很低,可通过提高天线的有效高度 h_e 的办法增大辐射电阻。要提高天线的有效高度,则必须使天线上的电流分布尽量均匀,可以采用加载的办法。加载的形式可分为集中加载和分布加载,加载的内容可以是电容性或电感性负载。下面主要对天线的加载进行介绍。

1. 加顶负载

在直立接地天线的顶部加一根或几根水平或倾斜的导线,就构成了 T 形、倒 L 形和伞形天线。也可在中波铁塔天线的顶端加一水平金属网、球或柱、在短波鞭形天线的顶端加星状辐射叶片。这些顶端所加的线、板、片等都称为天线的顶负载,其作用是增大顶端对地的分布电容,使天线顶端的电流不再为零,从而使天线上的电流分布更加均匀。

根据传输线理论,电容可以等效为一段长度小于 $\lambda/4$ 的开路传输线。因此可以将端电容等效为一垂直线段,如图 4.10 所示,设负载电容为 C_a,垂直线段的特性阻抗为 W_{0A},则此等效线段长度 h' 可由开路传输线输入阻抗的公式计算如下

$$-\mathrm{j}W_{0A}\cot(kh') = \frac{1}{\mathrm{j}\omega C_a} \tag{4-12}$$

得

$$h' = \frac{1}{k}\mathrm{arccot}\,\frac{1}{W_{0A}\omega C_a} \tag{4-13}$$

此时天线的输入阻抗为

$$Z_{\mathrm{in}} = -\mathrm{j}W_{0A}\cot[k(h+h')] = -\mathrm{j}W_{0A}\cot(kh_0) \tag{4-14}$$

式中，$h_0 = h + h'$为加顶后天线的虚高。若建立直角坐标系如图 4.10 所示，其原点设在天线的馈电点处，天线上的电流分布近似为正弦分布，即

$$I_z = \frac{I_0}{\sin(kh_0)}\sin[k(h_0 - z)] \tag{4-15}$$

由式(4-15)可画出天线上的电流分布如图 4.10 所示，由电流分布可以看出，加载后的线上电流分布要比未加载时的电流分布更加均匀，且幅值更大，因此辐射能力更强，有效高度更高。

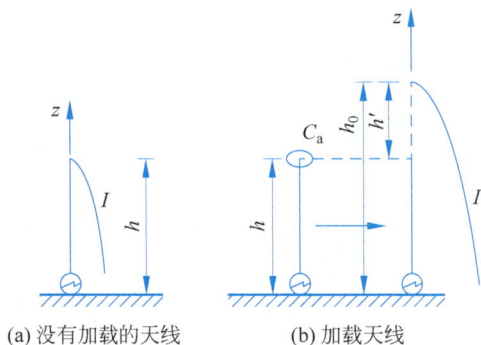

(a) 没有加载的天线   (b) 加载天线

图 4.10 天线加载前后的电流分布的变化

如图 4.11 和图 4.12 所示的倒 L 形天线和 T 形天线可用于短波以下的固定电台。这时的负载为平行于大地的较长导线，已不是集中电容，而是一分布参数的传输线系统。以 T 形天线为例，设垂直部分的高度为 h，水平部分线段的长度为 $2l$，水平和垂直线段的特性阻抗分别为 W_{0h} 和 W_{0v}，则长为 l 的水平传输线在垂直导线顶端的输入阻抗为

$$Z'_{\text{inh}} = -jW_{0h}\cot(kl) \tag{4-16}$$

在天线的顶端是两段长 l 的水平传输线，其输入阻抗并联，因此在天线顶端的总电抗为

$$Z_{\text{inh}} = \frac{Z_{\text{inh}}}{2} = -j\frac{W_{0h}}{2}\cot(kl) \tag{4-17}$$

令 $Z_{\text{inh}} = -j\dfrac{W_{0h}}{2}\cot(kl) = -jW_{0v}\cot(kh')$，则等效的垂直导线的延长线段 h' 为

$$h' = \frac{1}{k}\text{arccot}\left[\frac{W_{0h}}{2W_{0v}}\text{arccot}(kl)\right] \tag{4-18}$$

由于天线的高度与波长比很小，水平段与其镜像（负像）构成一平行双导线，对空间的辐射可忽略。空间的场主要是由垂直段的辐射产生的。由图 4.11 和图 4.12 中天线上的电流分布可知，天线加顶后，在天线的垂直段上的电流分布更均匀了，幅值也变大了。由式(4-14)可以看出，通过加载的方法也可以减小输入端的容抗，从而缓和天线绝缘底座的过压和降低调谐线圈的损耗。

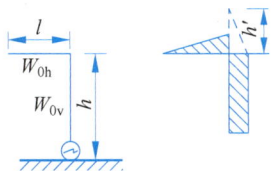

图 4.11 Γ形天线的电流分布

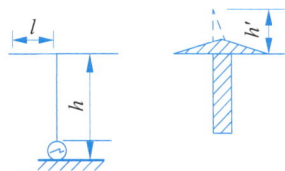

图 4.12 T 形天线的电流分布

2. 加电感线圈

在短单极天线中部某点加入一定数值的感抗,就可抵消该点以上线段在该点所呈现的部分容抗,从而提高电流波腹点,使该点以下线段的电流分布趋向均匀。由图 4.13 可知,它对加感点以上线段的电流分布并无改善作用,但使加感点以下线段的电流分布更加均匀,且有较大的提高。这可以从以下两方面进行解释。一方面是可以理解为将靠近终端的一部分导线绕到了线圈里,其对外辐射很小,但对振子长度的增加也很小。这样使靠近信号源方向的垂直段上的电流变大。另一方面也可以由公式求得加感点以上的线段折合高度 h',若 $h' > h_{bc}$ 则虚高得到增加,a 点以下的电流分布变得更加均匀。

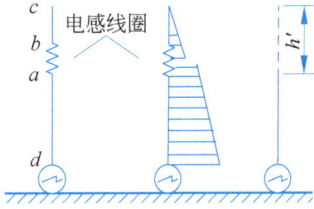

图 4.13　带电感线圈的单极天线

下面来求 h'。分析加感点(图 4.13 中 a 点)的电抗可知,在电感线圈接入前

$$Z_{ina} = Z_{inb} = -jW_0 \cot(kh_{bc}) \tag{4-19}$$

式中,h_{bc} 为图 4.13 中 b、c 段的高度,即加感点以上天线线段的长度。接入电感线圈后

$$Z_{ina} = Z_{inb} + jX_L = -jW_0 \cot(kh_{bc}) + jX_L = -jW_0 \cot kh' \tag{4-20}$$

式中,X_L 为电感线圈的电抗。

由式(4-20)可得

$$\cot(kh') = \cot(kh_{bc}) - \frac{X_L}{W_0}$$

由于 $X_L > 0$,所以由上式可得,$h' > h_{bc}$。因此天线上 a 点以下的电流分布变得更加均匀。

4.4.2　其他类型的直立天线

在移动通信基站中需要使用高增益垂直全向或弱定向天线,下面介绍的直立天线均可用于移动通信基站中。

1. 高增益全向天线

为了提高直立天线的方向系数,可在垂直于地面的方向排阵来压缩天线在垂直面内的波瓣宽度,达到提高天线方向性的目的,此时天线在水平面内仍为全向。

将若干个垂直放置的半波对称振子或半波折合振子,沿着振子导线的轴线方向,按一定的间距一字形排列而成的天线,称为直立天线阵,也称为共轴型全向天线。在组成单元数量相同的情况下,要获得最佳的效果,必须对各个组成单元保证同相馈电和适当的单元间距。按馈电方法的不同,共轴型高增益全向天线可分成并馈及串馈两类。

1) 并馈直立天线阵

图 4.14 示出了两种辐射单元输入阻抗和发射机输出阻抗均为 50Ω、四副振子的共轴天线。单纯用作能量传输的馈线长度可以不限,但它们到各个振子的长度应相同,以保证同相馈电。图 4.14 中用虚线画出长度为四分之一波长(或其奇数倍)的电缆段兼作为阻抗变换器,此即为 $\frac{\lambda}{4}$ 阻抗变换器。这是一种方便实用的阻抗匹配方法。

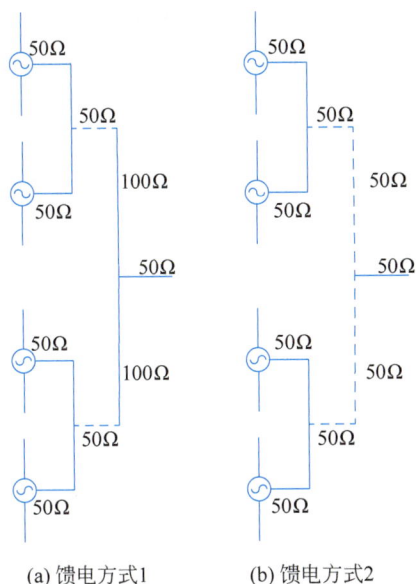

(a) 馈电方式1 (b) 馈电方式2

图 4.14 并馈直立天线阵

2) 串馈直立天线阵

富兰克林早在 1920 年就提出了一种新型天线,此种天线属于串馈直立天线,也称为富兰克林天线,它分为底馈和中馈两种类型,分别如图 4.15(a)和(b)所示。它将具有反相电流的线段折叠起来以尽可能减小其辐射,从而由具有同相电流的各线段构成一垂直于地面方向上沿轴排列的天线阵。图 4.15(b)的馈电点在中部,为中馈,其优点是可以防止波瓣随频率的变化而产生倾斜,偏离水平方向。

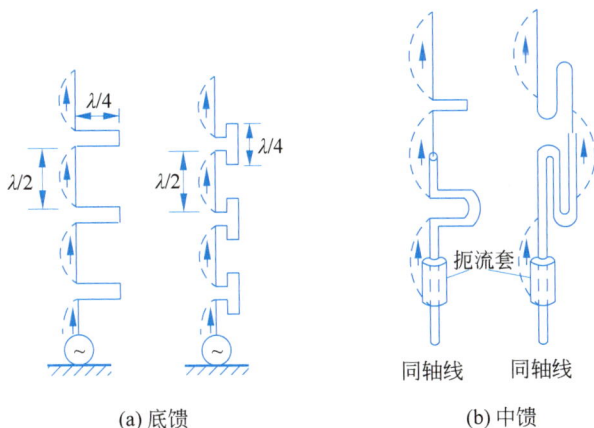

(a) 底馈 (b) 中馈

图 4.15 富兰克林天线

富兰克林天线中具有反相电流的 $\frac{\lambda}{2}$ 线段可以用集总参数的电感线圈代替,此线圈称为倒相器或反射器,如图 4.16(a)和(b)所示。

图 4.16(c)为未加反相器的长直导线上的电流分布。可见,加了反相器之后,天线上的电流分布全部为同相。

图 4.16(a)所示为应用集总参数的螺旋线圈为移相器的直立天线阵(串馈阵)。此串馈

阵的直线辐射段的长度是 $\lambda/2$，其线圈的展开长度也为 $\lambda/2$。也可用直线辐射段的长度是 $5\lambda/8$，线圈的展开长度也为 $3\lambda/8$ 的串馈阵。在天线总长相同时，辐射段长度为 $5\lambda/8$ 的结构具有较好的辐射特性。

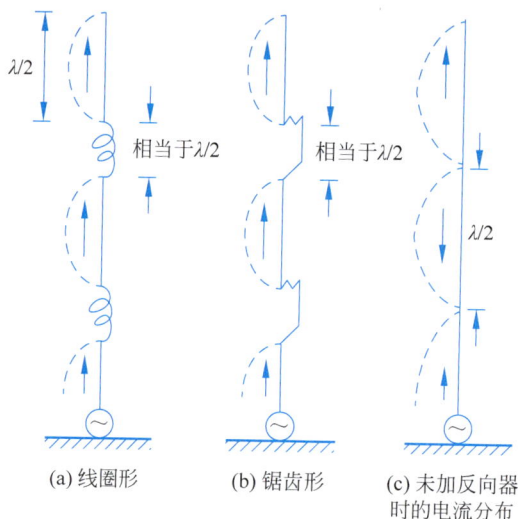

图 4.16　用倒相器的富兰克林天线

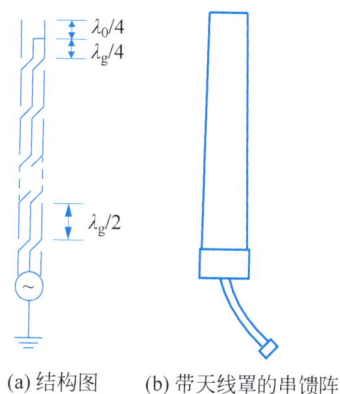

(a) 结构图　　(b) 带天线罩的串馈阵

图 4.17　辐射单元为同轴电缆段的串馈阵

图 4.17(a) 是一种应用同轴电缆段作为辐射单元的串馈阵。将相邻的同轴电缆段的内、外导体交叉连接，就能在它们的外导体表面上得到同相的电流分布。电缆辐射段的长度应等于二分之一波导波长。当电缆内的绝缘材料为聚乙烯，其相对介电常数 ε_r 为 2.1~2.5 时，每段电缆的长度为

$$l = \frac{\lambda_g}{2} = \frac{\lambda_0}{2\sqrt{\varepsilon_r}} = \frac{\lambda_0}{3} \qquad (4\text{-}21)$$

由于辐射单元间距较小，因此为达到同样的天线增益，它比并馈阵或螺旋移相串馈阵需要有更多的辐射单元数。

图 4.17 表示一个 12 段的交叉倒相串馈共轴天线的芯线和外观，工作频率为 910MHz，在 ± 25MHz 带宽内，增益大于 8dBi，包括玻璃钢护套及底座在内全长 1.7m。天线芯线最顶上一段的长度为 $\left(\dfrac{\lambda_0}{4} + \dfrac{\lambda_g}{4} \right)$；在 $\dfrac{\lambda_g}{4}$ 处同轴电缆内、外导体短路，是为了保证天线各辐射段上的电流分布接近均匀和同相。这种天线的突出优点是结构紧凑，性能稳定，使用方便。尽管安装在风力强劲的高处，也能长期可靠工作。

与并馈阵相比，串馈阵具有以下缺点：

由于直线辐射段和螺旋移相线圈都有损耗，因此离馈电端越远处，电流的振幅越小。在辐射单元数量相同时，串馈阵比并馈阵具有较弱的垂直方向性和较低的增益。当工作频率高于或低于中心频率时，每段的移相量发生变化(大于或小于 π)，累积的结果将在垂直面内造成波束上翘或下斜，因而其工作频带很窄。波束指向的偏差会使覆盖区内辐射场强的分

布发生变化。串馈阵的辐射单元数越多,指向偏差就越严重。

2. 高增益定向天线

高增益定向天线是由馈源和反射器两部分组成的角反射器,如图4.18所示。馈源由上述高增益全向天线构成,其组成段数根据要求的天线增益值确定。为了减小风阻和天线自重,反射器不用板状结构,而由平行的栅棒或硬直导线组成的角形平面栅构成。栅棒的数量两侧各2~4根,棒间距$d \leqslant 0.18\lambda$,棒长与馈源相当。反射器是一个无源单元,在馈源的辐射激励下,其上产生感应电流,与有源单元的馈源同时产生辐射作用,从而改变天线在水平面内的方向图。可将反射器当作两个导电平面,应用镜像法来大致分析空间的场分布。此时,水平面内方向图的主瓣张角宽度及副瓣分布与角形平面栅的几何形状和尺寸有关。天线在水平面(H面)内的波束宽度可通过改变α角来调节。

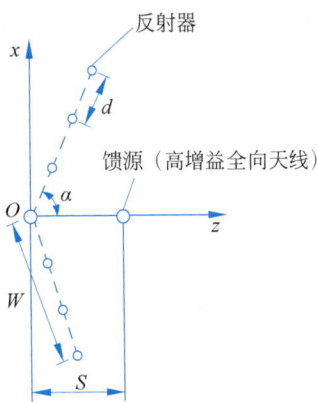

图 4.18 高增益定向天线

4.5 环天线

环天线为由导线围成的一个环而形成的天线,按尺寸可分为小环和大环,按环线上的电流分布来区分则有驻波分布与行波分布(驻波分布的环又可分为等幅同相分布与正弦分布等),按形状分有圆环、方环、菱形环、三角形环等,具有相同电流分布不同形状的环的性能相似。这里主要讨论圆环天线。环天线主要用于测向、广播接收及移动通信设备等,大环天线则应用于广播与通信中。

4.5.1 小环天线

最大尺度小于十分之一波长的闭环电流称为小环天线。由于环的直径很小,故可设环的电流沿线为均匀分布,可等效为一磁基本振子。由式(1-35)可知,N匝小环天线的辐射场为

$$\begin{cases} E_\varphi = 120\pi \dfrac{\pi N}{r} \dfrac{S}{\lambda^2} I \sin\theta \mathrm{e}^{-\mathrm{j}kr} \\ H_\theta = -\dfrac{\pi N}{r} \dfrac{S}{\lambda^2} I \sin\theta \mathrm{e}^{-\mathrm{j}kr} = -\dfrac{E_\varphi}{120\pi} \mathrm{e}^{-\mathrm{j}kr} \end{cases} \tag{4-22}$$

式中,I为环线上的电流;N为匝数;S为环的面积。由式(4-22)可知,小环天线的场仅取决于磁矩NIS(电流和面积的乘积),而与环的形状无关。小环的辐射方向图也与其形状无关,且等于理想电偶极子的方向图。水平小环在水平面(xOy面)内具有水平极化(E_φ)的均匀辐射,单匝小环天线的辐射阻抗为

$$R_r = 20(k^2 S)^2 = 320\pi^4 \dfrac{S^2}{\lambda^4} \tag{4-23}$$

式中,S为小环的面积。

小环天线是典型的电小天线,它实际上是一带有少量辐射的电感器。小环天线的方向系数$D = 1.5$,其单匝环天线的有效接收截面S_e为

$$S_{e} = \frac{\lambda^{2}}{4\pi}D = \frac{3}{8\pi}\lambda^{2} \tag{4-24}$$

加磁芯的小环天线的方向图仍为 8 字形,其方向系数并不受磁芯的影响,但对给定电流而言,因磁芯的影响其辐射功率得到提高,因此辐射电阻也增大了。

磁棒天线的辐射电阻为

$$R_{r} = 320\pi^{4}(\bar{\mu}_{e})^{2}\frac{S^{2}}{\lambda^{4}} \tag{4-25}$$

式中,$\bar{\mu}_{e}$ 为所加磁芯的平均有效磁导率。

小环天线常作为接收天线。例如,在 AM 广播接收机中多圈小环天线很常见,小环天线也常用于测向接收机和场强探测。

为了增加辐射电阻,通常采用多圈环。不过,N 圈环的损耗与电感都按 N^{2} 增加。但是,通过减少多圈环的圈数且使用铁氧体芯,可以保持辐射电阻而减小导线损耗。在实践中,通过与环并联放置一个可变电容,可调节电感。

多圈环的辐射电阻为

$$R_{r} = 320\pi^{4}N^{2}(\bar{\mu}_{e})^{2}\frac{S^{2}}{\lambda^{4}} \tag{4-26}$$

4.5.2　电流为驻波分布的大环

在 4.5.1 节中已求得周长远小于波长的电小环天线的方向图和辐射电阻,且它们对小环的形状不敏感,只依赖于小环的面积,而且小环的辐射在环面内最大,在垂直于环的轴向上为零。当环的半径加大后,环电流的振幅和相位分布发生变化,引起环天线的电性能随其电尺寸的变化而变化。对物理尺寸固定的大环,其性能会随频率的变化而变化。

环周长为一个波长是最常用的情况,此时 $k_{0}a = 1$,a 为环的半径,设环上电流为正弦分布,即

$$\boldsymbol{I} = I_{\phi}\boldsymbol{e}_{\phi} = I_{m}\cos(k_{0}a\phi)\boldsymbol{e}_{\phi} = I_{m}\cos\phi\boldsymbol{e}_{\phi} \tag{4-27}$$

由图 4.19 可得

$$\boldsymbol{e}_{\phi} = -\boldsymbol{e}_{x}\sin\phi + \boldsymbol{e}_{y}\cos\phi \tag{4-28}$$

又由

$$\boldsymbol{e}_{x} = \boldsymbol{e}_{r}\sin\theta\cos\varphi + \boldsymbol{e}_{\theta}\cos\theta\cos\varphi - \boldsymbol{e}_{\varphi}\sin\varphi \tag{4-29}$$

$$\boldsymbol{e}_{y} = \boldsymbol{e}_{r}\sin\theta\sin\varphi + \boldsymbol{e}_{\theta}\cos\theta\sin\varphi + \boldsymbol{e}_{\varphi}\cos\varphi \tag{4-30}$$

将式(4-29)和式(4-30)代入式(4-28)得

$$\boldsymbol{e}_{\phi} = \boldsymbol{e}_{r}\sin\theta\sin(\varphi - \phi) + \boldsymbol{e}_{\theta}\cos\theta\sin(\varphi - \phi) + \boldsymbol{e}_{\varphi}\cos(\varphi - \phi) \tag{4-31}$$

图 4.19　圆环天线及坐标系

将式(4-31)代入式(4-27)可得,在球坐标系中,电流的表示式为

$$\boldsymbol{I} = \boldsymbol{e}_{r}I_{\phi}\sin\theta\sin(\varphi - \phi) + \boldsymbol{e}_{\theta}I_{\phi}\cos\theta\sin(\varphi - \phi) + \boldsymbol{e}_{\varphi}I_{\phi}\cos(\varphi - \phi) \tag{4-32}$$

图 4.19 中的圆环上的源点的位置矢量为 $\boldsymbol{r}' = a\cos\phi\boldsymbol{e}_{x} + a\sin\phi\boldsymbol{e}_{y}$,源点到场点的距离为 $R = |\boldsymbol{r} - \boldsymbol{r}'| = [|\boldsymbol{r} - \boldsymbol{r}'|^{2}]^{\frac{1}{2}} = (r^{2} + a^{2} - 2ar\boldsymbol{e}_{r}\cdot\boldsymbol{e}_{r'})^{\frac{1}{2}}$。

将 $\boldsymbol{e}_{r} = \sin\theta\cos\varphi\boldsymbol{e}_{x} + \sin\theta\sin\varphi\boldsymbol{e}_{y} + \cos\theta\boldsymbol{e}_{z}$ 和 $\boldsymbol{e}_{r'}$ 代入上式可得源点与场点间的距离为

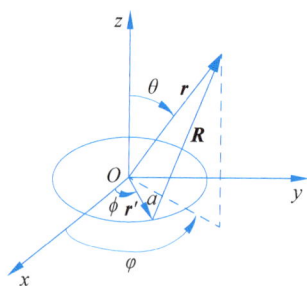

$$R = [r^2 + a^2 - 2ar\sin\theta\cos(\varphi - \phi)]^{\frac{1}{2}} \approx r - a\sin\theta\cos(\varphi - \phi) \tag{4-33}$$

对于振幅因子可进一步假设 $R \approx r$。代入式(1-1)并令 $\boldsymbol{J}\mathrm{d}v' = \boldsymbol{I}a\mathrm{d}\phi'$ 即可求得该圆环电流远区场点的矢量位,其横向分量为

$$A_\theta = \frac{\mu_0 a}{4\pi r} e^{-jk_0 r} \int_0^{2\pi} I_\phi \cos\theta\sin(\varphi - \phi) e^{jk_0 a\sin\theta\cos(\varphi - \phi)} \mathrm{d}\phi \tag{4-34}$$

$$A_\varphi = \frac{\mu_0 a}{4\pi r} e^{-jk_0 r} \int_0^{2\pi} I_\phi \cos(\varphi - \phi) e^{jk_0 a\sin\theta\cos(\varphi - \phi)} \mathrm{d}\phi \tag{4-35}$$

式中,电流为式(4-32)。令 $\varphi = \pi/2$,可得 yOz 平面的表示式:

$$\begin{cases} A_\varphi = 0 \\ A_\theta = \dfrac{\mu_0 a}{4\pi r} e^{-jk_0 r} \displaystyle\int_0^{2\pi} I_m \cos\theta\cos^2\phi\, e^{j\sin\theta\sin\phi}\,\mathrm{d}\phi \\ \quad = \dfrac{\mu_0 a I_m}{4r} \cos\theta [J_0(\sin\theta) + J_2(\sin\theta)] e^{-jk_0 r} \end{cases} \tag{4-36}$$

令 $\varphi = 0$,可得 xOz 平面的表示式:

$$\begin{cases} A_\theta = 0 \\ A_\varphi = \dfrac{\mu_0 a}{4\pi r} e^{-jk_0 r} \displaystyle\int_0^{2\pi} I_m \cos^2\phi\, e^{j\sin\theta\cos\phi}\,\mathrm{d}\phi \\ \quad = \dfrac{\mu_0 a I_m}{4r} [J_0(\sin\theta) - J_2(\sin\theta)] e^{-jk_0 r} \end{cases} \tag{4-37}$$

式中,J_0 和 J_2 分别是第一类零阶和二阶贝塞尔函数。由式(4-36)和式(4-37)可求得远区辐射场为

在 yOz 平面内,

$$\boldsymbol{E}_\theta = -j\omega A_\theta = -j\omega \frac{\mu_0 a I_m}{4r} \cos\theta [J_0(\sin\theta) + J_2(\sin\theta)] e^{-jk_0 r} \tag{4-38}$$

在 xOz 平面内,

$$\boldsymbol{E}_\varphi = -j\omega A_\varphi = -j\omega \frac{\mu_0 a I_m}{4r} [J_0(\sin\theta) - J_2(\sin\theta)] e^{-jk_0 r} \tag{4-39}$$

两个平面的方向图如图 4.20 所示,可见,两个平面内的方向图的最大辐射方向都在环的轴向,因此该天线的最大辐射方向在环的轴线方向上,在环所在的平面内辐射不是全向的。而

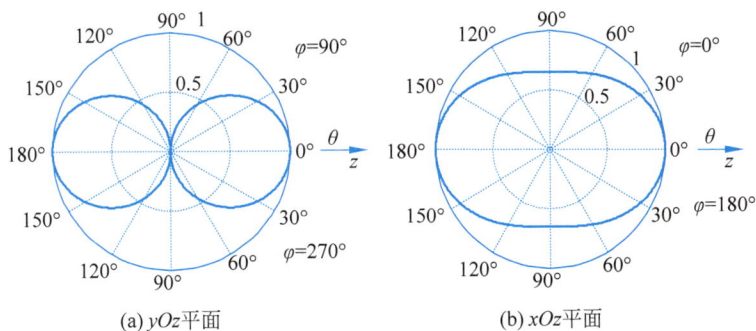

(a) yOz 平面　　　　　(b) xOz 平面

图 4.20　周长为一个波长的驻波电流环方向图

小电流环的方向图的最大辐射方向垂直于环的轴向,在环所在的平面内为全向辐射。

当周长为一个波长时,大环天线存在明显的谐振特性,输入阻抗约为 100Ω。若将两个共面的周长约为一个波长的大圆环并联可构成双环天线。双环天线具有结构简单、频带较宽等优点,因此在小型电视发射台中获得广泛应用。

本章小结

本章对驻波天线进行了分析。4.1 节为水平对称振子天线,介绍了架设于地面之上的主要用于短波通信的水平对称振子天线。4.2 节对具有广泛应用的引向天线进行了分析与设计。4.3 节介绍了一些常用的直立天线及其提高辐射能力的方法。4.4 节介绍了环天线,包括小环天线和电流为驻波分布的大环。

第 5 章

宽 带 天 线

　　前面讨论的天线都是谐振结构的,天线上的电流是驻波分布的,其阻抗特性和方向特性都会随频率的变化改变,因此它们的频带都很窄。但在某些通信中需要宽频带的天线。大约在一个倍频程($f_U/f_L=2$)内,天线的方向特性和阻抗特性没有显著变化的天线可称为宽带天线。下面对宽带天线进行介绍。

　　前面介绍了几种展宽天线频带的方法,下面对展宽天线频带的方法进行总结。

　　(1) 行波天线。由对对称振子的分析可知,由于对称振子上的电流为驻波分布,其阻抗频带很窄,限制了对称振子的频带宽度,因此如果能展宽对称振子的阻抗频宽,则可有效地展宽对称振子的频带宽度。根据传输线理论,如果在导线末端接匹配负载,则其上的电流分布为行波分布,输入阻抗就等于传输线的特性阻抗,不随频率改变,即具有宽频带阻抗特性。将天线上的电流按行波分布的天线称为行波天线。行波类型的天线一般具有较好的单向辐射特性、较高的方向系数、较宽的阻抗带宽特性,因此,行波天线的频带较宽。由于有部分能量被端接负载所吸收,故与谐振式驻波天线相比,行波天线的效率较低。

　　(2) 突出角度而不是长度。例如 5.2 节的螺旋天线,避免了固定的长度单元而产生了宽频带。5.3 节中的无限长双锥天线的结构只与角度有关,而与有限的长度无关,因而其辐射特性和阻抗特性都与频率无关,频带宽度为无限。实际中可通过使有限的长度效应最小化和角度依赖性最大化来设计非频变天线。

　　(3) 粗导体。增加谐振式天线如振子天线的线径,可增加其阻抗带宽,因而可增加其频带宽度。

　　(4) 自补结构。自补特性也可导致非频变性能。自补结构是通过平移和(或)旋转手段精确覆盖其互补结构的结构。由于天线的输入阻抗 Z_{in} 和它的互补结构天线的输入阻抗 $Z_{in互补}$ 满足关系 $Z_{in} \cdot Z_{in互补} = \eta^2/4$,自补天线的输入阻抗和它的互补天线的输入阻抗相等,因此,自补天线的输入阻抗为 $Z_{in} = \eta/2$,与频率无关。在自由空间,$Z_{in} = \eta_0/2 = 60\pi = 188.5\Omega$,5.5 节介绍的等角螺旋天线就是自补天线的一个例子。

　　(5) 自比例结构。对于不同的频率,天线上有相对应的有效区(辐射区),对于不同频率,其有效区不同,但与电长度相关的结构不变。大部分辐射发生在天线的长度为半波长的对称振子上或周长为一个波长的圆环部分(有效作用区),如对数周期天线、平面螺旋天线等。

　　(6) 通过改变振子型天线的阻抗频宽来增大振子型天线的频带宽度,如套筒天线等。

　　下面对各种类型的宽频天线进行介绍。

5.1　行波单导线及菱形天线

5.1.1　行波单导线的辐射

如图 5.1 所示,行波单导线为天线上电流按行波分布的单导线天线。为了使导线上的电流按行波分布,需在导线始端接信号源,终端接匹配负载。实际的行波长线天线是架设在大地上方的,其方向和阻抗特性都会受到大地的影响。在这里为了便于分析,忽略大地的影响,分析其自由空间的特性。设一长度为 l 的导线沿 z 轴放置,其馈电点(导线的始端)置于坐标原点 O,馈点电流(导线始端的电流)为 I_0,若忽略沿线电流的

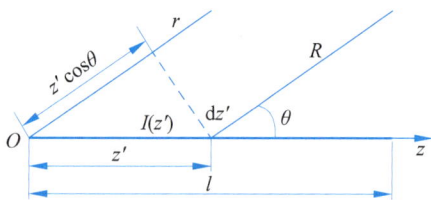

图 5.1　行波单导线

衰减,则线上电流可表示为

$$I(z') = I_0 e^{-jkz'} \tag{5-1}$$

应用电基本振子远区电场的计算公式(1-10),可得导线上 dz' 线元在空间所产生的远区辐射场为

$$dE_\theta = j\frac{I\,dz'}{4\pi R}\omega\mu\sin\theta e^{-jkR} = j\frac{I\,dz'}{2\lambda R}\eta\sin\theta e^{-jkR} \tag{5-2}$$

由远区场近似式(1-72)和式(1-73)可知,在分母中 $R \approx r$,在相位中 $R \approx r - r'(\boldsymbol{e}_r \cdot \boldsymbol{e}_{r'})$。由图 5.1 可知,$\boldsymbol{r}' = z'\boldsymbol{e}_z$,则 $R \approx r - z'(\boldsymbol{e}_r \cdot \boldsymbol{e}_z) = r - z'\cos\theta$,将以上近似代入式(5-2),可得远区场近似式为

$$dE_\theta = j\frac{I\,dz'}{2\lambda r}\eta\sin\theta e^{-jkr}e^{jkz'\cos\theta} = j\frac{I_0\,dz'}{2\lambda r}\eta\sin\theta e^{-jkr}e^{jkz'(\cos\theta-1)} \tag{5-3}$$

通过积分可得行波单导线的远区辐射场为

$$\boldsymbol{E} = E_\theta\boldsymbol{e}_\theta = j\frac{I_0}{2\lambda r}\eta\sin\theta e^{-jkr}\int_0^l e^{j(kz'\cos\theta-kz')}\,dz'$$

$$= j\frac{I_0}{2\pi r}\eta e^{-jkr}\frac{\sin\theta}{1-\cos\theta}\sin\left[\frac{kl}{2}(1-\cos\theta)\right]e^{-j\frac{kl}{2}(1-\cos\theta)}\boldsymbol{e}_\theta \tag{5-4}$$

式中,r 为原点至场点的距离;θ 为 z 轴与射线之间的夹角,$\eta = \sqrt{\dfrac{\mu}{\varepsilon}}$,对于自由空间 $\eta = \eta_0 = 120\pi$。

将式(1-16)$\boldsymbol{e}_\theta = \dfrac{\boldsymbol{e}_z \times \boldsymbol{e}_r \times \boldsymbol{e}_r}{\sin\theta}$ 和 $\cos\theta = \boldsymbol{e}_z \cdot \boldsymbol{e}_r$ 代入式(5-4),可得矢量表示的沿 z 方向放置的单导线的空间电场表达式为

$$\boldsymbol{E} = j\frac{I_0}{2\pi r}\eta e^{-jkr}\frac{1}{1-\boldsymbol{e}_z \cdot \boldsymbol{e}_r}\sin\left[\frac{kl}{2}(1-\boldsymbol{e}_z \cdot \boldsymbol{e}_r)\right]e^{-j\frac{kl}{2}(1-\boldsymbol{e}_z \cdot \boldsymbol{e}_r)}\boldsymbol{e}_z \times \boldsymbol{e}_r \times \boldsymbol{e}_r \tag{5-5}$$

当行波单导线沿 $\boldsymbol{e}_I$ 方向放置时,其上的电流沿 $\boldsymbol{e}_I$ 方向,则得其在空间产生的电场为

$$\boldsymbol{E} = j\frac{I_0}{2\pi r}\eta e^{-jkr}\frac{1}{1-\boldsymbol{e}_I \cdot \boldsymbol{e}_r}\sin\left[\frac{kl}{2}(1-\boldsymbol{e}_I \cdot \boldsymbol{e}_r)\right]e^{-j\frac{kl}{2}(1-\boldsymbol{e}_I \cdot \boldsymbol{e}_r)}\boldsymbol{e}_I \times \boldsymbol{e}_r \times \boldsymbol{e}_r$$

$$=j\frac{I_0 e^{-jkr}}{r}\frac{kl}{4\pi}\eta\frac{\sin M}{M}e^{-jM}\boldsymbol{e}_I\times\boldsymbol{e}_r\times\boldsymbol{e}_r$$

$$=\frac{I_0 e^{-jkr}}{r}N \tag{5-6}$$

式中,

$$M=\frac{kl}{2}(1-\boldsymbol{e}_I\cdot\boldsymbol{e}_r) \tag{5-7}$$

$$N=j\frac{kl}{4\pi}\eta\frac{\sin M}{M}e^{-jM}\boldsymbol{e}_I\times\boldsymbol{e}_r\times\boldsymbol{e}_r \tag{5-8}$$

若此线天线的始端位于 r' 处,则式(5-6)中的 r 必须换为 R。R 为矢量 $\boldsymbol{R}=\boldsymbol{r}-\boldsymbol{r}'$ 的模值。由远区近似公式(1-72)和式(1-73),可得式(5-6)的电场的远区近似式为

$$\boldsymbol{E}=j\frac{I_0}{2\pi r}\eta e^{-jkr}e^{jkr'\cdot e_r}\frac{1}{1-\boldsymbol{e}_I\cdot\boldsymbol{e}_r}\sin\left[\frac{kl}{2}(1-\boldsymbol{e}_I\cdot\boldsymbol{e}_r)\right]e^{-j\frac{kl}{2}(1-\boldsymbol{e}_I\cdot\boldsymbol{e}_r)}\boldsymbol{e}_I\times\boldsymbol{e}_r\times\boldsymbol{e}_r$$

$$=j\frac{I_0 e^{-jkr}}{r}e^{jkr'\cdot e_r}\frac{kl}{4\pi}\eta\frac{\sin M}{M}e^{-jM}\boldsymbol{e}_I\times\boldsymbol{e}_r\times\boldsymbol{e}_r$$

$$=\frac{I_0 e^{-jkr}}{r}e^{jkr'\cdot e_r}N \tag{5-9}$$

由式(5-7)和式(5-8)可以看出,M 和 N 只与导线上电流的参考方向和导线的长度有关,与空间场点到天线的距离 r 和电流在导线始端的值 I_0 无关。由式(5-9)可以求得始端位于任意位置,沿任意方向放置的行波单导线天线在空间的辐射场。

由式(5-4)和场强方向函数的定义式(1-109)可得出沿 z 轴放置的自由空间行波单导线的方向函数为

$$f(\theta,\varphi)=\frac{\sin\theta}{1-\cos\theta}\sin\left[\frac{kl}{2}(1-\cos\theta)\right] \tag{5-10}$$

式中,$\sin\theta$ 为基本元的方向性,其余部分可视为阵因子,因此可以将行波单导线看成是由基本元构成的直线式连续元天线阵。当 l/λ 很大时,方向函数中的 $\sin\left[\frac{kl}{2}(1-\cos\theta)\right]$ 项随 θ 的变化比 $\frac{\sin\theta}{1-\cos\theta}=\cot\frac{\theta}{2}$ 项快得多,因此行波单导线的最大辐射方向可由前一个因子决定,即由

$$\sin\left[\frac{kl}{2}(1-\cos\theta)\right]\Big|_{\theta=\theta_m}=1 \tag{5-11}$$

决定,由式(5-11)可得最大辐射角为

$$\theta_m=\arccos\left(1-\frac{\lambda}{2l}\right) \tag{5-12}$$

由式(5-12)可以看出,随着行波单导线电长度的增大,θ_m 越小,最大方向越靠近行波单导线轴线的方向。

图 5.2 为当 l 分别等于 λ、1.5λ 和 3λ 时 E 面的归一化方向图。由图 5.2 可以看出,沿轴线方向辐射恒为零;l/λ 越大,θ_m 越小,主瓣最大值越贴近导线轴方向,主瓣变窄,副瓣数目增多,副瓣电平变大;当 l/λ 很大时,θ_m 随 l/λ 的变化很小,因此天线方向图的带宽越宽。

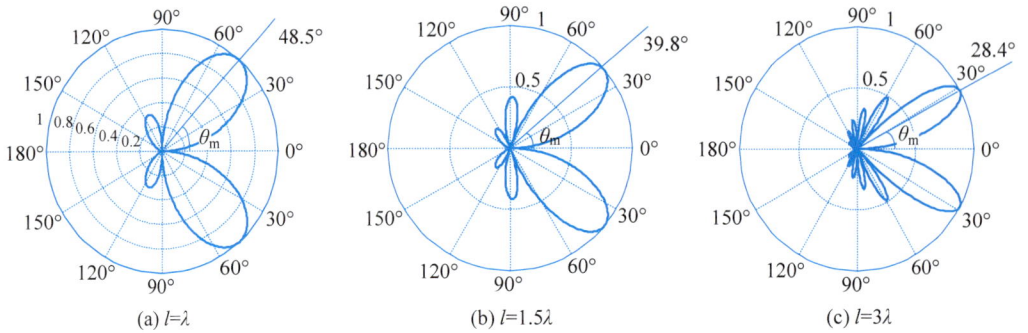

(a) $l=\lambda$ (b) $l=1.5\lambda$ (c) $l=3\lambda$

图 5.2　行波单导线方向图

由式(5-4)可以得出行波线天线的在空间所产生的坡印廷矢量为

$$\boldsymbol{S} = \frac{1}{2}\boldsymbol{E} \times \boldsymbol{H}^* = \frac{|\boldsymbol{E}|^2}{2\eta} = \eta \frac{I_0^2}{8\pi^2 r^2} \frac{\sin^2\theta}{(1-\cos\theta)^2} \sin^2\left[\frac{kl}{2}(1-\cos\theta)\right]\boldsymbol{e}_z$$

$$= \eta \frac{I_0^2}{8\pi^2 r^2}\cot^2\left(\frac{\theta}{2}\right)\sin^2\left[\frac{kl}{2}(1-\cos\theta)\right]\boldsymbol{e}_z \tag{5-13}$$

行波线天线辐射到远区的功率为

$$P_r = \int_s \boldsymbol{S} \cdot \mathrm{d}\boldsymbol{s} = \int_0^{2\pi}\int_0^\pi \eta \frac{I_0^2}{8\pi^2 r^2} \frac{\sin^2\theta}{(1-\cos\theta)^2}\sin^2\left[\frac{kl}{2}(1-\cos\theta)\right]r^2\sin\theta\mathrm{d}\theta\mathrm{d}\varphi$$

$$= \eta \frac{I_0^2}{4\pi}\left[1.415 + \ln\left(\frac{kl}{\pi}\right) - \mathrm{Ci}(2kl) + \frac{\sin(2kl)}{2kl}\right] \tag{5-14}$$

式中,$\mathrm{Ci}(x)$ 为 x 的余弦积分,

$$\mathrm{Ci}(x) = -\int_x^\infty \frac{\cos u}{u}\mathrm{d}u$$

行波单导线的辐射电阻 R_r 为

$$R_r = \frac{2P_r}{|I_0|^2} = \frac{\eta}{2\pi}\left[1.415 + \ln\left(\frac{kl}{\pi}\right) - \mathrm{Ci}(2kl) + \frac{\sin(2kl)}{2kl}\right] \tag{5-15}$$

利用式(5-10)可得天线的方向函数的最大值 f_m,并将 f_m 和式(5-15)代入式(1-153),可得行波单导线的方向系数的计算公式为

$$D = \frac{120 f_m^2}{R_r} = \frac{2\cot^2\left[\dfrac{1}{2}\arccos\left(1-\dfrac{0.371\lambda}{l}\right)\right]}{1.415 + \ln\left(\dfrac{2l}{\lambda}\right) - \mathrm{Ci}(2kl) + \dfrac{\sin(2kl)}{2kl}} \tag{5-16}$$

图 5.3 为行波单导线辐射电阻 R_r 与 l/λ 的关系曲线,图 5.4 为行波单导线方向系数 D 与 l/λ 的关系曲线。由图 5.3 和图 5.4 可以看出,随着行波单导线电长度的增加,它的辐射电阻和方向系数都在增大,但增大到一定程度后增加的速度减缓。

由于线上电流为行波分布,输入阻抗等于行波单导线的特性阻抗,且由于损耗很小,其特性阻抗近似为实数,因此,行波单导线的输入阻抗几乎是纯电阻,其阻抗带宽较宽。长的行波单导线的辐射电阻在 $200\sim300\Omega$ 范围内。

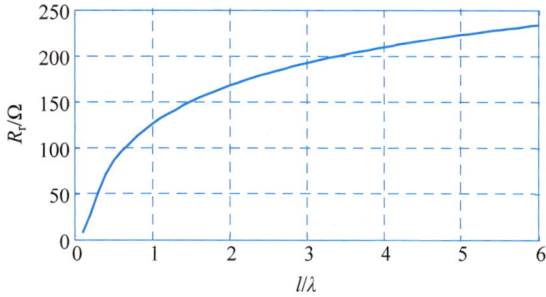

图 5.3　行波单导线辐射电阻 R_r 与 l/λ 的关系曲线

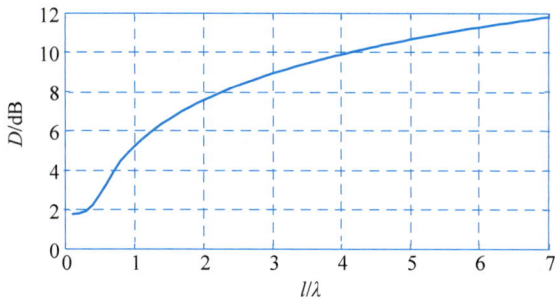

图 5.4　行波单导线方向系数 D 与 l/λ 关系曲线

5.1.2　菱形天线

为了提高天线的方向性,可用 4 根行波单导线构成如图 5.5 所示的菱形天线。菱形天线也可以看成是将一段匹配传输线从中间拉开,由于两线之间的距离大于波长,因而将产生辐射。天线的一个锐角处接馈线,另一锐角接阻值等于天线特性阻抗的负载。在用作接收天线或小功率发射天线时,可用无感的线绕电阻作负载,当用作大功率发射天线时,则要用有耗的传输线作为吸收负载。菱形的各边通常使用 2 或 3 根导线并在钝角处分开一定距离,使天线导线的等效直径增加,增大分布电容以减小天线各对应线段的特性阻抗的变化。菱形天线的最大辐射方向在通过两锐角顶点的垂直平面内指向负载端的方向上。

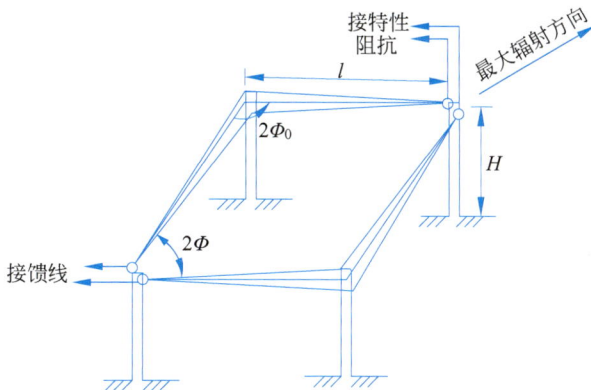

图 5.5　菱形天线的结构

参见图 5.6,若令 $\Phi=\theta_m$,这里 Φ 为菱形的半锐角,θ_m 由式(5-12)确定,为单导线最大辐射方向和导线轴间的夹角。这样 1～4 共 4 根行波导线各有一主瓣指向菱形的长对角线方向。下面分析一下这 4 个瓣在最大辐射方向上辐射场的相位差。如图 5.6(b)所示,1、3 两行波导线的对应元 Δl_1 与 Δl_3 在长对角线方向场点产生的场的总相位差为

$$\psi=\psi_3-\psi_1=\psi_i+\psi_r+\psi_p \tag{5-17}$$

式中,ψ_i 为 Δl_3 和 Δl_1 两线元的电流相位差,由图 5.6(b)可见,$\psi_i=-kl$;ψ_r 为射线行程差所产生的相位差,$\psi_r=kl\cos\theta_m$;ψ_p 为场的极化相位差,场的极化方向在 θ 增加方向上,由图 5.6(b)可直观地看出 $\psi_p=\pi$。将这些关系代入式(5-17),可得出 Δl_3 在对角线上产生的场与 Δl_1 在同一点产生的场的相位差为

$$\psi=-kl+kl\cos\theta_m+\pi \tag{5-18}$$

将式(5-12)代入式(5-18),得 $\psi=0$,即在长对角线方向上导线 1、3 的辐射场是同相的;同理,导线 2、4 的辐射场也是同相的。

如图 5.6(c)所示,两行波单导线 1、2 的对应段 Δl_1 与 Δl_2 在长对角线方向场点产生的场的总相位差为

$$\psi=\psi_2-\psi_1=\psi_i+\psi_r+\psi_p \tag{5-19}$$

式中,ψ_i 为 Δl_2 和 Δl_1 两线元的电流相位差,由于两导线电流反相,$\psi_i=\pi$;ψ_r 为射线行程差所产生的相位差,由于两线元到远区 x 方向空间场点行程相同,所以 $\psi_r=0$;ψ_p 为场的极化相位差,并由图 5.6(c)可直观地看出 $\psi_p=\pi$。将这些关系代入式(5-19),可得出 Δl_2 在对角线上产生的场与 Δl_1 在同一点产生的场的相位差为

$$\psi=\pi+0+\pi=2\pi \tag{5-20}$$

即在中心线方向上导线 1、2 的辐射场是同相的。所以,4 根导线在长对角线方向辐射场的相位差均为 0。

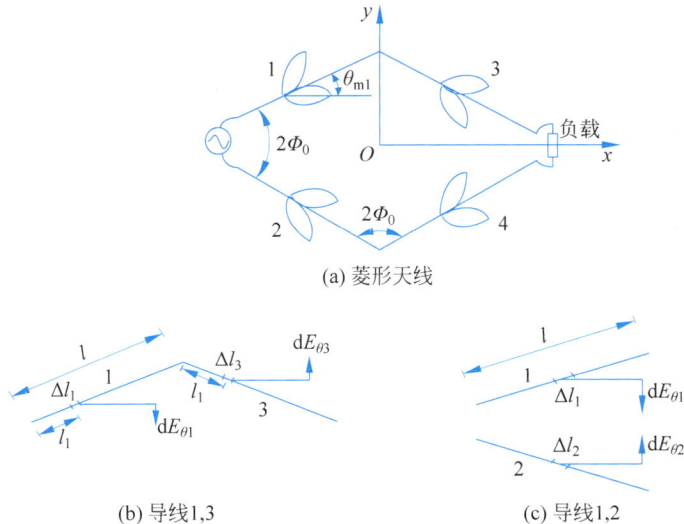

(a) 菱形天线

(b) 导线1,3 (c) 导线1,2

图 5.6 菱形天线的工作原理

因此,构成菱形天线四边导线的辐射场在长对角线方向上同相叠加,即菱形天线在水平平面内的最大辐射方向是从馈点指向负载的长对角线方向。

菱形天线的辐射场可通过叠加原理和天线阵的理论求出,首先不考虑大地的影响,将菱形天线的辐射场用 4 个行波单导线的场的叠加得到;然后再考虑大地的影响,将大地当作理想地面,用二元阵的方法求得菱形天线在大地以上空间的辐射场。

对于如图 5.6 所示的菱形天线,其辐射电场为导线 1、导线 2、导线 3 和导线 4 的辐射电场之和。可得菱形天线的辐射电场为

$$
\boldsymbol{E} = \frac{2}{\pi} \eta \frac{I_{01} \mathrm{e}^{-\mathrm{j}kr}}{r} \mathrm{e}^{-\mathrm{j}kl(1-\sin\theta\cos\Phi\cos\varphi)} \frac{\sin\left\{\frac{kl}{2}[1-\sin\theta\cos(\Phi-\varphi)]\right\}}{1-\sin\theta\cos(\Phi-\varphi)} \frac{\sin\left\{\frac{kl}{2}[1-\sin\theta\cos(\Phi+\varphi)]\right\}}{1-\sin\theta\cos(\Phi+\varphi)} \times
$$
$$
[\cos\theta\sin\Phi\sin\varphi\boldsymbol{e}_{\theta} + \sin\Phi(\cos\varphi - \sin\theta\cos\Phi)\boldsymbol{e}_{\varphi}] \tag{5-21}
$$

对于自由空间,$\eta = \eta_0 = 120\pi$,则式(5-21)可写为

$$
\boldsymbol{E} = 240 \frac{I_{01} \mathrm{e}^{-\mathrm{j}kr}}{r} \mathrm{e}^{-\mathrm{j}kl(1-\sin\theta\cos\Phi\cos\varphi)} \frac{\sin\left\{\frac{kl}{2}[1-\sin\theta\cos(\Phi-\varphi)]\right\}}{1-\sin\theta\cos(\Phi-\varphi)} \frac{\sin\left\{\frac{kl}{2}[1-\sin\theta\cos(\Phi+\varphi)]\right\}}{1-\sin\theta\cos(\Phi+\varphi)} \times
$$
$$
[\cos\theta\sin\Phi\sin\varphi\boldsymbol{e}_{\theta} + \sin\Phi(\cos\varphi - \sin\theta\cos\Phi)\boldsymbol{e}_{\varphi}] \tag{5-22}
$$

对于 $\theta = 90°$ 的平面,将 $\theta = 90°$ 代入式(5-22),可得在此平面内的电场只有 $\boldsymbol{e}_{\varphi}$ 分量,其表达式为

$$
\boldsymbol{E}(\theta = 90°) = 240 \frac{I_{01} \mathrm{e}^{-\mathrm{j}kr}}{r} \mathrm{e}^{-\mathrm{j}kl(1-\cos\Phi\cos\varphi)} \frac{\sin\left\{\frac{kl}{2}[1-\sin\theta\cos(\Phi-\varphi)]\right\}}{1-\sin\theta\cos(\Phi-\varphi)} \times
$$
$$
\frac{\sin\left\{\frac{kl}{2}[1-\sin\theta\cos(\Phi+\varphi)]\right\}}{1-\sin\theta\cos(\Phi+\varphi)} \sin\Phi(\cos\varphi - \cos\Phi)\boldsymbol{e}_{\varphi} \tag{5-23}
$$

对于 $\varphi = 0°$ 的平面,将 $\varphi = 0°$ 代入式(5-22),可得在此平面内的电场也只有 $\boldsymbol{e}_{\varphi}$ 分量,其电场的表达式为

$$
\boldsymbol{E}(\varphi = 0°) = 240 \frac{I_{01} \mathrm{e}^{-\mathrm{j}kr}}{r} \mathrm{e}^{-\mathrm{j}kl(1-\sin\theta\cos\Phi)} \frac{\sin^2\left[\frac{kl}{2}(1-\sin\theta\cos\Phi)\right]}{1-\sin\theta\cos\Phi} \sin\Phi\boldsymbol{e}_{\varphi} \tag{5-24}
$$

由式(5-23)和式(5-24)可以看出,在通过最大方向的两个主平面内,电场只有水平极化的 $\boldsymbol{e}_{\varphi}$ 分量,没有垂直极化的 $\boldsymbol{e}_{\theta}$ 分量,菱形天线在最大辐射方向上只辐射水平极化波,因此为水平极化天线。但在其他方向,除辐射水平极化波外,还辐射垂直极化波。

由式(5-22)可得菱形天线的辐射电场的模值为

$$
|\boldsymbol{E}| = 240 \frac{I_{01}}{r} \frac{\sin\left\{\frac{kl}{2}[1-\sin\theta\cos(\Phi-\varphi)]\right\}}{1-\sin\theta\cos(\Phi-\varphi)} \frac{\sin\left\{\frac{kl}{2}[1-\sin\theta\cos(\Phi+\varphi)]\right\}}{1-\sin\theta\cos(\Phi+\varphi)} \times
$$
$$
\sqrt{\cos^2\theta\sin^2\Phi\sin^2\varphi + \sin^2\Phi(\cos\varphi - \sin\theta\cos\Phi)^2} \tag{5-25}
$$

由天线场强方向函数的定义式(1-109)和式(5-25)可得菱形天线的场强方向函数为

$$
f(\theta,\varphi) = 4 \frac{\sin\left\{\frac{kl}{2}[1-\sin\theta\cos(\Phi-\varphi)]\right\}}{1-\sin\theta\cos(\Phi-\varphi)} \frac{\sin\left\{\frac{kl}{2}[1-\sin\theta\cos(\Phi+\varphi)]\right\}}{1-\sin\theta\cos(\Phi+\varphi)} \times
$$
$$
\sqrt{\cos^2\theta\sin^2\Phi\sin^2\varphi + \sin^2\Phi(\cos\varphi - \sin\theta\cos\Phi)^2} \tag{5-26}
$$

由式(5-26)可得,$\theta = 90°$ 平面内的场强方向函数为

$$f(\theta = 90°, \varphi) = 4 \frac{\sin\left\{\dfrac{kl}{2}[1 - \cos(\Phi - \varphi)]\right\}}{1 - \cos(\Phi - \varphi)} \frac{\sin\left\{\dfrac{kl}{2}[1 - \cos(\Phi + \varphi)]\right\}}{1 - \cos(\Phi + \varphi)} \sin\Phi(\cos\varphi - \cos\Phi)$$

$$(5\text{-}27)$$

由式(5-26)可得，$\varphi = 0°$平面内的方向函数为

$$f(\theta, \varphi = 0°) = 4 \frac{\sin^2\left\{\dfrac{kl}{2}[1 - \sin\theta\cos\Phi]\right\}}{1 - \sin\theta\cos\Phi} \sin\Phi \qquad (5\text{-}28)$$

在$\theta = 90°, \varphi = 0°$方向上，有

$$f(\theta, \varphi) = 4 \frac{\sin^2\left[\dfrac{kl}{2}(1 - \cos\Phi)\right]}{1 - \cos\Phi} \sin\Phi \qquad (5\text{-}29)$$

当菱形天线的几何尺寸为 $\Phi_0 = 61°$（即 $\Phi = 29°$），$l/\lambda = 4$ 时的方向图如图 5.7 所示，其中，图(a)为垂直面(xOz)随 θ 变化的方向图；图(b)为水平面(xOy)随方位角 φ 变化的方向图。

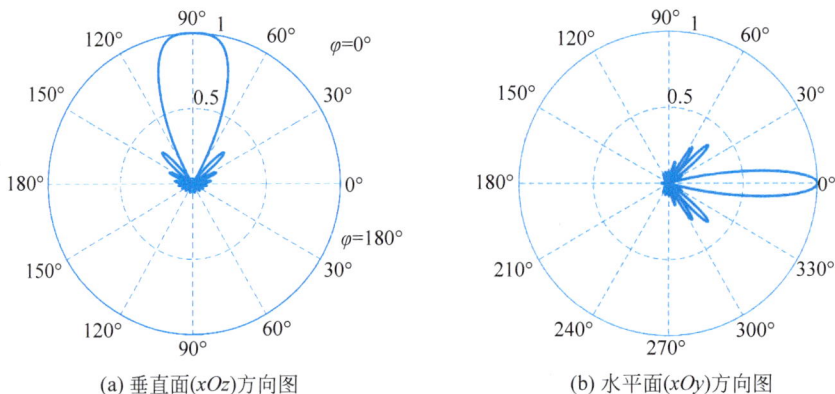

(a) 垂直面(xOz)方向图   (b) 水平面(xOy)方向图

图 5.7　菱形天线的方向图

由图 5.7 可以看出，自由空间的菱形天线的最大辐射方向为其锐角的对角线的方向（x 方向）。

由于菱形天线各边的自辐射电阻要比相邻各边的互辐射电阻大得多，故工程上近似认为菱形天线的总辐射电阻等于各边的自辐射电阻之和，即

$$R_r \approx 4R_{rl} \qquad (5\text{-}30)$$

式中，R_{rl} 是边长为 l 的行波单导线的辐射电阻，将式(5-15)代入式(5-30)，可得菱形天线的辐射电阻的计算公式为

$$R_r \approx \frac{2\eta}{\pi}\left[1.415 + \ln\left(\frac{kl}{\pi}\right) - \mathrm{Ci}(2kl) + \frac{\sin(2kl)}{2kl}\right] \qquad (5\text{-}31)$$

对于自由空间，$\eta = \eta_0 = 120\pi$，将其代入式(5-31)可得

$$R_r \approx 240\left[1.415 + \ln\left(\frac{kl}{\pi}\right) - \mathrm{Ci}(2kl) + \frac{\sin(2kl)}{2kl}\right] \qquad (5\text{-}32)$$

当工作频率变化时，由于 l/λ 较大，θ_m 基本上没有多大变化，故自由空间菱形天线的方向图频带是很宽的。

实际的菱形天线一般是架设在地面上的,考虑大地的影响,可利用式(3-86)计算菱形天线的空间辐射电场为

$$\boldsymbol{E}_1 = E_\theta(\mathrm{e}^{\mathrm{j}kH\sin\Delta} + R_\mathrm{v}\mathrm{e}^{-\mathrm{j}kH\sin\Delta})\boldsymbol{e}_\theta + E_\varphi(\mathrm{e}^{\mathrm{j}kH\sin\Delta} + R_\mathrm{h}\mathrm{e}^{-\mathrm{j}kH\sin\Delta})\boldsymbol{e}_\varphi \qquad (5\text{-}33)$$

式中,E_θ 和 E_φ 为式(5-22)中所表示的位于坐标原点的自由空间菱形天线辐射电场的 θ 和 φ 分量。$\boldsymbol{E}_1$ 为考虑大地时在上半空间的辐射场,H 为菱形天线的高度。

由于计算的是远区的辐射场,当通信距离较远时,到达接收天线的入射波的入射角 Δ 很小,由反射系数的计算公式(3-81)和式(3-82)可以看出,当 Δ 很小时,垂直极化波的反射系数 R_v 和水平极化波的反射系数 R_h 均接近于-1,因此,常将大地近似为理想导体,将大地的反射系数近似为-1。将 $R_\mathrm{v}=-1$ 和 $R_\mathrm{h}=-1$ 代入式(5-33),可得理想导电大地上方菱形天线的辐射电场为

$$\boldsymbol{E} = 2\mathrm{j}(E_\theta\boldsymbol{e}_\theta + E_\varphi\boldsymbol{e}_\varphi)\sin(kH\sin\Delta) \qquad (5\text{-}34)$$

理想导电地面上菱形天线的方向函数为

$$f(\theta,\varphi) = 8\, \frac{\sin\left\{\dfrac{kl}{2}\left[1 - \sin\theta\cos(\Phi-\varphi)\right]\right\}}{1 - \sin\theta\cos(\Phi-\varphi)}\, \frac{\sin\left\{\dfrac{kl}{2}\left[1 - \sin\theta\cos(\Phi+\varphi)\right]\right\}}{1 - \sin\theta\cos(\Phi+\varphi)} \times$$

$$\sqrt{\cos^2\theta\sin^2\Phi\sin^2\varphi + \sin^2\Phi(\cos\varphi - \sin\theta\cos\Phi)^2}\,\sin(kH\sin\Delta) \qquad (5\text{-}35)$$

由式(5-35)可得,理想导电地面上菱形天线在 $\theta=90°(\Delta=0°)$ 平面内的方向函数为 0,即在水平方向辐射为 0。

由式(5-35)可得,$\varphi=0°$ 的平面内的方向函数为

$$f(\theta,\varphi) = 8\, \frac{\left[\sin^2\dfrac{kl}{2}(1-\sin\theta\cos\Phi)\right]}{1-\sin\theta\cos\Phi}\sin\Phi\sin(kH\sin\Delta)$$

$$= 8\, \frac{\sin^2\left[\dfrac{kl}{2}(1-\cos\Delta\cos\Phi)\right]}{1-\cos\Delta\cos\Phi}\sin\Phi\sin(kH\sin\Delta) \qquad (5\text{-}36)$$

式中,应用了仰角 Δ 与 θ 之间的关系 $\theta=90°-\Delta$。

当菱形天线的几何尺寸为 $\Phi_0=65°$(即 $\Phi=25°$),$l/\lambda=4$,离地高度为 $H/\lambda=1$ 时,在 $\varphi=0°$ 的垂直面(xOz)内随仰角 Δ 变化的方向图如图 5.8 所示。

实际天线是架设在地面上的,其在垂直平面上的最大辐射方向的仰角是和架设电高度 H/λ 直接相关的,频率的改变将引起垂直平面方向图的变化,这限制了天线的方向图带宽,一般仅能做到 2:1 或 3:1。菱形天线的输入阻抗带宽通常可达到 5:1。常用的单菱形天线

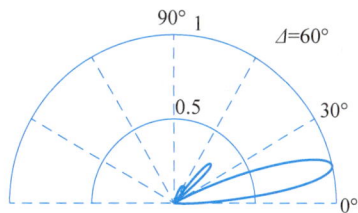

图 5.8 架在理想地面上的菱形天线垂直面的方向图

的增益系数可达 100 左右,工作波段覆盖系数为 2~2.5 倍,天线的特性阻抗为 700~800Ω。菱形天线主要应用于中、远距离的短波通信中,它在米波和分米波段也有应用。这一天线的主要优点是结构简单、造价低、方向性强、带宽宽;主要缺点是效率较低,一般为 50%~80%,副瓣电平高,占地面积大。

5.2 螺旋天线

5.2.1 螺旋天线的基本构成

螺旋天线是由金属导体(导线或管材)做成的螺旋状的天线。它通常用同轴电缆馈电,

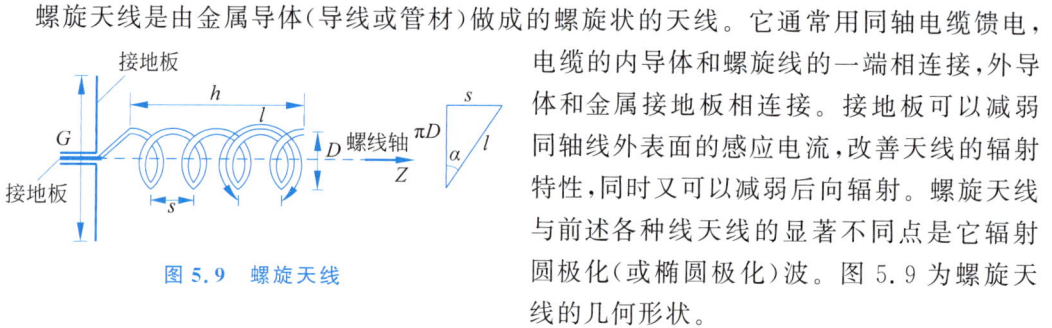

图 5.9 螺旋天线

电缆的内导体和螺旋线的一端相连接,外导体和金属接地板相连接。接地板可以减弱同轴线外表面的感应电流,改善天线的辐射特性,同时又可以减弱后向辐射。螺旋天线与前述各种线天线的显著不同点是它辐射圆极化(或椭圆极化)波。图 5.9 为螺旋天线的几何形状。

在图 5.9 中,D 为螺旋的直径;

s 为螺距,即每圈之间的距离;

α 为螺距角,$\alpha = \arctan\left(\dfrac{s}{\pi D}\right)$;

l 为螺旋一圈的周长,$l = \sqrt{(\pi D)^2 + s^2} = \dfrac{s}{\sin\alpha}$;

N 为圈数;

h 为螺旋的轴长,$h = Ns$;

G 为接地板的直径。

螺旋天线的特性取决于螺旋直径与波长的比值 D/λ。随着 D/λ 值由小变大,螺旋天线的最大辐射方向将发生显著的变化。当螺旋直径很小,$D/\lambda < 0.18$ 时,螺旋天线在垂直于螺旋轴线的平面内有最大辐射,并且在这个平面上得到圆形对称的方向图,如图 5.10(a)所示,类似于电流元的方向图,具有这种辐射特性的螺旋天线称为边射型或法向模螺旋天线。当 $D/\lambda = 0.25 \sim 0.46$ 时,螺旋天线在其轴线的一个方向上有最大辐射,如图 5.10(b)所示,这种螺旋天线称之为端射型或轴向模螺旋天线。当比值 $D/\lambda > 0.46$ 时,会获得圆锥形的方向图,如图 5.10(c)所示。

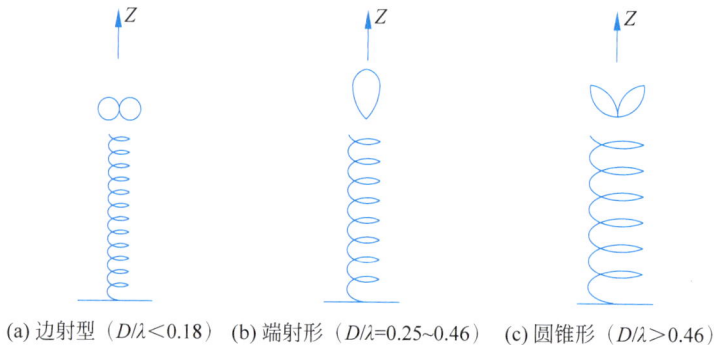

(a) 边射型 ($D/\lambda < 0.18$)　(b) 端射形 ($D/\lambda = 0.25 \sim 0.46$)　(c) 圆锥形 ($D/\lambda > 0.46$)

图 5.10 螺旋天线的 3 种辐射状态

下面分析螺旋天线的两种有实用意义的典型情况。

5.2.2　法向模螺旋天线

法向模螺旋天线广泛应用于短波及超短波的各类小型电台中。法向模螺旋天线的结构如图 5.10(a)所示,螺旋线是空心的或绕在低耗的介质棒上,圈的直径可以是相等的,也可以随高度逐渐变小,圈间的距离可以是等距的或变距的。它实际上是一分布式的加载天线,在整个天线中作电感性加载。

可以将法向模螺旋天线看成是由 N 个合成单元组成,每一个单元又由一个小环和一电基本振子构成。由于环的直径很小,因此合成单元上的电流可以认为是等幅同相的,如图 5.11 所示。

由式(1-35)可知,自由空间小环产生的远区电场只有 E_φ 分量,即

$$E_\varphi = \frac{120\pi^2 AI}{\lambda^2 r}\sin\theta e^{-jkr} \tag{5-37}$$

图 5.11　法向模螺旋天线一圈的等效示意图

式中,$A = \pi D^2/4$ 为小环的面积。自由空间电基本振子的远区电场由式(1-15)可知只有 E_θ 分量,即

$$E_\theta = j\frac{60\pi s I}{\lambda r}\sin\theta e^{-jkr} \tag{5-38}$$

式中,s 为螺距,也为电基本振子的长度。因此单个合成单元在空间所产生的电场为式(5-37)与式(5-38)之和。由式(5-37)和式(5-38)可知,E_φ 和 E_θ 在相位上差 $90°$,在空间上正交,其合成电场将为椭圆极化波。电场分量比为

$$\left|\frac{E_\theta}{E_\varphi}\right| = \frac{s\lambda}{2\pi A} = \frac{2s\lambda}{(\pi D)^2} \tag{5-39}$$

当 $\left|\dfrac{E_\theta}{E_\varphi}\right|$ 大于 1 时,等于极化椭圆的轴比;当 $\left|\dfrac{E_\theta}{E_\varphi}\right|$ 小于 1 时,等于极化椭圆轴比的倒数;当 $\left|\dfrac{E_\theta}{E_\varphi}\right|$ 等于 0 时(同时 $s=0$),相当于环水平极化;当 $\left|\dfrac{E_\theta}{E_\varphi}\right|$ 等于 ∞ 时(同时 $D=0$),相当于偶极子垂直极化;当 $\left|\dfrac{E_\theta}{E_\varphi}\right|$ 等于 1 时,就是圆极化。此时,由式(5-39)得

$$D = \frac{1}{\pi}\sqrt{2s\lambda} \tag{5-40}$$

沿螺旋线的轴线方向的电流分布接近正弦分布。设每单位轴长的圈数为 N_1,$N_1 = 1/s = N/h$。当 $N_1 D^2/\lambda \leqslant 0.2$ 时,螺旋线上电流的导波波长为

$$\lambda_g = \frac{\lambda}{\sqrt{1 + 20(N_1 D)^{2.5}\left(\dfrac{D}{\lambda}\right)^{\frac{1}{2}}}} \tag{5-41}$$

式中,λ 为自由空间波长,$\lambda_g < \lambda$。这样可确定法向模螺旋天线的轴向长度 h 为

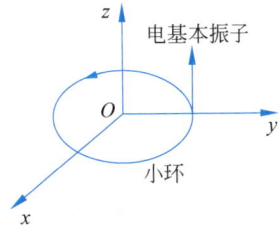

$$h = \frac{\lambda_g}{4} = \frac{\lambda}{4\sqrt{1 + 20(N_1 D)^{2.5}\left(\dfrac{D}{\lambda}\right)^{\frac{1}{2}}}} \tag{5-42}$$

这时天线工作在自谐振状态,输入阻抗为纯电阻。

5.2.3　轴向模螺旋天线

如图 5.10(b)所示,轴向模螺旋天线的结构沿轴线方向有最大辐射,辐射场是圆极化波,天线导线上的电流按行波分布,因此其输入阻抗等于线的特性阻抗并近似为纯电阻,具有宽频带特性。其增益为 15dB 左右,螺旋一圈的周长接近一个波长,并比螺距要大得多,因而可近似认为它是单纯由 n 个平面圆环组成的天线阵。

采用如图 5.12 所示的坐标系,先研究单个平面圆环的辐射特性。为方便起见,假设一圈的周长等于一个波长,则 N 圈的螺旋天线的总长度就等于 $N\lambda$。沿线电流不断向空间辐射,到达螺旋终端时能量就很少了,终端反射也很少,可以认为沿线传输的是行波电流。假设在某一瞬间 t_1 时圆环上的电流分布如图 5.13(a)所示,其中,图 5.13(b)是将圆环展成直线后的瞬时电流分布。

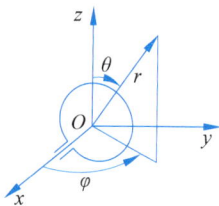

图 5.12　单个平面圆环

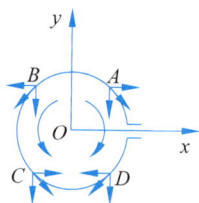

(a) 圆环上的电流分布　　(b) 圆环展开后的电流分布

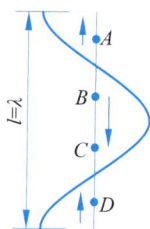

图 5.13　t_1 时刻环天线上的电流分布

在平面圆环上,对称于 x 轴和 y 轴分布的 A、B、C、D 四点的电流都有 x 分量和 y 分量。由图 5.13(a)可知,

$$\begin{cases} I_{xA} = -I_{xB} \\ I_{xC} = -I_{xD} \end{cases} \tag{5-43}$$

式(5-43)对于任何两个对称于 y 轴的点都是正确的。因此在 t_1 时刻,对轴向辐射有贡献的只是 I_y 分量,且它们是同相叠加,其辐射只有 E_y 分量。

由于线上载有行波,线上的电流分布将随时间而沿线移动。现在来看另一时刻 t_2,且 $t_2 = t_1 + \dfrac{T}{4}$(T 为周期),此时电流分布如图 5.14 所示。图 5.14 中对称点 A、B、C、D 上的电流发生了变化:

$$\begin{cases} I_{yA} = -I_{yB} \\ I_{yC} = -I_{yD} \end{cases} \tag{5-44}$$

同理,此时电流的 y 分量被抵消而 x 分量都是同相的,所以轴向辐射场只有 E_x 分量。这就说明经过时间 $\dfrac{T}{4}$ 后,轴向辐射的电场矢量在空间旋转了 90°。同理,若经过一个周期,

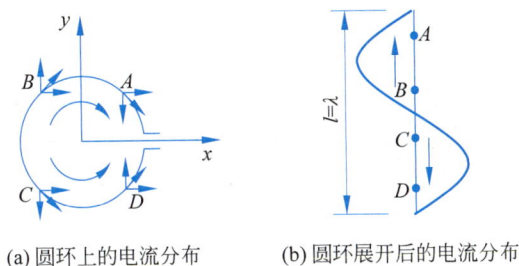

(a) 圆环上的电流分布 (b) 圆环展开后的电流分布

图 5.14 t_2 时刻环天线上的电流

电场矢量将要旋转 360°。由此可见,当平面环一圈周长 $l=\lambda$,且线上载有行波时,在轴向将形成一个随时间不断旋转的圆极化场。在包含 z 轴的平面内,方向函数近似为 $\cos\theta$。

把轴向模螺旋天线看成是由 N 个平面圆环组成的天线阵,则它的总方向图为单个圆环的方向图与其阵因子的乘积。其阵因子与 N 单元直线阵相似。

$$f(\psi) = \frac{\sin\dfrac{N\psi}{2}}{N\sin\dfrac{\psi}{2}} \tag{5-45}$$

式中,$\psi = ks\cos\theta + \alpha_1$,$s$ 和 α_1 分别是相邻两圈间的距离和电流的相位差。

轴向模螺旋天线的理论设计相当复杂。实际工程计算中常常按照给定的方向系数或主瓣宽度,使用由大量测试归纳得到的经验公式。在满足螺距角 $\alpha = 12° \sim 16°$,圈数 $N > 3$,圈长 $l = \left(\dfrac{3}{4} \sim \dfrac{4}{3}\right)\lambda$ 的条件时,该天线的主要特性由下列经验公式给出:

(1) 天线的增益和方向系数

$$G \approx D = 15\left(\frac{l}{\lambda}\right)^2 \frac{Ns}{\lambda} \tag{5-46}$$

(2) 方向图的半功率张角(主瓣宽度)

$$2\theta_{0.5} = \frac{52}{\dfrac{l}{\lambda}\sqrt{\dfrac{Ns}{\lambda}}} \; (°) \tag{5-47}$$

(3) 方向图零功率张角(主瓣两侧零点间的宽度)

$$2\theta_0 = \frac{115}{\dfrac{l}{\lambda}\sqrt{\dfrac{Ns}{\lambda}}} \; (°) \tag{5-48}$$

(4) 输入阻抗

$$Z_{in} \approx R_{in} \approx 140\frac{l}{\lambda} \; (\Omega) \tag{5-49}$$

(5) 极化椭圆的轴比为

$$|AR| = \frac{2N+1}{2N} \tag{5-50}$$

由于螺旋天线在 $l = \left(\dfrac{3}{4} \sim \dfrac{4}{3}\right)\lambda$ 的范围内保持端射方向图,轴向辐射接近圆极化,因而

螺旋天线的绝对带宽可达

$$\frac{f_{\max}}{f_{\min}} = \frac{4/3}{3/4} \approx 1.78 \tag{5-51}$$

天线增益 G 与圈数 N 及螺距 s 有关,即与天线轴向长度 h 有关。计算结果表明,当 $N > 15$ 以后,随 h 增加,G 增加不明显,所以圈数 N 一般不超过 15 圈。为了提高增益,可采用螺旋天线阵。

对于一个设计良好的轴向模螺旋天线来说,由于几乎是纯行波电流传输,所以输入阻抗是纯电阻。式(5-49)误差较大,因为真正的输入阻抗还受到馈电点等技术性细节的影响。

当天线上仅有行波存在时,接地板对天线的影响是很小的。然而由于有其他模式的波存在,其中包括经天线末端反射返回到馈源区域的波,这使得接地板的大小和形状对天线的影响不能忽略,原则上要求接地板直径至少达到 $3\lambda/4$,也可以用导线编织成接地栅网来代替实心的接地板,以减小风障。螺旋导线的直径一般为 $0.005\lambda \sim 0.05\lambda$。使用阻抗变换器或者调整从同轴到螺旋起点的连接线的位置可以使得输入阻抗保持在 50Ω。这种天线广泛用于卫星通信中。

5.3 双锥天线

5.3.1 无限双锥天线

无限双锥天线由两个形状相同的无限长锥形导电面组成,如图 5.15 所示,高频振荡电压通过两顶点之间的缝隙馈入。该天线可以用传输线理论来分析。由于其结构是无限长的,其上电流没有反射波,因此线上电流为行波分布。缝隙处存在时变的电场,驱使电流由馈电点处沿着导体面流动。由于结构以 z 轴旋转对称,所以磁场只有 H_φ 分量。考虑这种双锥传输线的 TEM 模式(所有场对传播方向为横向),则电场将垂直于磁场,也即电力线沿 θ 方向,如图 5.15 所示。

由以上分析可知,在两锥之外的空间区域,$\boldsymbol{J} = 0$,$\boldsymbol{H} = H_\varphi \boldsymbol{e}_\varphi$,$\boldsymbol{E} = E_\theta \boldsymbol{e}_\theta$。由麦克斯韦第一方程 $\nabla \times \boldsymbol{H} = \mathrm{j}\omega\varepsilon\boldsymbol{E} + \boldsymbol{J}$,可得以下两标量方程

$$\frac{1}{r\sin\theta}\frac{\partial}{\partial\theta}(\sin\theta H_\varphi) = \mathrm{j}\omega\varepsilon E_r = 0 \tag{5-52}$$

$$-\frac{1}{r}\frac{\partial}{\partial r}(rH_\varphi) = \mathrm{j}\omega\varepsilon E_\theta \tag{5-53}$$

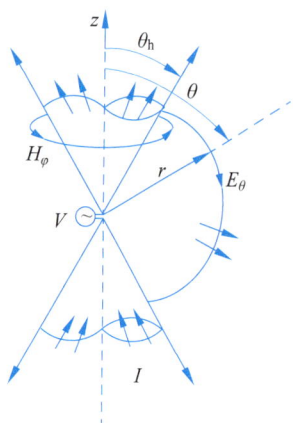

图 5.15 无限双锥天线(图中给出了场分量和电流)

由式(5-52)可得 $\dfrac{\partial}{\partial\theta}(\sin\theta H_\varphi) = 0$,于是

$$H_\varphi = \frac{A(r,\varphi)}{\sin\theta} \tag{5-54}$$

$A(r,\varphi)$ 为只与 r 和 φ 有关的函数。由于无限双锥天线以 z 轴旋转对称,因此 $A(r,\varphi) = A(r)$,只与 r 有关。

由于该结构的远区场为按 $\dfrac{1}{r}$ 衰减的场,因此可以将式(5-54)表示为

$$H_\varphi = H_0 \frac{\mathrm{e}^{-\mathrm{j}\beta r}}{4\pi r}\frac{1}{\sin\theta} \tag{5-55}$$

将式(5-55)代入式(5-53),得

$$E_\theta = \frac{-1}{\mathrm{j}\omega\varepsilon}\frac{1}{r}\frac{H_0}{4\pi\sin\theta}\frac{\partial}{\partial r}(\mathrm{e}^{-\mathrm{j}\beta r}) = \frac{\beta H_0}{\omega\varepsilon}\frac{1}{r}\frac{\mathrm{e}^{-\mathrm{j}\beta r}}{4\pi}\frac{1}{\sin\theta}$$

$$= \eta H_0 \frac{\mathrm{e}^{-\mathrm{j}\beta r}}{4\pi r}\frac{1}{\sin\theta} \tag{5-56}$$

由式(5-55)和式(5-56)可得,$E_\theta = \eta H_\varphi$,由式(5-56)得归一化方向函数为

$$F(\theta) = \frac{\sin\theta_\mathrm{h}}{\sin\theta}, \quad \theta_\mathrm{h} < \theta < \pi - \theta_\mathrm{h} \tag{5-57}$$

式中,θ_h 为锥的半张角。可见,无限双锥的归一化方向函数只与锥的半张角 θ_h 有关,而 θ_h 不随频率变化,因此双锥天线的方向性频宽为无限宽。下面求无限双锥天线的输入阻抗,如图 5.15 所示,端口电压可以通过沿 e_θ 方向的线积分求得

$$V(r) = \int_{\theta_\mathrm{h}}^{\pi-\theta_\mathrm{h}} E_\theta r \,\mathrm{d}\theta \tag{5-58}$$

将式(5-56)代入,得

$$V(r) = \frac{\eta H_0}{4\pi}\mathrm{e}^{-\mathrm{j}\beta r}\int_{\theta_\mathrm{h}}^{\pi-\theta_\mathrm{h}}\frac{1}{\sin\theta}\mathrm{d}\theta = \frac{\eta H_0}{4\pi}\mathrm{e}^{-\mathrm{j}\beta r}\left[\ln\left|\tan\frac{\theta}{2}\right|\right]_{\theta_\mathrm{h}}^{\pi-\theta_\mathrm{h}}$$

$$= \frac{\eta H_0}{2\pi}\mathrm{e}^{-\mathrm{j}\beta r}\ln\left(\cot\frac{\theta_\mathrm{h}}{2}\right) \tag{5-59}$$

如图 5.15 所示,圆锥上的总电流可以通过积分电流密度 $\boldsymbol{J}_\mathrm{s}$ 求得,积分路径为围绕圆锥积分一周。由导体表面上的边界条件得圆锥表面的面电流密度为

$$\boldsymbol{J}_\mathrm{s} = \boldsymbol{e}_n \times \boldsymbol{H} = \boldsymbol{e}_\theta \times \boldsymbol{e}_\varphi H_\varphi = \boldsymbol{e}_r H_\varphi \tag{5-60}$$

于是上圆锥上的电流为

$$I(r) = \int_0^{2\pi} H_\varphi r\sin\theta_\mathrm{h}\,\mathrm{d}\varphi = 2\pi r H_\varphi \sin\theta_\mathrm{h} \tag{5-61}$$

将式(5-55)代入式(5-61),得

$$I(r) = \frac{H_0}{2}\mathrm{e}^{-\mathrm{j}\beta r} \tag{5-62}$$

由式(5-59)和式(5-62)可得,对于任意 r 值,无限双锥的特性阻抗为

$$W_0 = \frac{V(r)}{I(r)} = \frac{\eta}{\pi}\ln\left(\cot\frac{\theta_\mathrm{h}}{2}\right) \tag{5-63}$$

可见,无限双锥的特性阻抗沿线为一常数。由于线上为行波,所以输入阻抗 Z_in 与特性阻抗相等。因此双锥天线的输入阻抗也只与 θ_h 有关,阻抗频宽也为无限宽,因此双锥天线的频带宽度为无限。将 $\eta \approx 120\pi$ 代入式(5-63),得自由空间的无限双锥天线输入阻抗为

$$Z_\mathrm{in} = W_0 = 120\ln\left(\cot\frac{\theta_\mathrm{h}}{2}\right) \tag{5-64}$$

当 $\theta_\mathrm{h} = 1°$ 时,$Z_\mathrm{in} = 569 + \mathrm{j}0(\Omega)$;当 $\theta_\mathrm{h} = 50°$ 时,$Z_\mathrm{in} = 91 + \mathrm{j}0(\Omega)$。

若将下面那个圆锥变成一个理想的无限大地面,便形成了理想地面上的无限长单圆锥天线。由镜像法容易推知,其输入阻抗必为对应的无限双锥阻抗的一半,其在地面上方的方向性与无限长双锥在上半空间的相同。

5.3.2 有限双锥天线

由式(5-57)和式(5-64)可知,无限双锥天线的特性不随频率变化,其带宽是无限宽的。

实际应用中的双锥天线不可能是无限长的,有限长双锥天线如图 5.16 所示。半锥的高度为 h,除了 TEM 主模,由于双锥末端的反射,线上还有高次模存在。天线电抗主要是由高次模引起的。此时线上的电流分布为驻波分布,输入阻抗不等于线的特性阻抗。

当图 5.16 中的半顶角 θ_h 增大时,双锥天线的带宽逐渐变宽,且可使输入阻抗的电抗部分保持最小。有限长双锥天线可以获得从单锥高度达 $\lambda/4$ 到 $\lambda/2$ 范围内的 2:1 的阻抗带宽。其宽频带特性也可从振子线径增粗的角度来理解。

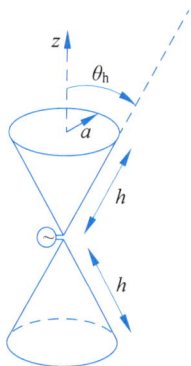

图 5.16 有限长双锥天线

5.4 套筒天线

由前面的分析可知,对称振子天线的频带很窄,这主要是由于它的阻抗带宽很窄造成的。如果能够提高它的阻抗带宽,则整个天线的带宽就可以得到增大。前面介绍的增大振子的线径可以提高其阻抗带宽,但是并不能使带宽增加很多。而套筒天线使地面上的单极子天线的阻抗带宽得到很大的提高。

套筒天线的结构如图 5.17(a)所示,它是在地面上的单极子外围加一个管状导体套筒而形成的。设套筒天线的高度为 h,套筒的高度为 h_1,在套筒外的单极子的高度为 h_2,称为辐射器。套筒的直径为 D,单极子的直径为 d。套筒的长度一般为 1/3 到 1/2 单极子的高度。加入套筒之后,由于单极子的耦合,套筒内臂感应出与套筒内单极子上相反的电流,相当于同轴馈线的外导体,外臂上感应出与套筒内单极子相同方向的电流,起辐射元的作用,如图 5.17(b)所示。

$h=\lambda/4$ 和 $\lambda/2$ 的单极子上的电流分布分别如图 5.17(c)和(d)所示。当 $h=\lambda/4$ 时,馈点上的电流为波腹值 I_m。当 $h=\lambda/2$ 时,馈点上的电流很小。半波对称振子和全波对称振子归算于波腹点电流的辐射电阻分别为 73.1Ω 和 200Ω,相应地,在地面上的 $h=\lambda/4$ 和 $\lambda/2$ 的单极子天线的辐射电阻为其一半,分别为 $R_{m1}=36.55\Omega$ 和 $R_{m2}=100\Omega$。归算于输入端电流的辐射电阻为

$$R_{01}=\frac{I_m^2}{I_{01}^2}R_{m1}=\frac{I_m^2}{I_{01}^2}\times 36.55 \tag{5-65}$$

$$R_{02}=\frac{I_m^2}{I_{02}^2}R_{m1}=\frac{I_m^2}{I_{02}^2}\times 100 \tag{5-66}$$

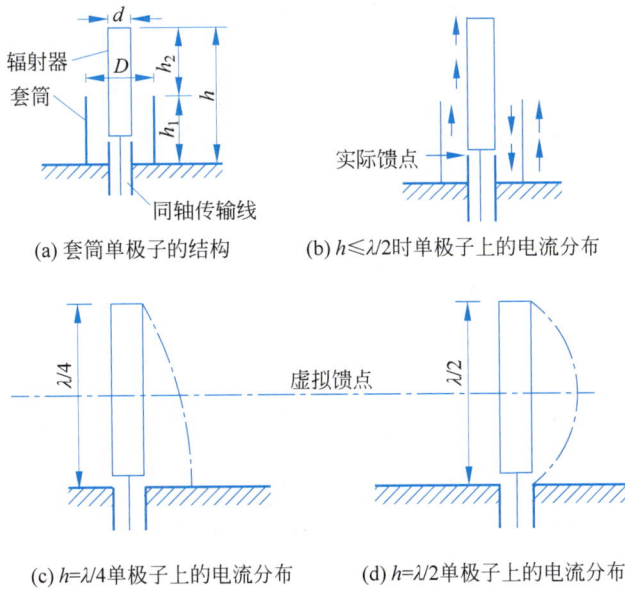

(a) 套筒单极子的结构   (b) $h \leqslant \lambda/2$ 时单极子上的电流分布

(c) $h=\lambda/4$ 单极子上的电流分布   (d) $h=\lambda/2$ 单极子上的电流分布

图 5.17 套筒单极子天线

当天线的损耗很小时,天线的输入电阻与天线的归算于输入端电流的辐射电阻相等,所以有

$$R_{\text{in}1} = R_{01} = \frac{I_{\text{m}}^2}{I_{01}^2} \times 36.55\,\Omega \tag{5-67}$$

$$R_{\text{in}2} = R_{02} = \frac{I_{\text{m}}^2}{I_{02}^2} \times 100\,\Omega \tag{5-68}$$

由于 I_{02} 很小,则 $\dfrac{I_{\text{m}}^2}{I_{02}^2}$ 是一个远大于 1 的数,而 $I_{01} = I_{\text{m}}$,所以 $\dfrac{I_{\text{m}}^2}{I_{01}^2} = 1$,因此,地面上单极子长度为 $\lambda/2$ 的输入电阻远大于地面上单极子长度为 $\lambda/4$ 的输入电阻。当频率变化时,输入电阻发生了很大的变化,单极子的阻抗带宽很窄。这是由于线上的电流为驻波分布,馈点处的电流随频率变化大而引起的。若能使馈点处的电流随频率变化小,则可提高阻抗频带宽度,从而提高整个天线的带宽。

如图 5.17 所示,套筒天线的实际馈点在馈线与单极子的连接处。由于套筒的加入,在套筒的上端形成了一个虚拟的馈点,因此,套筒将单极子的馈点提高了。由图 5.17 可以看出,当套筒的高度分别为 $h=\lambda/4$ 和 $\lambda/2$ 时,虚拟馈点处的电流只有微小变化,如图 5.17 中虚线位置所示。因此,套筒天线的输入阻抗在至少一个倍频程中保持近似不变,在此范围内,天线方向图的变化也不大。

套筒单极子天线的第一个谐振发生在单极子长度 $h=\lambda/4$ 时,第一谐振点可于天线工作频率的低频端来设计,因此,套筒天线的高度为 $h=\lambda_{\max}/4$。h_2/h_1 的值通过实验得到,当其等于 2.25 时,可以在 4∶1 的频程中给出最佳方向图(基本上不随频率变化)。当套筒直径与单极子直径的比值 $D/d=3.0$ 时,VSWR 可做到不劣于 8∶1。h_2/h_1 的值对 $h \leqslant \lambda/2$ 的套筒天线影响很小,因为在套筒外壁的电流将具有与单极子本身的顶部电流近似的相位,如图 5.17(b)所示。但对于更长的电长度,h_2/h_1 的比值对于辐射方向图具有显著的影响,因为套筒外壁电流的相位将不会再与单极子顶部的相位相同。

　　由上面的分析可以看出,套筒天线是通过改变天线馈电点的位置,使馈点处的电流随频率变化很小,从而增加地面上的单极子天线阻抗带宽来实现宽频带的。除了套筒单极子,还有套筒振子天线,它是在对称振子上加上套筒以展宽频带的天线。

5.5　非频变天线

5.5.1　非频变天线的基本概念

　　在现代通信中,要求天线具有更宽的工作频带特性。以扩频通信为例,扩频信号带宽较之原始信号带宽远远超过 10 倍,因此常希望天线特性在一个很宽的频带保持不变。把具有 10:1 或更宽带宽的天线称为非频变天线。理想的非频变天线具有不随频率变化的方向图、阻抗、极化和相位中心。几乎没有天线能同时满足这些标准。

　　下面主要介绍两种类型的非频变天线:平面螺旋天线和对数周期天线。

5.5.2　平面螺旋天线

1. 等角螺旋天线

如图 5.18(a)所示的等角螺旋天线的公式为

$$r = r_0 e^{\alpha\phi} \tag{5-69}$$

式中,r 和 ϕ 是极坐标参数,r 为螺旋线矢径,ϕ 为极坐标中的旋转角,r_0 为 $\phi = 0°$ 时的起始半径,$\dfrac{1}{\alpha}$ 为螺旋率,决定螺旋线张开速度的快慢。图 5.18(b)中双臂用金属片制成,其一金属臂的两边缘的曲线公式为

$$r_1 = r_0 e^{\alpha\phi} \tag{5-70}$$

$$r_2 = r_0 e^{\alpha(\phi-\delta)} \tag{5-71}$$

第二个边缘和第一个边缘为相同的螺旋曲线,但转过一个角度 δ。

　　另一金属臂两边缘的曲线公式为

$$r_3 = r_0 e^{\alpha(\phi-\pi)} \tag{5-72}$$

$$r_4 = r_0 e^{\alpha(\phi-\delta-\pi)} \tag{5-73}$$

可见第二片是第一片旋转 $180°$ 后形成的。r_1 和 r_2 构成一个金属臂,r_3 和 r_4 构成另外一个金属臂,二者构成双臂等角平面螺旋天线。上面各式中的常数 α、δ、r_0 分别决定螺线的变化率、金属臂宽度(即 r_1 旋转到 r_2 的角度)和馈电区的大小。当 $\delta = \pi/2$ 时,图 5.18(b)的结构是自补的。在自补的情况下,方向图的对称性最好。

　　图 5.18(b)结构是理想无穷大结构的一部分,是在两圆之间截取的等角平面螺旋天线,小圆内为馈电区,与馈电系统连接,馈线可以是双线或同轴电缆。在馈电端馈电时,电流将沿两臂向外传输。在螺旋的开始阶段任一波长的电流的电流密度很大,衰减缓慢;随着离中心距离的增加,进入"作用区"(或称辐射区),作用区(辐射区)位于周长为一个波长的区域,这将在下面的阿基米德螺旋天线中进行解释。在作用区中,由于相邻臂上的电流同相,

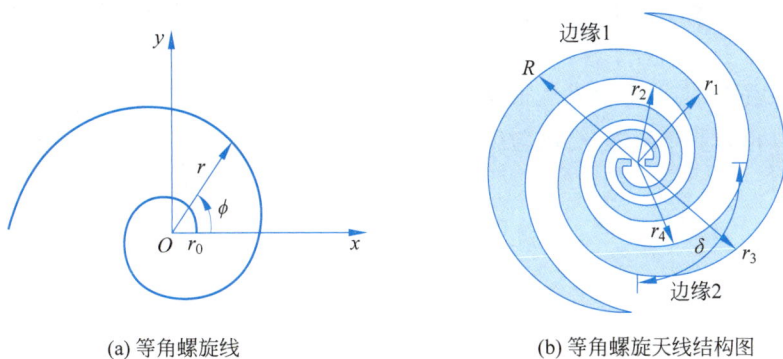

(a) 等角螺旋线　　　　　　　(b) 等角螺旋天线结构图

图 5.18　等角螺旋天线

会形成能量的有效辐射,此时电流密度下降很快,这是由于螺旋臂上导波的能量绝大部分在这个作用区辐射出去了。当电流流过作用区之后,由于相邻螺旋线上的电流不再同相,辐射减弱。随着波长的变化,作用区将发生变化,该天线在整个工作频带内保持大致相同的方向性和阻抗值。

工作频带的上限频率 f_U 由馈电结构决定。馈电区的周长满足以下等式 $2\pi r_0 = \lambda_U = c/f_U$。下限频率通过天线的最大半径 R 来得到,下限频率为 $f_L = \dfrac{c}{\lambda_L} = \dfrac{c}{2\pi R}$。当螺旋天线为自补结构时,其输入阻抗为 $(188.5 + j0)\Omega$。实际测量的阻值为 $(120 + j0)\Omega$。这是由金属的有限厚度及同轴线的存在引起的。

在如图 5.18(a) 所示的坐标系中,场方向图近似为 $\cos\theta$(θ 为场点和原点连线与 z 轴的夹角),可得其半功率波束宽度为 $90°$。辐射波的极化在一个宽角度范围内接近圆极化,极化的方向取决于螺旋张开的方向。

2. 阿基米德螺旋天线

另一种常用的平面螺旋天线是阿基米德螺旋天线,如图 5.19 所示。两条阿基米德螺旋线的极坐标方程分别为

$$\begin{cases} r = r_0 + \alpha\phi \\ r = r_0 + \alpha(\phi - \pi) \end{cases} \tag{5-74}$$

式中,r_0 是对应于 $\phi = 0°$ 的矢径。α 是螺旋增长率。阿基米德螺旋线关于角度成线性比例关系,而不是像等角螺旋线那样呈指数关系,因此其变化速度相对比较缓慢。

下面分析阿基米德螺旋天线辐射的有效作用区。由于在馈点处,两臂上馈入的电流反相,在馈点与有效作用区之间,相邻两臂上电流接近反相,其产生的场在远区相互抵消。如图 5.20 中 P 和 P' 点处的两线段,设 $\overline{OP} = \overline{OQ}$,即 P 和 Q 为两臂上对应点,对应线段上电流的相位差为 π。电流由 Q 点沿螺臂流到 P' 点的弧长近似等于 πr,这里 r 为 $\overline{OQ}$ 的长度。当 r 远小于波长时,πr 很小,P' 与 Q 点的相位相差不大,则 P 和 P' 点接近反相。随着 πr 的增大,P 和 P' 的相位差逐渐减小。当 $\pi r = \lambda/2$ 时,则 P' 点电流的相位与 Q 点反相,与 P 点同相。此时,P 和 P' 处两线段的辐射是同相叠加而非相消的,将形成有效的辐射。因此天线的主要辐射是集中在 $r = \lambda/2\pi$ 或周长 $2\pi r = \lambda$ 的螺线上,此区域称为有效辐射带。超

出有效作用区的电流变得很小,因为大部分的能量已经在有效作用区部分辐射出去了。有效作用区在天线上是随着工作频率而移动的。当频率下降时,有效作用区移向螺旋线偏外的部分,但天线的方向图不会发生很大的变化。故阿基米德螺旋天线也具有宽频带特性,但它不是一个真正的非频变天线,因为电流在流过工作区后不明显减小,必须在末端加载,以避免波的反射。

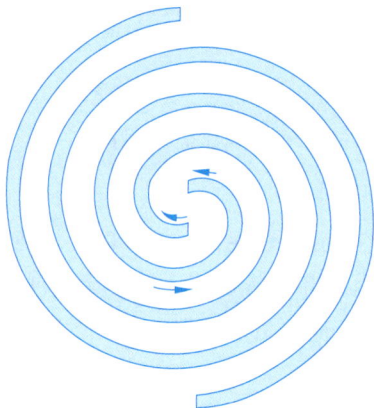

图 5.19　阿基米德螺旋天线

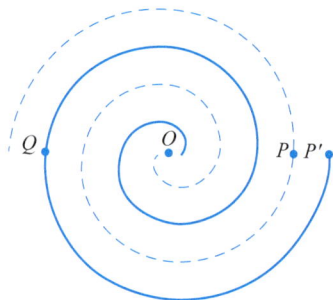

图 5.20　阿基米德螺旋天线示意图

下面分析一下天线的圆极化特性。在有效作用区,沿螺旋四分之一圈的点有 90° 的相差,电流在空间上是正交的,且电流的幅度也几乎相等,因此可以在空间产生圆极化辐射。这与周长为一个波长的载行波的轴向模螺旋天线的分析类似。阿基米德螺旋天线在垂直于螺旋面方向上会产生较宽的主波束。但在很多的应用中往往只需要单方向的波束。可在这一天线面的一侧加一圆柱形反射腔构成背腔式阿基米德螺旋天线,它可以嵌装在运载体的表面下。这一天线在 10∶1 的带宽范围内具有 90° 的半功率波瓣宽度、2∶1 的 VSWR 和在垂直于天线面的方向上 1.1 的极化轴比。

阿基米德螺旋天线具有宽频带、圆极化、尺寸小以及可以嵌装等优点,故目前应用越来越广泛。

5.5.3　对数周期天线

非频变天线的另一种概念是:如果使天线的结构尺寸都按特定的比例常数 τ 变化,那么,当工作频率变化 $\tau\left(\text{或}\dfrac{1}{\tau}\right)$ 倍后,天线又呈现出原来的结构和特性。基于这个概念得到的天线,称为对数周期天线。本节将讨论这类天线。对数周期天线的主要特性(方向性、阻抗等)以频率的对数重复。目前,对数周期天线在短波、超短波和微波波段范围内都获得了广泛的应用。例如,在短波波段,可作为通信天线;在微波波段,可作为抛物面天线或透镜天线的初级辐射器。

1. 对数周期天线的结构特点

对数周期天线的种类可分金属片型和导线型两大类,前者又有圆形齿和梯形齿之分,后者又有梯形与振子形多种。

本章主要介绍如图 5.21 所示的对数周期振子阵天线(简称 LPDA),它的相关尺寸都呈现同一等比关系 τ。这种天线的每个对称振子,在其单臂的电长度为 $\lambda/4$ 时谐振,此时辐射能力最强。与其相邻前、后两个对称振子,一个视作反射器,另一个视作引向器,三者构成一组定向天线,并形成一个作用区。如果对数周期振子阵天线的振子数无限多,则当在中心馈电,频率为 f 时所具有的一切特性,将在 $\tau f, \tau^2 f, \cdots, \tau^n f$ 频率上重复(n 为正整数),因而天线的性能随工作

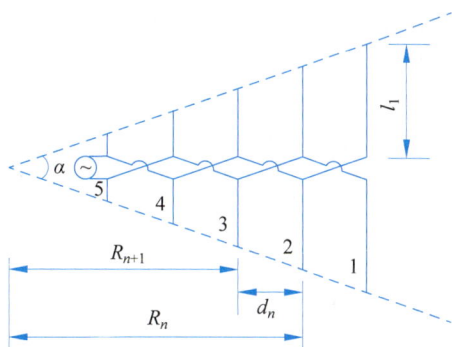

图 5.21 对数周期振子阵天线的结构

频率作周期性的变化。在一个周期内,天线的性能只有微小的变化,可近似认为它的电性能具有不随频率而变的非频变特性。

2. 对数周期天线的工作原理

现以对数周期振子阵天线为例,介绍它的工作原理。假定工作频率为 $f_1(\lambda_1)$ 时,只有第 1 个振子工作,其电尺寸为 $l_1/\lambda_1=1/4$,其余振子均不工作;当工作频率升高到 $f_2(\lambda_2)$ 时,只有第 2 个振子工作,电尺寸为 $l_2/\lambda_2=1/4$,其余振子均不工作;当工作频率升高到 $f_3(\lambda_3)$ 时,只有第 3 个振子工作,电尺寸为 $l_3/\lambda_3=1/4$;以此类推。显然,如果这些频率能保证

$$\frac{l_1}{\lambda_1}=\frac{l_2}{\lambda_2}=\frac{l_3}{\lambda_3}=\cdots=\frac{l_n}{\lambda_n}=\frac{1}{4} \tag{5-75}$$

则在这些频率上天线可以具有不变的电特性。因为对数周期振子阵天线各振子尺寸满足 $\dfrac{l_{n+1}}{l_n}=\tau$,为使此式得到满足,要求这些频率满足

$$\frac{f_{n+1}}{f_n}=\frac{1}{\tau} \tag{5-76}$$

如果将 τ 取得十分接近 1,则能满足以上要求的天线的工作频率就趋近连续变化。假如天线的几何结构无限大,那么该天线的工作频带就可以达到无限宽。对式(5-76)取对数可得到

$$\ln f_{n+1}=\ln f_n+\ln\frac{1}{\tau} \tag{5-77}$$

式(5-77)表明,只有当工作频率的对数作周期性变化时$\left(\text{周期为}\ \ln\dfrac{1}{\tau}\right)$,天线的电性能才保持不变,因此,将此种天线称为对数周期天线。

实验证明,对数周期振子阵天线上存在一个"辐射区"或"作用区"。在每一个频率周期内,天线只有一部分振子在辐射,而其余振子基本上不参与辐射。这一部分起作用的振子为作用区(或称辐射区)。在此区域内,振子长度接近谐振长度$\left(\text{即}\ 2l\approx\dfrac{\lambda}{2}\right)$,所以振子阻抗具有较大的电阻分量,振子上电流很大,可产生很强的辐射。作用区随着工作波长的增大,在如图 5.21 所示的结构中自顶点由左向右移动。作用区的电尺寸及电位置(以波长计的离开

顶点的距离)是不随频率而变的,因而对数周期天线的电特性与频率无关。作用区所包含的振子数与 τ 值有关。当 τ 值较小(例如 $\tau \leqslant 0.5$ 时,只有少数几个振子起作用;当 τ 值较大(例如 $\tau \geqslant 0.8$ 时,起作用的振子数目就比较多。

图 5.21 中作用区的左侧通常称作传输线区,在此区域内,振子长度比谐振长度小 $\left(即 \ 2l < \dfrac{\lambda}{2}\right)$,所以振子呈现出相当高的容性阻抗。当振子电流很小时,其辐射也非常弱。从能量传输的角度看,它相当于有负载的传输线,由馈源供给的电磁能量将沿此区域输送到作用区。当电磁波继续向前传输时,对应振子的电长度逐渐增加,其辐射能力也将逐渐增强。当达到谐振长度时,振子上产生最大电流,辐射能力达到最强,沿传输线传输的绝大部分能量都被此作用区吸收,并向空间辐射出去。此后,少量剩余的电磁能量继续向前推进,便到了作用区的右侧。在此区域内,振子长度比谐振长度大 $\left(即 \ 2l > \dfrac{\lambda}{2}\right)$,所以振子呈现较大的感抗。通过作用区传输到此区域的微弱能量,又向馈源方向被反射回去,故此区称为反射区。

3. 对数周期天线的馈电方法

对数周期天线的馈电点应置于短振子端。在引向天线中,各振子的电流相位是按反射器、主振子(馈电振子)、引向器的次序依次滞后的。为了使对数周期振子阵天线在较短振子的方向上获得单向辐射特性,就必须使短振子上的电流相位滞后于长振子上的电流相位。通常是采用相邻振子交叉馈电的方式来得到。

由前面对引向天线的分析可知,振子 k 成为振子 $k+1$ 的反射器的条件是电流 i_k 的相位超前于 i_{k+1}。在对数周期天线中,以传输区的情况为例,其中的振子很短,呈现出相当高的容抗。振子上电流的振幅很小,相位比传输线馈电振子的电流大约超前 $90°$。相邻振子间距 d 比波长小得多,βd 为一个不大的角值。若传输线不交叉,则振子 k 电流的相位 ϕ_{ik} 比 $k+1$ 振子电流的相位 ϕ_{ik+1} 滞后 βd_k,不满足上述相位条件;当传输线交叉时,同一副振子的两臂互换位置后,相邻振子上电流的相位差变为 $\phi_{ik} - \phi_{ik+1} = +(180° - \beta d_k)$,$\phi_{ik}$ 的相位超前 ϕ_{ik+1},满足反射器相位条件,使主要辐射方向指向较短振子一侧。

4. 对数周期天线的电特性

当高频能量从天线馈电点输入以后,电磁能将沿集合线向前传输,传输区的那些振子,电长度很小,输入端呈现较大的容抗,在其输入端的电流很小,其主要影响相当于在集合线的对应点并联上一个附加电容,从而改变了集合线的分布参数,增大集合线的分布电容,使集合线的特性阻抗降低。辐射区是集合线的主要负载,由集合线送来的高频能量几乎被辐射区的振子全部吸收,并向空间辐射。辐射区后面的非谐振区的振子比谐振长度大很多,它们能够得到的高频能量很小,因而能从集合线终端反射的能量也就非常小。如果再加上集合线终端所接的短路支节长度的适当调整,就可以使集合线上的反射波成分降到最低程度,于是可以近似地认为集合线上载行波。因而对数周期振子阵天线的输入阻抗近似地等于考虑到传输区振子影响后的集合线的特性阻抗,其基本上是电阻性的,电抗成分不大。

对数周期振子阵天线为端射式天线,最大辐射方向为沿着集合线从最长振子指向最短振子的方向。因为当工作频率发生变化时,天线的辐射区可以在天线上前后移动而保持相似的特性,其方向图随频率的变化较小。与引向天线类似,其 E 面方向图总是较 H 面方向图要窄一些。对数周期振子阵天线方向图的半功率角与几何参数 τ、d 以及 l 有一定关系，一般 τ 越大，辐射区的振子数越多，天线的方向性越强，方向图的半功率角就越小。对数周期振子阵天线只有辐射区的部分振子对辐射起主要作用，而并非所有振子都对辐射有重要贡献，所以它的方向性不可能做到很强。方向图的波束宽度一般都是几十度，方向系数或天线增益也只有 10dB 左右，属于中等增益天线。

对数周期振子阵天线的效率较高，所以它的增益系数近似等于方向系数，即

$$G = \eta_{\mathrm{A}} D \approx D \tag{5-78}$$

与引向天线相似，对数周期振子阵天线也是线极化天线。当它的振子面水平架设时，辐射或接收水平极化波；当它的振子面垂直架设时，辐射或接收垂直极化波。对数周期振子阵天线的辐射区对振子长度有一定要求，它的工作带宽将基本上由最长及最短振子尺寸限制。

本章小结

本章对宽带天线进行了分析和介绍。5.1 节为主要用于短波通信的行波单导线及菱形天线。5.2 节为螺旋天线，包括螺旋天线的基本构成、法向模螺旋天线、轴向模螺旋天线。5.3 节为双锥天线，包括无限双锥天线和有限双锥天线。5.4 节为套筒天线。5.5 节为非频变天线，包括非频变天线的基本概念、平面螺旋天线和对数周期天线，其中，平面螺旋天线包括等角螺旋天线和阿基米德螺旋天线。本章对不同天线的宽频带实现方法和各种不同类型的宽频带天线进行了介绍，使我们对带频带天线有一个全面的了解。

第 6 章

CHAPTER 6

面 状 天 线

在微波波段,由于线天线单元尺寸很短,在组成天线阵的过程中,加工和安装都存在很大的难度,且增益较低,因此很少使用,微波波段广泛采用的天线是面状天线。常见的面状天线有喇叭天线、抛物面天线和卡塞格伦天线等。面状天线在雷达、微波中继、导航、卫星通信、射电天文及气象等无线电技术设备中都获得了广泛的应用。

面状天线一般由两部分构成:一部分是初级馈源,它的作用是将无线电设备中的高频电磁能量转换为向空间辐射的电磁能量,通常由对称振子、隙缝或喇叭构成;另一部分是辐射口面,它的作用是将初级馈源辐射的电磁波形成所需要的方向性波束。常见的口面形状有喇叭口面、抛物面口面等,如图 6.1 所示。

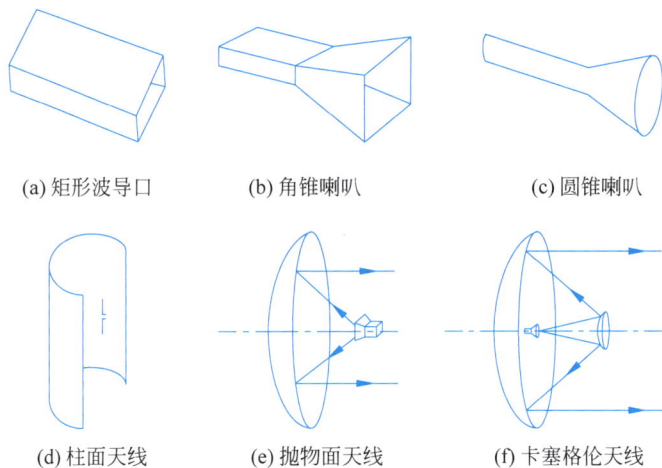

(a) 矩形波导口   (b) 角锥喇叭   (c) 圆锥喇叭

(d) 柱面天线   (e) 抛物面天线   (f) 卡塞格伦天线

图 6.1 面状天线

6.1 等效原理和面元的辐射场

面状天线的分析步骤与线天线相类似。首先求解它的辐射场,然后分析它的方向性和阻抗等特性。用严格的方法求解面状天线的辐射场,需要根据天线的边界条件求解电磁场方程。由于数学上的复杂性,在通常的分析中一般采用近似方法。

波动光学法是分析面状天线最常用的方法。它把对场的求解分为两个独立问题。一是求解包围天线的某一封闭面空间 V 内的场,即求解内部场。根据求得的解确定包围该天线封闭面上的场。二是根据惠更斯原理,由封闭面上的场分布求解 V 以外的其他空间内的场,即求解外部场。这种方法包含了两个近似因素:首先,在分析中把天线的场分成互不相关的内场和外场两部分,在求解内场时忽略了外场的影响;其次,在计算外场时,认为部分封闭面上的场为零,只考虑天线开口面上场的辐射作用。这样的计算结果具有一定的误差,但与实验结果相当接近,能够满足工程上的需要。

6.1.1 惠更斯原理

前面提到,在知道天线口面上的电磁场分布后,可以应用惠更斯原理求出空间的辐射场。惠更斯原理的表述为:在波传播的过程中,任一波前面上的各点,都可以当作是新的波源,辐射次级波。所有这些次级波又构成了新的波前。将波前上的任一点波源叫作面元,又称为惠更斯波源。

费涅尔后来又发展了惠更斯原理,进一步假定从任一波前面上各点发出的子波同时传到空间某一点 M 时,该点的场强大小是各子波在该点场强的矢量叠加。因此,在求解空间某一点场强时,不一定从激励源出发求解,可以把实际场源产生的波的某一波前面上场强分布作为次级波源来求解。

对于面状天线,选择如图 6.2 所示的包围面状天线的封闭面 S,此封闭面由 S_1 和 S_2 两部分组成,S_1 为天线的口面,S_2 为导体面。S 面上的每一点都是一个次级波源,当封闭面 S 上的次级波源已知时,就可以求解封闭面以外任一点的辐射场情况。根据电磁场的边界条件,理想导体表面的切向电场和磁场分量为零。金属不是理想导体,但其表面的切向电场和磁场分量很小,在实际计算中,可将金属外表面上切向电场和磁场分量近似为零,只有电场的法向分量,因此,导体面对空间场没有辐射,只有天线口面上的场才对空间有辐射作用。将天线口面上的场看作一种等效源,求口面场的辐射作用就是计算等效源的辐射场。

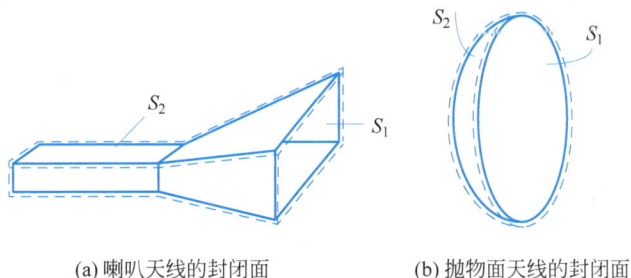

(a) 喇叭天线的封闭面   (b) 抛物面天线的封闭面

图 6.2 面状天线的内部场和外部场

6.1.2 等效原理

场的等效原理是惠更斯原理的一个数学形式,利用它来求出与天线口面场具有相同辐射特性的等效源。尽管这个等效源是虚构的,但是用它作为一种媒介,可以得到与实际情况近似相等的结果,并能简化计算过程。

等效原理可以用图 6.3 说明。封闭面 S 由介质面 S_1 和导体面 S_2 两部分组成。闭合面内实际的源(它可能是一个天线或发射机)可以用界面上的等效源来代替。等效源在闭合面外部空间 V_0 所产生的场,与实际源所产生的场完全相同。这样,为了求解辐射场不必知道实际场源,而只需要知道这个假设的等效源。n 为由 V_1 指向 V_0 的法线单位矢量。由后面的分析可以知道,等效源表现为封闭面上的面电流密度 J_s 和面磁流密度 J_s^m。

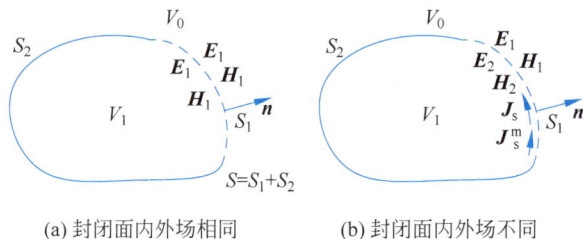

(a) 封闭面内外场相同   (b) 封闭面内外场不同

图 6.3 等效性原理

应用第 1 章假设的磁荷、磁流概念,设电荷、电流、磁荷、磁流同时存在,得到与对称的麦克斯韦方程组相应的边界条件为

$$
\begin{cases}
n \times (H_1 - H_2) = J_s \\
n \times (E_1 - E_2) = -J_s^m
\end{cases}
\tag{6-1}
$$

式中,J_s 和 J_s^m 分别为表面电流密度和表面磁流密度。

式(6-1)表明,凡是有切向磁场和电场不连续的地方,就有表面电流或表面磁流存在。用这个关系可以建立等效场源 J_s、J_s^m 和实际表面场源 H_1、E_1 之间的关系。若 S 表面两侧场连续,则 S 面上无电流、磁流存在,如图 6.3(a)所示,V_0 中的场是由 S_1 面上的 H_1、E_1 产生的。若分界面两侧的场不连续,闭合面外场保持原来的 H_1、E_1,而封闭面内变为 H_2、E_2,则由式(6-1)可知,这种不连续只有当分界面上存在相应的面电流 J_s 和面磁流 J_s^m 时才能成立,如图 6.3(b)所示,此时 V_0 空间的场是由 S_1 面上的 H_2、E_2 和 J_s、J_s^m 共同作用产生的。同理,若分界面两侧的场由内部的零值($H_2 = 0$、$E_2 = 0$)变为分界面上的 H_1、E_1,则分界面上电流密度和磁流密度为

$$
\begin{cases}
J_s = n \times H_1 \\
J_s^m = -n \times E_1
\end{cases}
\tag{6-2}
$$

此时 V_0 空间的场是由 S_1 面上的面电流密度 J_s 和面磁流密度 J_s^m 产生的。若分别用 E_s、H_s 来表示口面上的电场和磁场,则式(6-2)可表示为

$$
\begin{cases}
J_s = n \times H_s \\
J_s^m = -n \times E_s
\end{cases}
\tag{6-3}
$$

面电流密度 J_s 和面磁流密度 J_s^m 就是等效场源,由它们可以确定天线的辐射场。

6.1.3 面元的辐射场

应用惠更斯原理,由给定封闭面或开口面上的电磁场计算空间任一点的辐射场,首先必须求出小面元在空间产生的场。设有一均匀平面波沿 $+z$ 轴传播,其波前在 xOy 平面上有尺寸远小于波长的面元 $\mathrm{d}x\mathrm{d}y$,面元上的电场和磁场分别为 $e_y E_y^s$ 和 $e_x H_x^s$,如图 6.4 所示。根据等效定理,可以确定用于计算波前方任一点 P 的辐射场的等效电流和等效磁流面密度为

$$\boldsymbol{J}_s = \boldsymbol{n} \times \boldsymbol{H}_s = \boldsymbol{e}_z \times \boldsymbol{e}_x H_x^s = \boldsymbol{e}_y H_x^s \tag{6-4}$$

$$\boldsymbol{J}_s^m = -\boldsymbol{n} \times \boldsymbol{E}_s = -\boldsymbol{e}_z \times \boldsymbol{e}_y E_y^s = \boldsymbol{e}_x E_y^s \tag{6-5}$$

式中,$\boldsymbol{e}_x$、$\boldsymbol{e}_y$、$\boldsymbol{e}_z$ 分别为 x、y 和 z 轴方向的单位矢量。面元上的面电流和面磁流如图 6.5 所示。

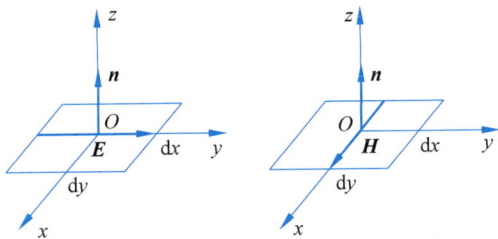

(a) 面元上的电场   (b) 面元上的磁场

图 6.4 面元上的电磁场

由于面元很小,因此面元的辐射可以由两个相互垂直的等效电流元和等效磁流元来代替。如图 6.5 所示,等效电流元的长度为 dy,电流的大小和方向为

$$\boldsymbol{I} = \boldsymbol{J}_s dx = \boldsymbol{e}_y H_x^s dx \tag{6-6}$$

等效磁流元的长度为 dx,磁流的大小和方向为

$$\boldsymbol{I}^m = \boldsymbol{J}_s^m dy = \boldsymbol{e}_x E_y^s dy \tag{6-7}$$

这两个线元辐射场的合成,就是面元的辐射场,也称为惠更斯面元辐射场。现在求如图 6.6 所示的等效电流元和等效磁流元在远区所产生的辐射场。

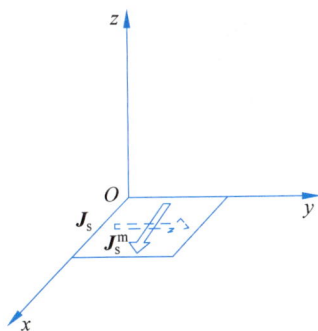

图 6.5 等效面电流与等效面磁流

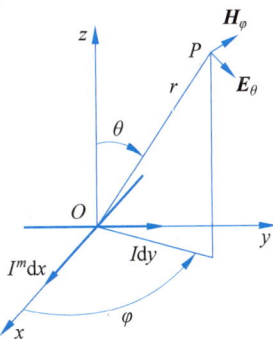

图 6.6 等效电流元与等效磁流元

将式(6-6)和式(6-7)分别代入式(1-18)和式(1-64),并利用 $H_x^s = -E_y^s/120\pi$,得电流元和磁流元在空间产生的电场分别为

$$\boldsymbol{E}^e = -j \frac{E_y^s dx dy}{2\lambda r} e^{-jkr} \boldsymbol{e}_I \times \boldsymbol{e}_r \times \boldsymbol{e}_r \tag{6-8}$$

$$\boldsymbol{E}^m = -j \frac{E_y^s dx dy}{2\lambda r} e^{-jkr} \boldsymbol{e}_{I^m} \times \boldsymbol{e}_r \tag{6-9}$$

等效电流元沿 y 轴放置,即 $\boldsymbol{e}_I = \boldsymbol{e}_y$,则 $\boldsymbol{e}_I \times \boldsymbol{e}_r \times \boldsymbol{e}_r = \boldsymbol{e}_y \times \boldsymbol{e}_r \times \boldsymbol{e}_r$;同理,等效磁流元沿 x 轴放置,$\boldsymbol{e}_{I^m} = \boldsymbol{e}_x$,此时有 $\boldsymbol{e}_{I^m} \times \boldsymbol{e}_r = \boldsymbol{e}_x \times \boldsymbol{e}_r$。

利用球坐标系与直角坐标系中单位矢量的关系式

$$\boldsymbol{e}_x = \boldsymbol{e}_r \sin\theta\cos\varphi + \boldsymbol{e}_\theta \cos\theta\cos\varphi - \boldsymbol{e}_\varphi \sin\varphi \tag{6-10}$$

$$\boldsymbol{e}_y = \boldsymbol{e}_r \sin\theta\sin\varphi + \boldsymbol{e}_\theta \cos\theta\sin\varphi + \boldsymbol{e}_\varphi \cos\varphi \tag{6-11}$$

可得

$$\begin{aligned}\boldsymbol{e}_I \times \boldsymbol{e}_r \times \boldsymbol{e}_r &= \boldsymbol{e}_y \times \boldsymbol{e}_r \times \boldsymbol{e}_r \\ &= (\boldsymbol{e}_r \sin\theta\sin\varphi + \boldsymbol{e}_\theta \cos\theta\sin\varphi + \boldsymbol{e}_\varphi \cos\varphi) \times \boldsymbol{e}_r \times \boldsymbol{e}_r \\ &= -\boldsymbol{e}_\theta \cos\theta\sin\varphi - \boldsymbol{e}_\varphi \cos\varphi\end{aligned} \tag{6-12}$$

$$\begin{aligned}\boldsymbol{e}_I \times \boldsymbol{e}_r &= \boldsymbol{e}_x \times \boldsymbol{e}_r \\ &= (\boldsymbol{e}_r \sin\theta\cos\varphi + \boldsymbol{e}_\theta \cos\theta\cos\varphi - \boldsymbol{e}_\varphi \sin\varphi) \times \boldsymbol{e}_r \\ &= -\boldsymbol{e}_\theta \sin\varphi - \boldsymbol{e}_\varphi \cos\theta\cos\varphi\end{aligned} \tag{6-13}$$

将式(6-12)和式(6-13)分别代入式(6-8)和式(6-9),可得到电流元和磁流元在空间产生的电场为

$$\boldsymbol{E}^{\mathrm{e}} = \mathrm{j}\frac{E_y^{\mathrm{s}}\mathrm{d}x\,\mathrm{d}y}{2\lambda r}\mathrm{e}^{-\mathrm{j}kr}(\boldsymbol{e}_\theta \cos\theta\sin\varphi + \boldsymbol{e}_\varphi \cos\varphi) \tag{6-14}$$

$$\boldsymbol{E}^{\mathrm{m}} = \mathrm{j}\frac{E_y^{\mathrm{s}}\mathrm{d}x\,\mathrm{d}y}{2\lambda r}\mathrm{e}^{-\mathrm{j}kr}(\boldsymbol{e}_\theta \sin\varphi + \boldsymbol{e}_\varphi \cos\theta\cos\varphi) \tag{6-15}$$

将式(6-14)和式(6-15)相应的分量分别相加,可得到面元在远区所产生的总辐射场为

$$\boldsymbol{E} = \boldsymbol{E}^{\mathrm{e}} + \boldsymbol{E}^{\mathrm{m}} = \mathrm{j}\frac{E_y^{\mathrm{s}}\mathrm{d}x\,\mathrm{d}y}{2\lambda r}(1+\cos\theta)\mathrm{e}^{-\mathrm{j}kr}[\boldsymbol{e}_\theta \sin\varphi + \boldsymbol{e}_\varphi \cos\varphi] \tag{6-16}$$

由式(6-16)可知,面元的远区辐射场,电场强度同时具有 θ 和 φ 两个分量,可表示为如下的分量形式

$$\begin{cases} E_\theta = \mathrm{j}\dfrac{E_y^{\mathrm{s}}\mathrm{d}x\,\mathrm{d}y}{2\lambda r}\sin\varphi(1+\cos\theta)\mathrm{e}^{-\mathrm{j}kr} \\[2mm] E_\varphi = \mathrm{j}\dfrac{E_y^{\mathrm{s}}\mathrm{d}x\,\mathrm{d}y}{2\lambda r}\cos\varphi(1+\cos\theta)\mathrm{e}^{-\mathrm{j}kr} \end{cases} \tag{6-17}$$

其场强的模值为

$$|\boldsymbol{E}| = \sqrt{|E_\theta|^2 + |E_\varphi|^2} = \frac{|E_y^{\mathrm{s}}|\,\mathrm{d}x\,\mathrm{d}y}{2\lambda r}(1+\cos\theta) \tag{6-18}$$

由式(6-18)可知,面元的归一化方向函数

$$F(\theta,\varphi) = \frac{1+\cos\theta}{2} \tag{6-19}$$

式(6-19)的最大值出现在 $\theta=0°$ 时,此方向为面元的最大辐射方向。再由电流元和磁流元的取向可知,E 面和 H 面分别为 $\varphi=90°$ 和 $\varphi=0°$ 的平面。

在 $\varphi=90°(yOz$ 面)的 E 面内,面元的远区场表达式为

$$E_\theta = \mathrm{j}\frac{E_y^{\mathrm{s}}\mathrm{d}x\,\mathrm{d}y}{2\lambda r}\mathrm{e}^{-\mathrm{j}kr}(1+\cos\theta) \tag{6-20}$$

$$E_\varphi = 0 \tag{6-21}$$

在 $\varphi=0°(xOz$ 面)的 H 面内,面元的远区场表达式为

$$E_\theta = 0 \tag{6-22}$$

$$E_\varphi = \mathrm{j}\,\frac{E_y^s\,\mathrm{d}x\,\mathrm{d}y}{2\lambda r}\mathrm{e}^{-\mathrm{j}kr}\,(1+\cos\theta) \tag{6-23}$$

由式(6-20)～式(6-23)可知,面元辐射场在 E 面内只有 E_θ 分量,H 面内只有 E_φ 分量。在两个平面内的归一化方向函数相同均为式(6-19)。面元辐射场的立体方向图如图 6.7(a)所示,其 E 面和 H 面的平面方向图如图 6.7(b)所示。将面元与单纯的线元相比,单纯为电流元或磁流元时,辐射是双向等量的。但对于面元,电流元与磁流元同时存在且相互垂直时,就构成单向的辐射。

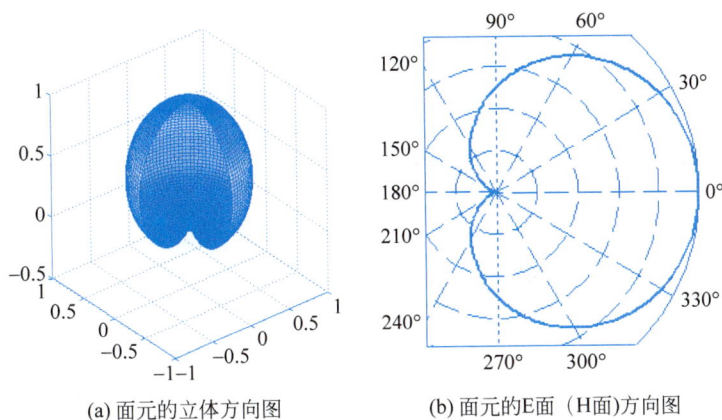

(a) 面元的立体方向图　　　(b) 面元的E面（H面)方向图

图 6.7　面元的方向图

面元是面状天线的基本组成单元,正如线元是线天线的基本组成单元一样。面状天线是由很多面元构成的,它们是一种连续阵。因此,在计算面状天线在空间的辐射场时,需要利用面元的辐射场采用积分的方法求得。

6.2　口面场的一般表达式

假设任意形状的口面如图 6.8 所示。坐标原点位于口面上,小面元 $\mathrm{d}s$ 位于(x_s, y_s),r 为空间场点 M 到原点的距离,R 为小面元 $\mathrm{d}s$ 到 M 的距离。

整个口面 S 可以分为无数个无穷小的面元 $\mathrm{d}s$。口面 S 在远区任一点 M 处产生的辐射场就是口面上所有面元 $\mathrm{d}s$ 在该点产生的辐射场的积分。由式(6-17),可得到小面元 $\mathrm{d}s$ 在空间产生的场为

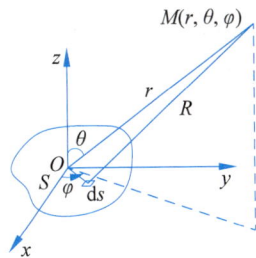

图 6.8　平面口面的辐射

$$\begin{cases} \mathrm{d}E_\theta = \mathrm{j}\,\dfrac{E_y^s\,\mathrm{d}x\,\mathrm{d}y}{2\lambda R}\sin\varphi(1+\cos\theta)\mathrm{e}^{-\mathrm{j}kR} \\[2mm] \mathrm{d}E_\varphi = \mathrm{j}\,\dfrac{E_y^s\,\mathrm{d}x\,\mathrm{d}y}{2\lambda R}\cos\varphi(1+\cos\theta)\mathrm{e}^{-\mathrm{j}kR} \end{cases} \tag{6-24}$$

对于远区场有以下近似:在分母中,$R\approx r$;而在计算相位因子 $\mathrm{e}^{-\mathrm{j}kR}$ 时,必须考虑 r 与 R 的行程差引起的相位差,此时有 $R\approx r-\boldsymbol{r}'\cdot\boldsymbol{e}_r=r-(x_s\sin\theta\cos\varphi+y_s\sin\theta\sin\varphi)$,式中 $\boldsymbol{r}'=\boldsymbol{e}_x x_s+\boldsymbol{e}_y y_s$ 为小面元 $\mathrm{d}s$ 的位置矢量,则面元 $\mathrm{d}s$ 在空间产生的辐射场为

$$\begin{cases} dE_\theta = j\dfrac{E_y^s dx_s dy_s}{2\lambda r}\sin\varphi(1+\cos\theta)e^{-jkr}\,e^{jk(x_s\sin\theta\cos\varphi+y_s\sin\theta\sin\varphi)} \\[3mm] dE_\varphi = j\dfrac{E_y^s dx_s dy_s}{2\lambda r}\cos\varphi(1+\cos\theta)e^{-jkr}\,e^{jk(x_s\sin\theta\cos\varphi+y_s\sin\theta\sin\varphi)} \end{cases} \tag{6-25}$$

积分可得到此口面在空间产生的场表达式为

$$\begin{cases} E_\theta = j\dfrac{1}{2\lambda r}\sin\varphi(1+\cos\theta)e^{-jkr}\iint\limits_s E_y^s\,e^{jk(x_s\sin\theta\cos\varphi+y_s\sin\theta\sin\varphi)}\,dx_s dy_s \\[4mm] E_\varphi = j\dfrac{1}{2\lambda r}\cos\varphi(1+\cos\theta)e^{-jkr}\iint\limits_s E_y^s\,e^{jk(x_s\sin\theta\cos\varphi+y_s\sin\theta\sin\varphi)}\,dx_s dy_s \end{cases} \tag{6-26}$$

在 E 面内,将 $\varphi=90°$ 代入表达式(6-26),得

$$\begin{cases} E_\theta = j\dfrac{1+\cos\theta}{2\lambda r}e^{-jkr}\iint\limits_s E_y^s\,e^{jky_s\sin\theta}\,dx_s dy_s \\[4mm] E_\varphi = 0 \end{cases} \tag{6-27}$$

在 H 面内,将 $\varphi=0°$ 代入式(6-26),得

$$\begin{cases} E_\varphi = j\dfrac{1+\cos\theta}{2\lambda r}e^{-jkr}\iint\limits_s E_y^s\,e^{jkx_s\sin\theta}\,dx_s dy_s \\[4mm] E_\theta = 0 \end{cases} \tag{6-28}$$

6.3 口面场辐射特性的一般分析

6.3.1 口面场均匀分布的矩形口面

假设如图 6.9 所示矩形口面上各点场的相位相同,振幅均匀。这是一种理想情况,实际上难以实现,但常常把它作为一种参考标准,用它来比较各种实际的场分布情况。此时,口面上的场:

$$E_y^s = E_0 \tag{6-29}$$

根据式(6-27)~式(6-29)可分别得到 E 面及 H 面内辐射场公式:

$$E_E = j\dfrac{1+\cos\theta}{2\lambda r}e^{-jkr}E_0\int_{-\frac{D_1}{2}}^{\frac{D_1}{2}}dx_s\int_{-\frac{D_2}{2}}^{\frac{D_2}{2}}e^{jky_s\sin\theta}\,dy_s\boldsymbol{e}_\theta \tag{6-30}$$

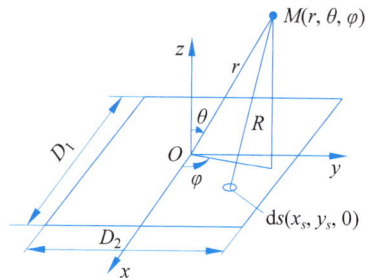

图 6.9 矩形口面的辐射

$$E_H = j\dfrac{1+\cos\theta}{2\lambda r}e^{-jkr}E_0\int_{-\frac{D_2}{2}}^{\frac{D_2}{2}}dy_s\int_{-\frac{D_1}{2}}^{\frac{D_1}{2}}e^{jkx_s\sin\theta}\,dx_s\boldsymbol{e}_\varphi \tag{6-31}$$

令 $A=j\dfrac{e^{-jkr}}{\lambda r}E_0$; $S=D_1D_2$; $\psi_1=\dfrac{kD_1}{2}\sin\theta$; $\psi_2=\dfrac{kD_2}{2}\sin\theta$,可得到式(6-30)和式(6-31)的积分结果为

$$
\begin{cases}
E_{\mathrm{E}} = AS\,\dfrac{1+\cos\theta}{2}\,\dfrac{\sin\psi_2}{\psi_2} \\[4mm]
E_{\mathrm{H}} = AS\,\dfrac{1+\cos\theta}{2}\,\dfrac{\sin\psi_1}{\psi_1}
\end{cases}
\tag{6-32}
$$

1. 方向函数

E 面及 H 面的方向函数分别为

$$
\begin{cases}
F_{\mathrm{E}}(\theta) = \dfrac{1+\cos\theta}{2}\,\dfrac{\sin\left(\dfrac{kD_2}{2}\sin\theta\right)}{\dfrac{kD_2}{2}\sin\theta} \\[8mm]
F_{\mathrm{H}}(\theta) = \dfrac{1+\cos\theta}{2}\,\dfrac{\sin\left(\dfrac{kD_1}{2}\sin\theta\right)}{\dfrac{kD_1}{2}\sin\theta}
\end{cases}
\tag{6-33}
$$

由式(6-33)可见,方向函数由两部分组成:第一个因子 $(1+\cos\theta)/2$ 为面元的自因子, 第二个因子是口面上连续分布源的阵因子。

当 D_1/λ,D_2/λ 较大时,辐射场的能量集中在 z 轴附近一个很小的范围内。在此范围内,可近似认为 $\dfrac{1+\cos\theta}{2}=1$。于是,可以近似地只考虑阵因子,并统一地表示 E 面及 H 面的方向函数为

$$
\begin{cases}
F_{\mathrm{E}}(\theta) = \left|\dfrac{\sin\psi_2}{\psi_2}\right| \\[4mm]
F_{\mathrm{H}}(\theta) = \left|\dfrac{\sin\psi_1}{\psi_1}\right|
\end{cases}
\tag{6-34}
$$

式(6-34)的方向函数曲线在图 6.10 中绘出。

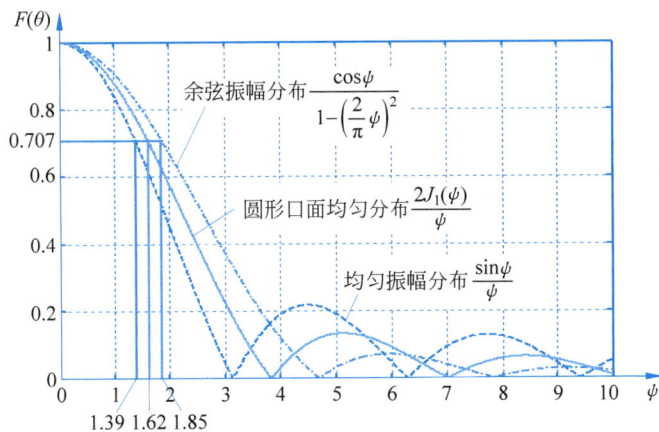

图 6.10　口面辐射的一些函数曲线

2. 波瓣宽度

令 $F_E(\theta) = \dfrac{\sin\psi_2}{\psi_2} = 0.707$，查图 6.10 所对应的函数曲线可得 $\psi_2 = 1.39$。

由 $\dfrac{kD_2}{2}\sin\theta_{3\mathrm{dB},E} = 1.39$，可得 $2\sin\theta_{3\mathrm{dB},E} = 0.89\dfrac{\lambda}{D_2}$。当口面尺寸较大时，$\theta_{3\mathrm{dB},E}$ 很小，$\sin\theta_{3\mathrm{dB},E} \approx \theta_{3\mathrm{dB},E}$，因此，E 面的半功率波瓣宽度为

$$2\theta_{3\mathrm{dB},E} = 0.89\frac{\lambda}{D_2}（弧度）= 51°\frac{\lambda}{D_2} \tag{6-35}$$

同理，可得到 H 面的半功率波瓣宽度为

$$2\theta_{3\mathrm{dB},H} = 0.89\frac{\lambda}{D_1}（弧度）= 51°\frac{\lambda}{D_1} \tag{6-36}$$

可见，口面尺寸越大，半功率波瓣宽度越小，方向性越强。

3. 旁瓣电平

最邻近主瓣的第一个小峰值为 0.214，所以第一旁瓣电平为

$$\mathrm{FSLL} = 20\lg0.214 = -13.5\mathrm{dB} \tag{6-37}$$

可见，口面场均匀分布的矩形口面，其半功率波瓣宽度和旁瓣电平与单元数较多的边射阵相同。

6.3.2 口面场振幅沿 x 轴余弦分布的矩形口面

由于面状天线常常与波导管直接相连，天线口面上的场具有与矩形波导管内场相同的 TE_{10} 波形，即口面场的振幅沿 x 轴方向为余弦分布：

$$E_y^s = E_0\cos\frac{\pi x_s}{D_1} \tag{6-38}$$

代入口面辐射场在 E 面和 H 面的一般积分式(6-27)和式(6-28)后，可得到 E 面及 H 面内辐射场为

$$\begin{cases} E_E = AS\ \dfrac{2}{\pi}\ \dfrac{1+\cos\theta}{2}\ \dfrac{\sin\psi_2}{\psi_2} \\[3mm] E_H = AS\ \dfrac{2}{\pi}\ \dfrac{1+\cos\theta}{2}\ \dfrac{\cos\psi_1}{1-\left(\dfrac{2}{\pi}\psi_1\right)^2} \end{cases} \tag{6-39}$$

式中，A、S、ψ_1 和 ψ_2 与前面相同。

1. 方向函数

当口面尺寸较大时，E 面及 H 面的方向函数可近似为

$$\begin{cases} F_E(\theta) = \left|\dfrac{\sin\psi_2}{\psi_2}\right| \\[3mm] F_H(\theta) = \left|\dfrac{\cos\psi_1}{1-\left(\dfrac{2}{\pi}\psi_1\right)^2}\right| \end{cases} \tag{6-40}$$

式(6-40)中 E 面及 H 面的方向函数曲线在图 6.10 中绘出。

2. 波瓣宽度

与口面场均匀分布情况一致,对于 E 面的半功率波瓣宽度为

$$2\theta_{3dB,E} = 0.89 \frac{\lambda}{D_2}(弧度) = 51° \frac{\lambda}{D_2} \tag{6-41}$$

对于 H 面,令 $F_H(\theta) = \dfrac{\cos\psi_1}{1-\left(\dfrac{2}{\pi}\psi_1\right)^2} = 0.707$,可得

$$\psi_1 = \frac{kD_1}{2}\sin\theta_{3dB,H} = 1.86 \tag{6-42}$$

所以,H 面的半功率波瓣宽度为

$$2\theta_{3dB,H} = 1.18 \frac{\lambda}{D_1}(弧度) = 68° \frac{\lambda}{D_1} \tag{6-43}$$

3. 旁瓣电平

在 H 面方向图中,最邻近主瓣的第一个小峰值为 0.071,因此 H 面第一旁瓣电平为

$$FSLL_H = 20lg0.071 = -23.0dB \tag{6-44}$$

E 面第一旁瓣电平为

$$FSLL_E = 20lg0.214 = -13.4dB \tag{6-45}$$

可见,当口面场按余弦分布时,其 H 面的波瓣变宽,但副瓣电平降低。

6.3.3 口面场均匀分布的圆形口面

如图 6.11 所示,圆形口面上各点的场为同相等幅分布,口面场可表示为

$$E_y^s = E_0 \tag{6-46}$$

面元 ds 的坐标:$x_s = \rho_s\cos\varphi_s$;$y_s = \rho_s\sin\varphi_s$,面元的面积为 $ds = \rho_s d\varphi_s d\rho_s$。

将上述关系代入口面辐射场在 E 面和 H 面的一般积分式(6-27)和式(6-28),可得到 E 面及 H 面内辐射场公式:

$$\boldsymbol{E}_E = j\frac{e^{-jkr}}{\lambda r}\frac{1+\cos\theta}{2}E_0\int_0^a \rho_s d\rho_s\int_0^{2\pi}e^{jk\rho_s\sin\theta\sin\varphi_s}d\varphi_s\boldsymbol{e}_\theta \tag{6-47}$$

图 6.11 圆形口面的辐射

$$\boldsymbol{E}_H = j\frac{e^{-jkr}}{\lambda r}\frac{1+\cos\theta}{2}E_0\int_0^a \rho_s d\rho_s\int_0^{2\pi}e^{jk\rho_s\sin\theta\cos\varphi_s}d\varphi_s\boldsymbol{e}_\varphi \tag{6-48}$$

式中,a 为圆形口面的半径。

积分结果如下:

$$E_E = AS\frac{1+\cos\theta}{2}\frac{2J_1(\psi_3)}{\psi_3} \tag{6-49}$$

$$E_H = AS\frac{1+\cos\theta}{2}\frac{2J_1(\psi_3)}{\psi_3} \tag{6-50}$$

式中,$J_1(\psi)$ 是一阶贝赛尔函数,$S = \pi a^2$,$\psi_3 = ka\sin\theta$,A 与前述相同。

1. 方向函数

在 E 面及 H 面内具有相同形式的方向函数,当 $a \gg \lambda$ 时,圆形口面的方向函数近似为

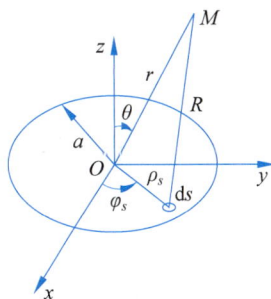

$$F_{\mathrm{E}}(\theta) = F_{\mathrm{H}}(\theta) = \left| \frac{2J_1(\psi_3)}{\psi_3} \right| \tag{6-51}$$

式(6-51)的函数曲线在图 6.10 中绘出。

2. 波瓣宽度

由图 6.10 可查得圆形口面的主瓣半功率张角,即当 $F(\theta) = 0.707$ 时,$\psi = 1.62$。所以,其半功率波瓣宽度为

$$2\theta_{3\mathrm{dB},\mathrm{E}} = 2\theta_{3\mathrm{dB},\mathrm{H}} = 1.04\frac{\lambda}{2a}(\text{弧度}) = 61°\frac{\lambda}{2a} \tag{6-52}$$

3. 旁瓣电平

$$\mathrm{FSLL_E} = \mathrm{FSLL_H} = -17.6\mathrm{dB}$$

6.3.4　面状天线的方向系数和口面利用系数

设口面天线的辐射功率 P_r 与点源天线的辐射功率 P_{r0} 相等。由式(6-27)和式(6-28)可得 $\theta = 0°$ 时为口面天线的最大辐射方向,电场有最大值,其模值为

$$\mid \boldsymbol{E}_{\max} \mid = \frac{1}{\lambda r}\iint_A E_y^{\mathrm{s}}\mathrm{d}A \tag{6-53}$$

点源在空间所产生场的坡印廷矢量的模值 $S_0 = \dfrac{\mid \boldsymbol{E}_0 \mid^2}{\eta}$,也可用辐射功率表示为 $S_0 = \dfrac{P_{r0}}{4\pi r^2}$。令两式相等可得

$$\mid \boldsymbol{E}_0 \mid^2 = \eta\frac{P_{r0}}{4\pi r^2} = 120\pi\frac{P_{r0}}{4\pi r^2} = \frac{30P_{r0}}{r^2} \tag{6-54}$$

而 $P_{r0} = P_r = \displaystyle\iint_A \boldsymbol{S}\cdot\mathrm{d}\boldsymbol{A} = \frac{1}{120\pi}\iint_A \mid E_y^{\mathrm{s}} \mid^2\mathrm{d}A$,代入式(6-54)得

$$\mid \boldsymbol{E}_0 \mid^2 = \frac{1}{4\pi r^2}\iint_A \mid E_y^{\mathrm{s}} \mid^2\mathrm{d}A \tag{6-55}$$

将式(6-53)和式(6-55)代入 D 的定义式(1-136)得到面状天线的方向系数为

$$D = \frac{\mid \boldsymbol{E}_{\max} \mid^2}{\mid \boldsymbol{E}_0 \mid^2}\bigg|_{P_r = P_{r0}} = \frac{\left| \dfrac{1}{\lambda r}\iint_A E_y^{\mathrm{s}}\mathrm{d}A \right|^2}{\dfrac{1}{4\pi r^2}\iint_A \mid E_y^{\mathrm{s}} \mid^2\mathrm{d}A} = \frac{4\pi}{\lambda^2}\frac{\left| \iint_A E_y^{\mathrm{s}}\mathrm{d}A \right|^2}{\iint_A \mid E_y^{\mathrm{s}} \mid^2\mathrm{d}A} \tag{6-56}$$

定义口面利用系数为

$$\upsilon = \frac{S_{\mathrm{e}}}{A} \tag{6-57}$$

式中,S_{e} 为天线的有效面积,A 为天线口面的几何面积。因此有

$$S_{\mathrm{e}} = A\upsilon \tag{6-58}$$

根据 S_{e} 和 D 的关系式得到

$$D = \frac{4\pi}{\lambda^2}S_{\mathrm{e}} = \frac{4\pi}{\lambda^2}A\upsilon \tag{6-59}$$

$$S_e = \frac{\lambda^2}{4\pi}D = \frac{\left|\iint\limits_A E_y^s \, dA\right|^2}{\iint\limits_A |E_y^s|^2 \, dA} \tag{6-60}$$

由式(6-60)可得口面利用系数

$$\upsilon = \frac{S_e}{A} = \frac{\left|\iint\limits_A E_y^s \, dA\right|^2}{A\iint\limits_A |E_s|^2 \, dA} \tag{6-61}$$

由式(6-61)可知,口面利用系数 υ 是与口面场分布有关的一个参数。

当口面场为等幅同相分布时, $\upsilon = \dfrac{|E_0 A|^2}{|E_0|^2 A^2} = 1$。

当口面场为余弦振幅分布,即 $E_s = E_0 \cos\dfrac{\pi x}{d_1}$ 时,可得 $\upsilon = 0.81$。

由上面的分析可知,只有当口面场为均匀分布时,口面利用系数才为1,此时的方向系数为最大。

6.3.5 同相口面场的特性

前面介绍的口面场都是同相的,根据之前的分析,可得到同相口面场的特性如下:

(1) 在平面口面的法向方向上,辐射最大。

(2) 口面本身的旁瓣电平与口面本身的利用系数取决于口面场的分布情况。口面场越均匀,口面利用系数越大,旁瓣电平越高,与口面尺寸无关。

(3) 在口面场分布一定的情况下,口面电尺寸越大时,或在口面电尺寸一定的前提下,口面分布越均匀时,主瓣越窄,口面方向系数越大。

在实际中,完全均匀的口面场是很难实现的,只能通过天线的改进,使口面场尽量均匀。因此,口面天线方向性的提高可通过增大口面面积和使口面场更加均匀来实现。例如,我国的 500m 口径球面射电望远镜就是通过增大口面面积来增大其方向性,从而提高其接收的灵敏度。

6.4 喇叭天线

6.4.1 喇叭天线的种类、结构和特点

根据惠更斯原理,终端开口的波导管可以构成一个辐射器。但是波导口面的电尺寸很小,其辐射的方向性很差。而且,在波导开口处波导与开口面外的空间不相匹配,会产生严重的反射,因此它的辐射特性差,不宜作为天线使用。将波导管的截面均匀地逐渐扩展,形成如图 6.12 所示的喇叭天线。它不仅扩大了口面的尺寸,同时改善了口面的匹配情况,从而取得了很好的辐射特性。

图 6.12 表示了几种常用的喇叭天线。当矩形波导的截面仅在 H 面展宽时,形成 H 面扇形喇叭,如图 6.12(a)所示;仅在 E 面展宽时,形成 E 面扇形喇叭,如图 6.12(b)所示;同

时在 E 面及 H 面展宽则形成角锥喇叭,如图 6.12(c)所示;由圆波导均匀展开而形成的是圆锥喇叭,如图 6.12(d)所示。

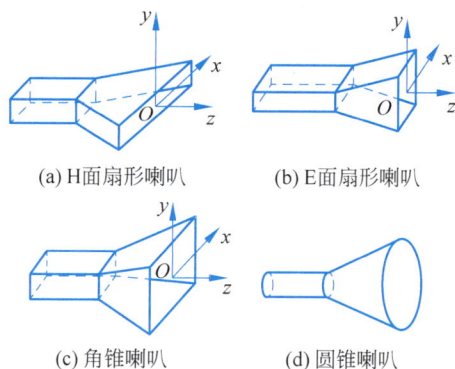

(a) H面扇形喇叭　　(b) E面扇形喇叭

(c) 角锥喇叭　　(d) 圆锥喇叭

图 6.12　喇叭天线的种类

　　喇叭天线是一种应用很广泛的微波天线。它具有结构简单、重量轻、易于制造、工作频带宽和功率容量大等优点。合理地选择喇叭的尺寸,包括喇叭口面尺寸和扩展段长度等,可以取得良好的辐射特性,如相当尖锐的主瓣、比较小的副瓣和很高的增益。

　　喇叭天线可以作为微波中继或卫星上的独立天线,也可以用作反射面天线及透镜天线的馈源,它还能用作收发共用的双工天线。在天线测量中,也被广泛地用作标准增益天线。

6.4.2　喇叭天线口面上的振幅和相位分布

　　为了确定喇叭天线的辐射特性,必须了解喇叭口面上场的分布,即求解喇叭的内场。求解喇叭内电磁场时常采用近似的方法:认为喇叭为无限长,忽略外场对内场的影响,将喇叭的内场结构近似看作与标准波导内的场结构相同,只是因为喇叭是逐渐张开的,使波形略有变化。在扇形喇叭中,平面波变成柱面波,角锥喇叭变成球面波。在平面状的喇叭口面上,场的振幅分布可近似地认为与波导截面上的相似,但是口面上场相位偏移的影响则不能忽视。图 6.13(a)和(b)分别表示 H 面及 E 面扇形喇叭的几何参数。下面计算口面场上的相位偏移。

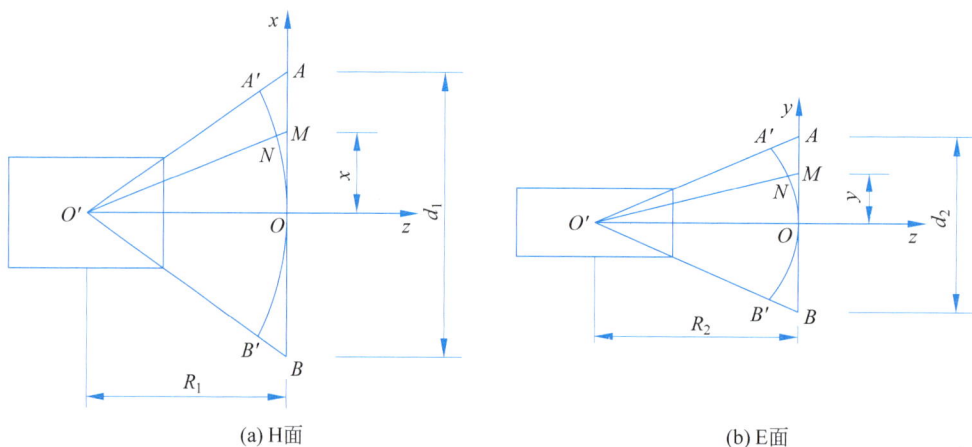

(a) H面　　　　　　　　　　　(b) E面

图 6.13　扇形喇叭几何参数图

如图 6.13(a)所示,O' 为辐射场的相位中心,由相位中心 O' 点到口面上 M 点的行程比到口面中心点 O 的行程长 MN 的距离。设口面中心处 O 点的相位偏移为零,则口面上任一点 M 的相位偏移可表示为

$$\varphi_x = -kMN = -\frac{2\pi}{\lambda}MN = -\frac{2\pi}{\lambda}\left(\sqrt{R_1^2 + x^2} - R_1\right) \tag{6-62}$$

R_1 为 H 面辐射场相位中心 O' 到喇叭口面中心点 O 的距离,为 H 面的喇叭长度,d_1 为喇叭口径沿 x 轴的长度,d_2 为喇叭口径沿 y 轴的长度。一般 $d_1 \ll R_1$,所以 $x \ll R_1$,因此有 $\sqrt{R_1^2 + x^2} = R_1\sqrt{1 + \left(\frac{x}{R_1}\right)^2} \approx R_1 + \frac{1}{2}\frac{x^2}{R_1} - \frac{1}{8}\frac{x^4}{R_1^3} + \cdots$,将它代入式(6-62),得到 φ_x 的无穷级数展开式为

$$\varphi_x = -\frac{2\pi}{\lambda}\left(\frac{1}{2}\frac{x^2}{R_1} - \frac{1}{8}\frac{x^4}{R_1^3} + \cdots\right) \tag{6-63}$$

由于 $\left|\frac{x}{R_1}\right| \ll 1$,则沿口面上任意点 M 的相位偏移近似取第一项为

$$\varphi_x \approx -\frac{\pi}{\lambda}\frac{x^2}{R_1} \tag{6-64}$$

边缘上 A 点的相位偏移最大为

$$\varphi_{x\max} \approx -\frac{\pi}{\lambda}\frac{d_1^2}{4R_1} \tag{6-65}$$

与喇叭相连的矩形波导内通常传输主模为 TE_{10} 模,场的振幅沿宽边为余弦分布。因而,喇叭口面的电场分布为

$$E_y \approx E_0\cos\left(\frac{\pi x}{d_1}\right)e^{-j\frac{\pi}{\lambda}\frac{x^2}{R_1}} \tag{6-66}$$

同理,对于 E 面扇形喇叭,口面沿 y 轴向上任意点的相位偏移为

$$\varphi_y \approx -\frac{\pi}{\lambda}\frac{y^2}{R_2} \tag{6-67}$$

边缘上最大相位偏移点的相位偏移为

$$\varphi_{y\max} \approx -\frac{\pi}{\lambda}\frac{d_2^2}{4R_2} \tag{6-68}$$

喇叭口面的电场分布为

$$E_y \approx E_0\cos\left(\frac{\pi x}{d_1}\right)e^{-j\frac{\pi}{\lambda}\frac{y^2}{R_2}} \tag{6-69}$$

对于角锥喇叭来说,以中心点相位为零时,口面上任意点的相位偏移为

$$\varphi \approx -\frac{\pi}{\lambda}\left(\frac{x^2}{R_1} + \frac{y^2}{R_2}\right) \tag{6-70}$$

顶角处最大相位偏移点的相位偏移为

$$\varphi_{\max} \approx -\frac{\pi}{4\lambda}\left(\frac{d_1^2}{R_1} + \frac{d_2^2}{R_2}\right) \tag{6-71}$$

喇叭口面上的电场分布为

$$E_y \approx E_0 \cos\left(\frac{\pi x}{d_1}\right) \mathrm{e}^{-\mathrm{j}\frac{\pi}{\lambda}\left(\frac{x^2}{R_1} + \frac{y^2}{R_2}\right)} \tag{6-72}$$

6.4.3 矩形喇叭的最佳尺寸配合

在矩形喇叭的 E 面,在口面场的振幅均匀,相位按平方律变化的情况下,当 $\varphi_{y\max} \approx \frac{\pi}{\lambda}\frac{d_2^2}{R_2} = \frac{\pi}{2}$ 时,相位偏移对方向性的影响不大。相位偏移进一步增大,当 $\varphi_{y\max} > \frac{\pi}{2}$ 时,主瓣明显变宽,甚至在主辐射方向形成凹陷。所以,由 $\varphi_{y\max} \approx \frac{\pi}{\lambda}\frac{d_2^2}{4R_2} = \frac{\pi}{2}$,可得到 d_2 的最佳尺寸为

$$d_2 = \sqrt{2\lambda R_2} \tag{6-73}$$

在矩形喇叭的 H 面,口面场振幅按余弦分布,相位按平方律变化的情况下,由于口面边缘相位偏移最大处的振幅很小,相位偏移对方向性的影响减弱,因此允许边缘相位偏移较大,可达 $\frac{3\pi}{4}$。由 $\varphi_{x\max} \approx \frac{\pi}{\lambda}\frac{d_1^2}{R_1} = \frac{3\pi}{4}$,可得到 d_1 的最佳尺寸为

$$d_1 = \sqrt{3\lambda R_1} \tag{6-74}$$

6.4.4 喇叭天线的方向系数和口面利用系数

由 6.3 节的分析得知,均匀振幅的同相口面的方向系数、口面利用系数分别为

$$D = \frac{4\pi}{\lambda^2}A, \quad \upsilon = 1$$

余弦振幅的同相口面的方向系数、口面利用系数分别为

$$D = 0.81\frac{4\pi}{\lambda^2}A, \quad \upsilon = 0.81$$

当喇叭口面上场的相位偏移不能忽略时,将角锥喇叭口面上场分布表达式(6-72)代入式(6-56),可得到角锥喇叭的方向系数为

$$D = \frac{8\pi R_1 R_2}{d_1 d_2}\left[(C_u - C_v)^2 + (S_u - S_v)^2\right] \times (C_w^2 + S_w^2) \tag{6-75}$$

式中,应用了菲涅耳积分:

$$C_x = \int_0^x \cos\left(\frac{\pi x^2}{2}\right)\mathrm{d}x, \quad S_x = \int_0^x \sin\left(\frac{\pi x^2}{2}\right)\mathrm{d}x$$

其中,

$$u = \frac{1}{\sqrt{2}}\left(\frac{\sqrt{\lambda R_1}}{d_1} + \frac{d_1}{\sqrt{\lambda R_1}}\right)$$

$$v = \frac{1}{\sqrt{2}}\left(\frac{\sqrt{\lambda R_1}}{d_1} - \frac{d_1}{\sqrt{\lambda R_1}}\right)$$

$$w = \frac{1}{\sqrt{2}}\frac{d_2}{\sqrt{\lambda R_2}}$$

当为 H 面扇形或 E 面扇形喇叭时,方向系数分别为

$$
\begin{cases}
D_H = \dfrac{4\pi d_2 R_1}{d_1 \lambda}\big[(C_u - C_v)^2 + (S_u - S_v)^2\big] \\[3mm]
D_E = \dfrac{64 d_1 R_2}{\pi d_2 \lambda}(C_w^2 + S_w^2)
\end{cases}
\tag{6-76}
$$

由式(6-75)和式(6-76)可以看出,振幅和相位分布都不均匀的喇叭天线的方向系数 D 的计算都比较复杂。因此,工程上常利用绘制好的曲线来求其方向系数。E 面扇形喇叭和 H 面扇形喇叭的方向系数随尺寸的变化曲线如图 6.14 和图 6.15 所示。

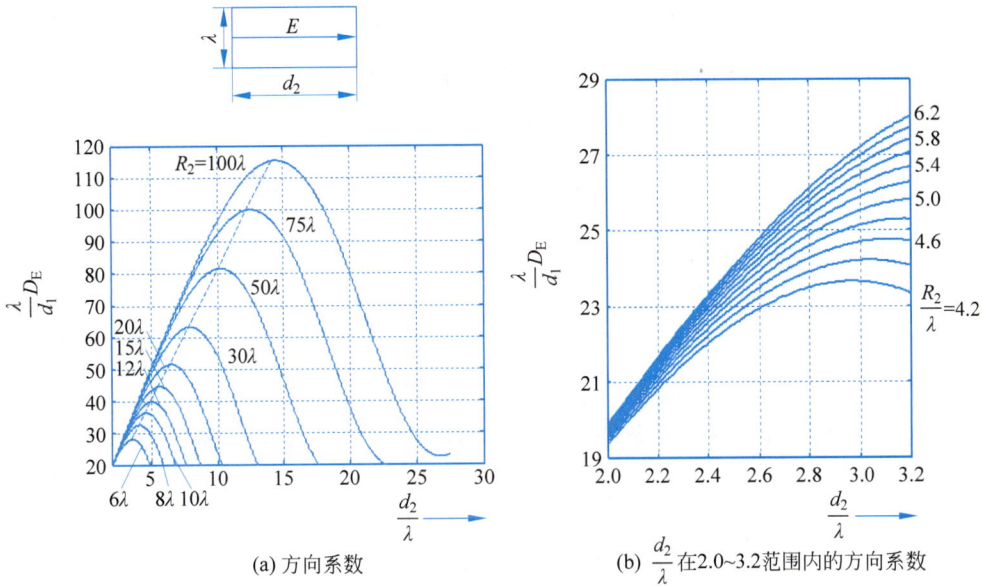

图 6.14 E 面扇形喇叭

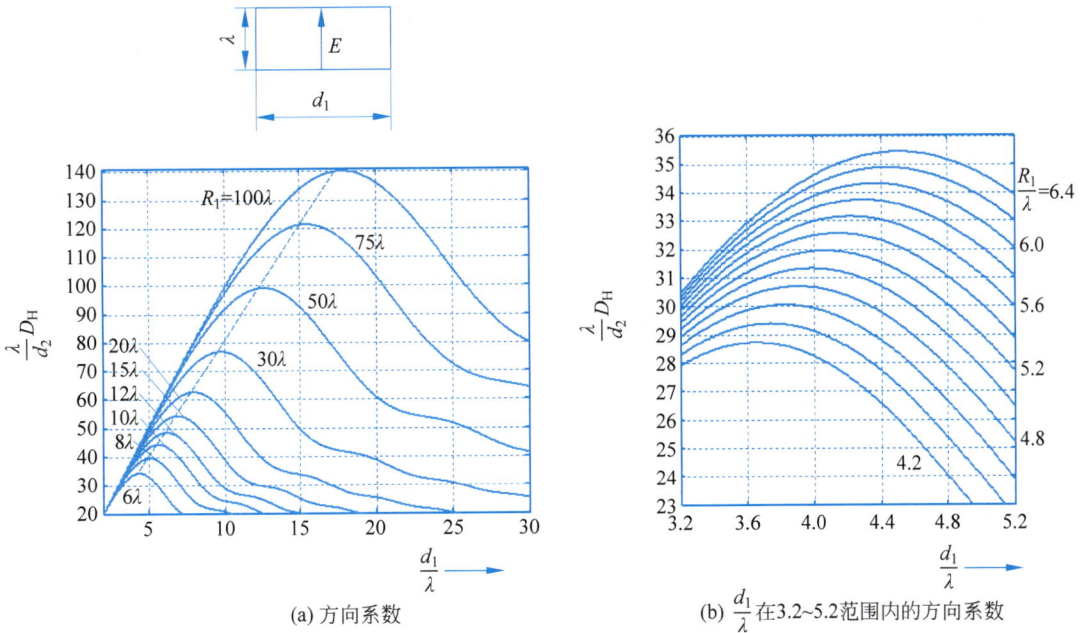

图 6.15 H 面扇形喇叭

由图 6.14 和图 6.15 可以求出喇叭长度 R_1 或 R_2 为不同值时，H 面扇形或 E 面扇形喇叭天线的方向系数 D_H、D_E 与口径波长比 $\dfrac{d_1}{\lambda}$、$\dfrac{d_2}{\lambda}$ 的关系。

角锥喇叭天线的方向系数可由上述曲线及式(6-77)求得为

$$D = \frac{\pi}{32}\left(\frac{\lambda}{d_2}D_H\right)\left(\frac{\lambda}{d_1}D_E\right) \tag{6-77}$$

分析如图 6.14 和图 6.15 所示的曲线，可得到下列结论：

(1) 在给定 $\dfrac{R}{\lambda}$ 时，方向系数 D 随着 $\dfrac{d}{\lambda}$ 的增大而增大，当达到最大值后又逐渐减小。这是因为随着口面尺寸的增大，口面上按平方律变化的相位差也增大了。口面尺寸的增大使方向系数增大，而相位差的增大使方向系数减小，故出现方向系数的最大值。

(2) 在给定 $\dfrac{d}{\lambda}$ 时，方向系数 D 随着 $\dfrac{R}{\lambda}$ 的增大而增大，最后仅能达到某一定值。这是因为随着 $\dfrac{R}{\lambda}$ 的增大，口面上场的相位差减小，最后至多达到同相场的极限值。

(3) 将图 6.14 和图 6.15 中不同 $\dfrac{R}{\lambda}$ 曲线的最大值连接在一起，可得到一曲线(如图 6.14 和图 6.15 中虚线所示)，此曲线表示喇叭天线的最佳尺寸关系，其数量关系由式(6-73)和式(6-74)给出。在最佳尺寸关系条件下，E 面和 H 面扇形喇叭的方向系数均近似为

$$D = 0.64\frac{4\pi A}{\lambda^2} \tag{6-78}$$

口面利用系数 $\nu = 0.64$。此时，口面场的最大相位差为

$$\varphi_{\max} = \left(\frac{1}{2} \sim \frac{3}{4}\right)\pi \tag{6-79}$$

在最佳尺寸关系条件下，角锥喇叭天线的方向系数及口面利用系数分别为

$$\begin{cases} D = 0.51\dfrac{4\pi A}{\lambda^2} \\ \nu = 0.51 \end{cases} \tag{6-80}$$

喇叭天线的效率很高，$\eta \approx 1$。由 $G = \eta D$，因此近似地认为它的增益系数和方向系数相等。

6.4.5　喇叭天线的设计

喇叭天线的设计是根据给定的电气指标要求，来确定喇叭天线的几何尺寸，包括口面尺寸 d_1、d_2 和喇叭的长度 R_1、R_2 以及馈电波导的选择。喇叭天线可以独立地使用，特别是因为它的增益系数可以通过理论方法准确地计算得出，而常常被用作为天线的增益标准。此时，喇叭天线可根据给定的增益要求来设计；喇叭天线更多地被用作组合天线中的辐射器，如抛物面天线中的初级辐射器。此时，就需要使喇叭天线具有要求的方向图和易于确定的相位中心。

第一种情况为给定增益系数，将喇叭设计于最佳情况，步骤如下：

(1) 根据工作波长确定馈电波导的尺寸；

(2) 根据要求的增益系数，确定喇叭天线的最佳尺寸。

已知最佳角锥喇叭的增益系数为

$$G \approx D = 0.51 \frac{4\pi}{\lambda^2} d_1 d_2 \tag{6-81}$$

由图 6.14 和图 6.15 可知，D_H 及 D_E 的最大值发生在具有如下最佳尺寸关系时：

$$\begin{cases} d_1 = \sqrt{3\lambda R_1} \\ d_2 = \sqrt{2\lambda R_2} \end{cases} \tag{6-82}$$

考虑到喇叭与馈电波导的配合，如图 6.16 所示，喇叭的几何形状应满足如下条件：

$$\frac{R_1}{R_2} = \frac{1 - \dfrac{b}{d_2}}{1 - \dfrac{a}{d_1}} \tag{6-83}$$

式中，a 和 b 是波导的截面尺寸。

由式(6-81)～式(6-83)，可联立解得 d_1、d_2 和 R_1、R_2 这 4 个未知量。在求解方程组时，常采用尝试法，即首先取 $R_1 = R_2$，由此求得 d_1、d_2，然后再进行修正，直至完全符合上列 4 个方程的要求。

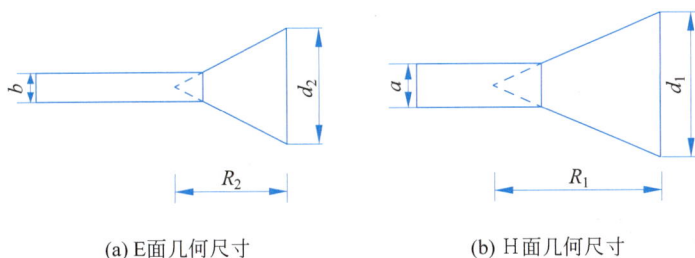

(a) E面几何尺寸   (b) H面几何尺寸

图 6.16　喇叭天线几何尺寸

第二种情况为根据方向图要求来设计喇叭。

前面已求得在不考虑口面场具有相位差的情况下，口面尺寸与主瓣半功率张角间的关系式。实际上，喇叭天线口面的相位分布具有不均匀性。此时可采用经验公式：

$$\begin{cases} 2\theta_{0.5E} = 53 \dfrac{\lambda}{d_2} (°) \\ 2\theta_{0.5H} = 80 \dfrac{\lambda}{d_1} (°) \end{cases} \tag{6-84}$$

在确定喇叭口面尺寸 d_1、d_2 后，可根据最佳关系条件式(6-82)确定喇叭的长度 R_1、R_2。与此同时，必须应用几何配合条件式(6-83)检验所设计喇叭与波导之间的配合。当由这两个条件计算所得的比值 $\dfrac{R_1}{R_2}$ 互不一致，且相差较大时，应根据对方向图要求的情况决定取舍。如果要求准确保证给定的主瓣半功率宽度 $2\theta_{0.5E}$、$2\theta_{0.5H}$，则应优先满足几何配合条件。此时，喇叭的各个尺寸可能不为最佳配合，其增益系数不能按最佳角锥喇叭的增益计算式(6-81)计算。在使用图 6.14 和图 6.15 时应注意，此时工作点不在对应于最佳情况的虚线位置上；反之，如果对方向图主瓣半功率宽度的要求并不严格，则可以应用最佳条件计算确定喇叭的长度。当计算结果与几何配合条件式(6-83)有矛盾时，用修正口面尺寸的方法解决。

例 6.1 设计一个工作于 $\lambda = 3.2\text{cm}$ 的角锥喇叭天线,要求它的方向系数为 25dB,与之相连的波导采用部颁标准波导。

解 (1) $\lambda = 3.2\text{cm}$,采用 BJ-100 标准波导

$$a = 22.86\text{mm} \approx 2.3\text{cm}, \quad b = 10.16\text{mm} \approx 1.0\text{cm}$$

(2) 按最佳角锥喇叭设计,根据要求的方向系数,将 $D = 25\text{dB}$,即 $D = 316$ 代入式(6-81)可得

$$d_1 d_2 = \frac{\lambda^2 G}{0.51 \times 4\pi} = \frac{3.2^2 \times 316}{0.51 \times 4\pi} \approx 505\text{cm}^2$$

(3) 由最佳关系条件确定各尺寸。

第一次尝试,设 $R_1 = R_2 = R$,由式(6-82)可得 $\dfrac{d_1}{d_2} = \sqrt{1.5}$。与 $d_1 d_2$ 乘积式联立解得

$$d_2 = \sqrt{\frac{505}{\sqrt{1.5}}} \approx 20.3\text{cm}$$

$$d_1 = \sqrt{1.5}\, d_2 \approx 24.86\text{cm}$$

将第一次尝试结果代入式(6-83),检验

$$\frac{R_1}{R_2} = \frac{1 - \dfrac{1.0}{20.3}}{1 - \dfrac{2.3}{24.86}} \approx 1.048$$

可见,初始比值 $\dfrac{R_1}{R_2}$ 取得过小。将新的比值代入式(6-82)得 $\dfrac{d_1}{d_2} = \sqrt{\dfrac{3 \times 1.048}{2}} \approx 1.2538$。与 $d_1 d_2$ 乘积式联立解得

$$d_1 = 25.16\text{cm}, \quad d_2 = 20.07\text{cm}$$

由式(6-82)可解得

$$R_1 = \frac{d_1^2}{3\lambda} = 65.94\text{cm}$$

$$R_2 = \frac{d_2^2}{2\lambda} = 62.94\text{cm}$$

再次代入各式检验,可见均满足要求。

6.5 抛物面天线

抛物面天线由于结构简单、造价较低、容易获得高增益等良好特性,在微波中继通信、卫星通信和射电天文等方面得到了广泛的应用。

抛物面天线由馈源和抛物反射面构成。馈源位于抛物面的焦点上,为弱方向性,其所辐射的电磁波经抛物反射面反射后只向空间的一个方向传播,并在此方向形成很强的方向性。抛物反射面具有很多形式,常用的有旋转抛物面、柱形抛物面和部分抛物面,如图 6.17 所示。

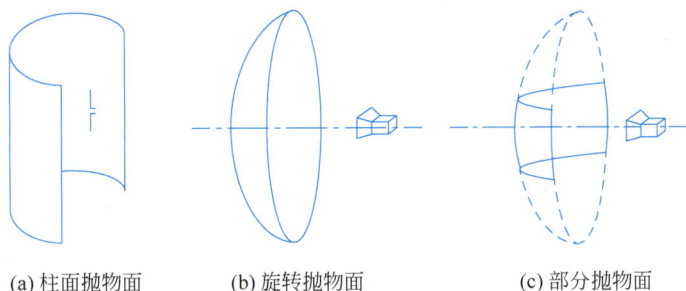

(a) 柱面抛物面　　　　(b) 旋转抛物面　　　　(c) 部分抛物面

图 6.17　抛物反射面

　　为了对抛物面天线进行分析,必须求出其在空间产生的电磁场。因而,必须首先求出馈源在抛物反射面的口面上所产生的电磁场分布情况。由于反射面的尺寸远大于波长,且抛物面在馈源的远区,因此,可以利用几何光学的方法来求抛物面口面上的场。由几何光学原理,一束平行的射线入射到一个几何形状为抛物面的反射器上,它们会被汇聚到抛物面的焦点上;反之,如果将一个点源放在抛物面的焦点上,则由点源产生的射线经抛物面反射后会形成平行的射线,由此可求得抛物面口面上的场分布。

6.5.1　抛物面的几何特性

1. 抛物线方程

以旋转抛物面为例,它是由抛物线绕其对称轴 Oz 旋转而成。选取抛物面在 yOz 平面内的截线(抛物线)进行分析。

抛物线在直角坐标系内的方程为

$$y^2 = 4fz \tag{6-85}$$

式中,f 为焦距,其坐标系的选取如图 6.18 所示。

在 yOz 面内建立极坐标系 $\rho\text{-}\psi$,极坐标的原点取在焦点 F 处。F 到抛物面上任意点 P 的距离为 ρ,FP 与负 z 轴的夹角为 ψ。由图 6.18 可得极坐标系中变量 (ρ,ψ) 与直角坐标系中的变量 (y,z) 的关系为

$$\begin{cases} y = \rho\sin\psi \\ z = f - \rho\cos\psi \end{cases} \tag{6-86}$$

将式(6-86)代入直角坐标系下抛物线方程,得到极坐标下抛物线方程为

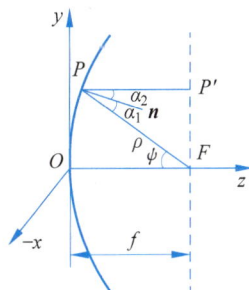

图 6.18　抛物面的几何关系

$$\rho = \frac{2f}{1+\cos\psi} = f\sec^2\frac{\psi}{2} \tag{6-87}$$

2. 焦径比

设抛物面的口面直径为 $2a$,定义 $\dfrac{f}{2a}$ 为焦径比,可得

$$\frac{f}{2a} = \frac{f}{2y_{\max}} = \frac{f}{2\rho\sin\Psi}$$

$$= \frac{f}{2f\sec^2\dfrac{\Psi}{2}\sin\Psi} = 0.25\cot\dfrac{\Psi}{2} \tag{6-88}$$

式中，Ψ 为抛物面的半张角，则 2Ψ 为抛物面的张角。

当 $\dfrac{f}{2a}>0.25$ 时，$2\Psi<180°$，称为长焦距抛物面；当 $\dfrac{f}{2a}<0.25$ 时，$2\Psi>180°$，称为短焦距抛物面；而 $\dfrac{f}{2a}=0.25$，$2\Psi=180°$，称为中焦距抛物面。图 6.19 中为不同焦距的抛物面。

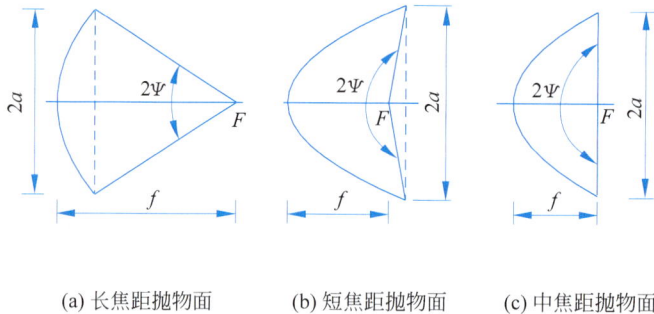

(a) 长焦距抛物面　　(b) 短焦距抛物面　　(c) 中焦距抛物面

图 6.19　不同焦距的抛物面

3. 旋转抛物面的几何特性

(1) 由焦点发出的射线经抛物面反射后反射线都平行于 z 轴。根据抛物线的几何特性可知：$\angle\alpha_1=\angle\alpha_2$，如图 6.18 所示。

(2) 过焦点 F 做垂直于 z 轴的平面，由焦点发出的射线经抛物面反射后到达此平面的距离为一个常数。即

$$FP + PP' = \rho + \rho\cos\psi = \rho(1 + \cos\psi) = 2f \tag{6-89}$$

由以上抛物面的几何性质可知，若将馈源的相位中心放在抛物面的焦点上，其所辐射的场经抛物面反射后向同一个方向（z 方向）传播，且在过焦点与 z 轴垂直的平面上由行程所引起的相位滞后相同。因此，在此平面上的场是同相的。即在 z 方向场是同相叠加，可形成很强的方向性。

6.5.2　口面场分布

进行抛物面的分析设计时，一般采用几何光学和物理光学的方法导出口径面上的场分布，然后依据口径场分布求出辐射场。利用这种方法计算口面上的场分布时，为了使求解简单，需要作以下假定：

(1) 馈源辐射理想球面波，即它具有一个确定的相位中心，并与抛物面焦点 F 重合，否则口面场就不是同相场。

(2) 馈源后向辐射为零，即在 $\psi>\pi/2$ 时的区域中辐射为零。

(3) 抛物面焦距远大于波长，抛物面位于馈源的远区，且对馈源的影响可忽略。

(4) 抛物面是旋转对称的，馈源的方向图也是旋转对称的。即它们只是 ψ 的函数。

下面计算抛物面口面上的场分布。首先要计算抛物面口面 A 上的场强分布。如图 6.20 所示，假设辐射器（馈源）的尺寸很小，其相位中心位于抛物面的焦点上。根据抛物面的几何

特性,从焦点出发经过抛物面反射的全部射线都是平行的,且在与 z 轴垂直的平面上是同相的。由于从抛物面表面 A' 到口面 A 的路程中,平行反射波的能量密度不变,因此口面 A 上场的振幅与 A' 上的相同。即图 6.20 中 P 点与 P' 点的场强相同。从辐射器(馈源)到抛物面表面的过程中,电磁波为球面波,由于能量的扩散,场强的振幅与距离成反比,随着离开馈源距离的增大,场强减小。

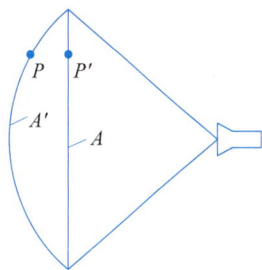

图 6.20 抛物面天线

设辐射器的归一化功率方向函数为 $F_1(\psi)$,则根据式(1-162)可知,在自由空间天线口面 P 点场的振幅可写为

$$E_P = \frac{\sqrt{60 D_1 P_r}}{\rho} F_1(\psi) \tag{6-90}$$

式中,D_1 是辐射器最大辐射方向的方向系数,P_r 为辐射器的辐射功率,ρ 是辐射器到抛物面的径向距离。将式(6-87)代入式(6-90),可得

$$E_P = \frac{\sqrt{60 D_1 P_r}}{2f} (1 + \cos\psi) F_1(\psi) \tag{6-91}$$

由式(6-91)可以看出,口面上的场分布是角度 ψ 的函数,因此口面上的场分布是不均匀的。口面场分布的不均匀性,一方面是由馈源辐射不均匀而引起的,体现为 $F_1(\psi)$;另一方面则是由于馈源到抛物面上各点的行程不同,由球面波的扩散衰减不同而引起的,体现为 $(1 + \cos\psi)$。

当馈源均匀照射时,$F_1(\psi) = 1$,口面上的场分布为 $E_P = \dfrac{\sqrt{60 D_1 P_r}}{2f} (1 + \cos\psi)$。在抛物面口面的中心点,$\psi = 0$,$1 + \cos\psi = 2$,口面场在此处具有最大值。在抛物面口面的边缘,$\psi = \Psi$,$1 + \cos\psi = 1 + \cos\Psi$。可见,$\Psi$ 越小,口面上中心点的场与边缘的场的差值越小,口面场分布越均匀。而由前面分析可知,Ψ 越小,$\dfrac{f}{2a}$ 越大,抛物面的焦距越长。因此,为了得到更均匀的口面场分布,宜采用长焦距的抛物面。

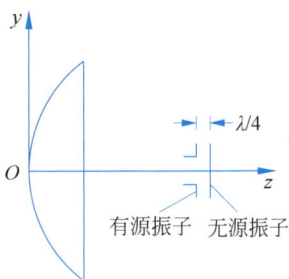

图 6.21 馈源为二元振子阵的抛物面天线

当辐射器是一个二元振子阵,振子轴平行于 y 轴放置,如图 6.21 所示。则抛物面上的电场分布将随抛物面焦距的长短而变化,分别如图 6.22(a)、(b)、(c)所示。

由图 6.22 可见,口面场具有纵向及横向分量。幅度占优势的纵向分量 E_y^0 在 4 个象限内方向相同,而横向分量在相邻象限中方向相反。因而,横向分量 E_x^0 在天线的两个主平面内所产生的辐射场等于零。在计算两主平面内的辐射场时,只需要考虑由主要分量即口面场的主极化分量 E_y^0 所产生的场,而不考虑交叉极化分量 E_x^0。由图 6.22(c)可以看出,短焦距时口面的上、下边缘附近出现反相场。这些反相场将在天线的最大辐射方向产生反相的辐射场,故称之为"有害区"。可见,当辐射器为二元阵时,不宜采用短焦距的抛物面。如因某种特殊原因需要采用短焦距抛物面时,可适当切去有害区域,构成部分抛物面,如图 6.17(c)所示。

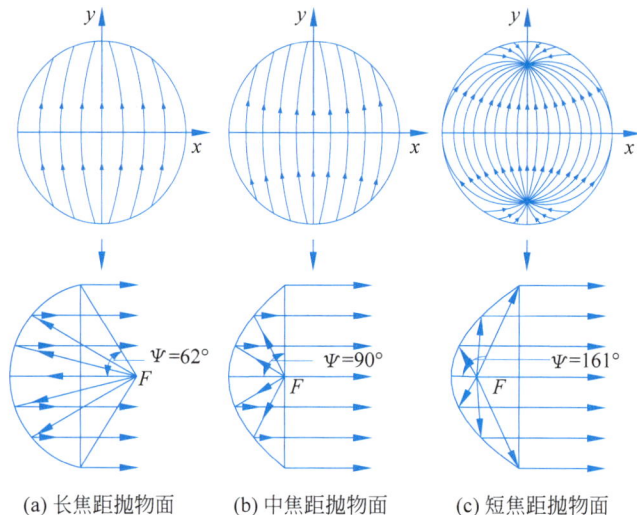

图 6.22 不同焦距情况下抛物面上的电场分布

6.5.3 抛物面天线的方向系数和增益系数

抛物面天线的辐射效率 η 通常都小于 1。使抛物面天线的效率降低的主要原因,是因为由辐射器发出的功率有相当一部分不能被反射面截获,而从反射面边缘越过,造成能量的泄漏损耗。因而,根据式(6-59),抛物面天线的增益系数常表示为

$$G = \eta D = \frac{4\pi A}{\lambda^2} \eta v = g\, \frac{4\pi A}{\lambda^2} \tag{6-92}$$

式中,$g = \eta v$ 称为增益因子,它既与辐射器的方向性有关,也与抛物面的形状(焦径比或半张角)有关。

通常,辐射器的归一化功率方向函数可近似表示为

$$F_1(\psi) = \begin{cases} \cos^i \psi, & 0° \leqslant \psi \leqslant 90° \\ 0, & \psi > 90° \end{cases} \tag{6-93}$$

式中,i 是方向函数指数,表示辐射器方向图的尖锐程度。它的方向系数为 $D = 2(2i+1)$,将 $F_1(\psi)$ 和 D 代入式(6-91),得到抛物面口面场的一般表达式为

$$E_P = \frac{\sqrt{30(2i+1)P_r}}{f}(1+\cos\psi)\cos^i\psi \tag{6-94}$$

将式(6-94)代入式(6-61)可得到口面利用系数 v,再由式(6-59)求得抛物面口面的方向系数。将式(6-94)代入口面辐射场的一般表达式即式(6-26)可得抛物面天线的空间辐射场及方向函数。

6.5.4 馈源

馈源是抛物面天线的基本组成部分,它的电性能和机械结构对整个天线性能有很大的影响。为保证天线的性能,天线的馈源应满足如下基本要求:

(1) 抛物面截获馈源辐射的电磁能量应尽可能多,在此前提下,应保证馈源对反射面有均匀的照射。在馈源的初级波瓣图中,它的旁瓣及后瓣应尽可能小,这是因为这些杂散的辐

射不但降低了天线的增益,而且提高了抛物面天线的旁瓣电平。

(2)馈源必须具有理想的辐射场相位,即馈源所辐射的场的等相位面必须是一个以相位中心为球心的球面。相位中心应与焦点重合,以使抛物面天线的口面上获得等相位的场分布。

球面波的相位中心为球面等相位面的球心。对一些结构简单的馈源,它的辐射波可以看成是球面波。例如,理想对称振子的辐射场,其等相位面是一个球面,球面的中心就是振子的中心;而喇叭辐射场的球面波中心不是在喇叭的口径面上,而是在喇叭口径面的后部。

(3)馈源的结构不应该对反射口径面上的场向自由空间辐射有较大的影响,只允许它有较小的遮挡效应。

(4)由于交叉极化场分量会使天线的增益降低,因此,馈源在抛物面天线的口径面上所产生的交叉极化场的分量必须很小。

(5)在给定的工作频带内,要求馈源应与馈线有良好的匹配,一般低于-30dB,以保证能在给定的发射功率下高效工作。

(6)馈源和天线的其他部分组合在一起,应该有足够的机械强度,以保证整个天线结构的坚固性。

馈源的形式很多,所有弱方向性天线都可作为抛物面天线的馈源。例如,振子型馈源、喇叭型馈源、波导口型馈源、对数周期性馈源、螺旋天线馈源等。在实际应用中,馈源的选取由天线的工作频段和其他特殊要求决定。在 UHF 频段,大量使用偶极子作为馈源;在微波波段,多采用波导辐射器和小喇叭天线,也可采用半波偶极子、缝隙天线、螺旋天线等。

6.6　双反射器天线(卡塞格伦天线)

在射电天文、空间通信以及精密跟踪等领域,抛物面天线由于尺寸大、造价高、增益因子受限以及馈线损耗大等缺点,应用受到了限制。在抛物面天线和卡塞格伦光学望远镜的基础上,利用两个反射镜面构成的双反射器天线可以很好地解决上述问题,而且设计灵活,具有比普通抛物面更为优越的性能。在众多的双反射器天线中,卡塞格伦天线是最常用、最典型的一种,如图 6.23 所示。

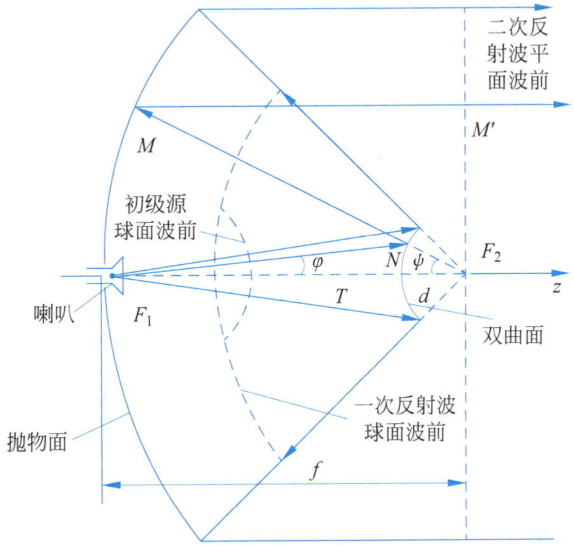

图 6.23　卡塞格伦天线

6.6.1 工作原理

双反射器天线由主反射器(主反射面)、副反射器(副反射面)和馈源 3 部分组成。主反射器为旋转抛物面,副反射器为旋转双曲面,也可以是旋转椭球面。使用后一种副反射器的天线称为格里高利天线。辐射器一般都采用喇叭。

由于包含两个不同的反射面,因此双反射器天线的几何关系比普通抛物面天线要复杂。为说明它的工作原理,首先对双曲面的母线——双曲线的几何特性进行分析。

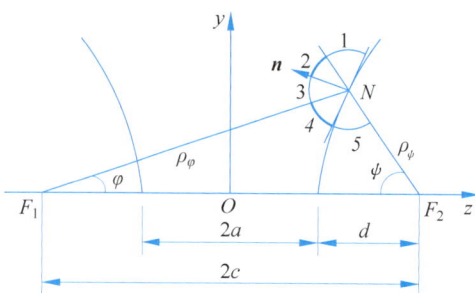

图 6.24　双曲线的几何关系

如图 6.24 所示,双曲线有两个焦点,通常称为实焦点 F_1 和虚焦点 F_2,两者间距为 $2c$,两曲线顶点间距为 $2a$。在直角坐标系中,若两焦点以 y 轴为对称轴,分别位于 $F_1(0,0,-c)$ 和 $F_2(0,0,c)$ 时,双曲线的方程为

$$\frac{z^2}{a^2} - \frac{y^2}{c^2 - a^2} = 1 \tag{6-95}$$

双曲线的另一个参数是离心率 $e = \dfrac{c}{a} > 1$。

如图 6.24 所示,双曲线具有如下几何特性:

(1) 双曲线上任一点 N 到两个焦点的距离差等于一常数,即

$$NF_1 - NF_2 = 2a \tag{6-96}$$

(2) 当射线从实焦点 F_1 投射到双曲线上任一点时,其反射线的反向延长线恰好通过虚焦点 F_2。由此可见,如果将馈源的相位中心放在实焦点 F_1 上,则经过双曲线反射后,反射线的方向就像从虚焦点 F_2 发出来的一样。根据双曲线和抛物线的性质,如果把辐射源的相位中心放在实焦点 F_1 上,并使双曲线的虚焦点 F_2 与抛物反射面的焦点重合,就构成了双反射器天线。由于虚焦点与抛物面的焦点重合,从辐射器发出的射线经双曲线反射后,这些射线就像从抛物面的焦点发出,再经抛物面反射后形成平行的射线。

如图 6.23 所示,根据抛物面的性质

$$F_2 N + NM + MM' = 2f \tag{6-97}$$

同时,利用双曲线的几何性质

$$F_1 N - F_2 N = 2a \tag{6-98}$$

将式(6-97)和式(6-98)相加得到:

$$F_1 N + NM + MM' = 2(f + a)(常数) \tag{6-99}$$

可见,从辐射器发出的射线到达口面上的行程是相同的,因此,卡塞格伦天线的口径场是同相分布的。

卡塞格伦天线常常用等效抛物面方法来分析。等效抛物面法是将卡塞格伦天线等效为一次反射的普通抛物面天线。但保持:

(1) 辐射器的口径不变;

(2) 主反射器的口面面积与等效的普通抛物面天线的口面面积相同。只要两者在抛物面的口面上的场相同,则根据等效原理,这两个天线在空间所产生的场也相同,两天线具有相同的方向特性。这样就可以用普通抛物面的分析方法对卡塞格伦天线进行分析。

在图 6.25 中,(a)为卡塞格伦天线,(b)画出了它的等效抛物面天线,如虚线所示。

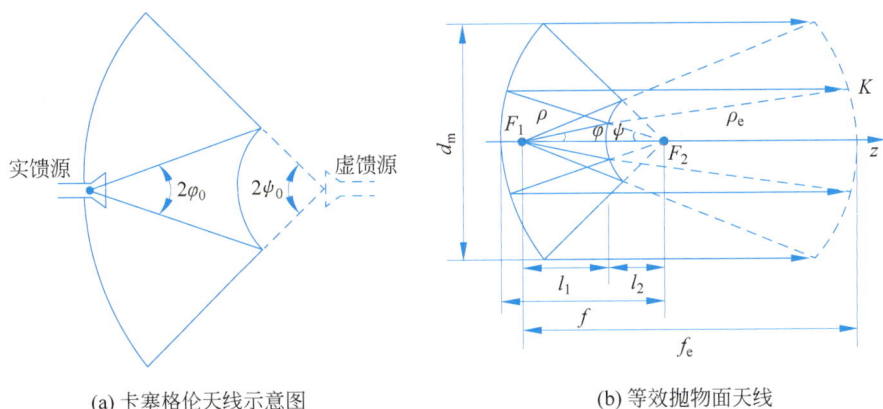

(a) 卡塞格伦天线示意图   (b) 等效抛物面天线

图 6.25   等效抛物面法

可以证明,从实焦点 F_1 发出来的射线的延长线,与此射线经过副反射器、主反射器上两次反射后形成的平行线的交点 K 的轨迹,是一个抛物面。此抛物面的焦点与双曲线的实焦点 F_1 重合,则由焦点 F_1 处的辐射器发出的射线经此抛物面反射后变为平行于 z 轴并沿 $-z$ 方向传播的射线。此射线与由辐射器发出的同一射线经卡塞格伦天线副反射器和主反射器反射后平行于 z 轴的射线重合。可用射线管的概念证明辐射器在此等效抛物面口面上所产生的场分布与卡塞格伦天线主反射器口面上的场分布相同。如图 6.26 所示,沿 φ 方向张角为 $\mathrm{d}\varphi$ 的射线管内投射到等效抛物面 $Q_1'Q_2'$ 区域的功率应与此射线管经副反射面和主反射面反射后投射到主反射面 Q_1Q_2 区域内的功率相同,而经等效抛物面和原来的主反射面分别反射后又汇合成同一射线管,即两射线管在各自的口径面上的截面相等。当 $\mathrm{d}\varphi \to 0$ 时,通过卡塞格伦天线主反射面口径上任一点的功率流密度和通过等效抛物面口面上对应点的功率流密度相等,于是证实了卡塞格伦天线和等效抛物面天线的口面场分布是完全相同的。

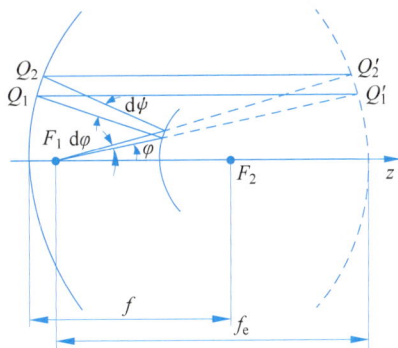

图 6.26   等效抛物面的口径场分布

由上面的分析可知,卡塞格伦天线与等效抛物面天线的口径尺寸、口面场的大小和分布均相等,且两者均为同相场,因此,两者具有同样的空间场分布和方向特性。

由图 6.25(b)可知,

$$\rho\sin\psi = \rho_e\sin\varphi \tag{6-100}$$

将抛物面方程式(6-87)代入式(6-100),并利用三角函数式 $\tan\dfrac{\psi}{2} = \dfrac{\sin\psi}{1+\cos\psi}$,可得

$$\rho_e = \frac{2f}{1+\cos\psi}\cdot\frac{\sin\psi}{\sin\varphi} = \frac{2f}{1+\cos\varphi}\cdot\frac{\tan\dfrac{\psi}{2}}{\tan\dfrac{\varphi}{2}} \tag{6-101}$$

令 $M = \tan\dfrac{\psi}{2} \big/ \tan\dfrac{\varphi}{2}$，则有

$$\rho_e = \frac{2Mf}{1 + \cos\varphi} \tag{6-102}$$

式(6-102)与式(6-87)有相似的形式,也是一个抛物面的方程。从而证明了等效反射面为一个抛物面。令

$$f_e = Mf \tag{6-103}$$

则 f_e 就是图 6.26 中虚线所示等效抛物面的焦距。在典型的双反射器天线中,实际抛物面主反射器的半张角 Ψ_0 大于等效抛物面的半张角 φ_0,也即 Ψ 大于相应的 φ。因此,M 为大于 1 的数,称之为放大率。因此,等效抛物面的焦距 f_e 大于卡塞格伦天线主反射器的焦距。

从上面的分析可以看出,一个实际焦距比较短的双反射器天线,可等效为一个具有较长焦距(增为原有长度的 M 倍)的抛物面天线。加长焦距,使口面场分布更为均匀,有利于提高双反射器天线的口面利用系数,增强方向系数。因此,同样口径的卡塞格伦天线比普通抛物面天线的方向性更强。而且,双反射器天线的辐射器被放置于作为主反射器的抛物面的顶点附近,即双曲线的实焦点处,与辐射器相连的馈线及收发设备位于主反射器的后方。这种结构有利于缩短馈线的长度,减小天线噪声,并便于安装调整。

6.6.2　卡塞格伦天线的辐射特性

1. 方向图

普通抛物面天线方向图的计算方法,同样适用于卡塞格伦天线。由图 6.25(b)可见,卡塞格伦天线具有比实际焦距较长的等效焦距,因而,在抛物面口径相同的前提下,卡塞格伦天线由于口面场分布更加均匀而具有较窄的主瓣,但副瓣较大。

2. 增益系数

卡塞格伦天线的增益系数可表示为

$$G = \frac{4\pi A}{\lambda^2} g = \left(\frac{\pi d_m}{\lambda}\right)^2 g \tag{6-104}$$

式中,d_m 是主反射器的口面直径。g 是天线的增益因子。影响增益因子的主要因素有:

(1) 主、副反射面的泄漏;

(2) 主反射器口面上场的幅度和相位分布的均匀程度;

(3) 副反射器及其支架的阻挡;

(4) 主、副反射器表面轮廓的偏差;

(5) 馈源及副反射器安装位置的偏移等。

6.6.3　卡塞格伦天线的主要优缺点

与抛物面天线相比,卡塞格伦天线具有以下优点:

(1) 等效焦距加长,使口面场分布更均匀,方向性更强。

(2) 由于馈源在主反射面顶点附近,缩短了馈线的长度,减少了由传输线带来的噪声,同时更便于安装。

(3) 卡塞格伦天线由两个反射面组成,设计时可选择变更的参数增多,增加了设计的灵

活性。同时,可以灵活地选取主反射面和副反射面的形状,对波束赋形,提高了天线的性能。

卡塞格伦天线存在如下缺点:卡塞格伦天线的副反射面的边缘绕射效应较大,容易引起主面口径场分布的畸变,副面的遮挡也会使方向图变形。

6.6.4　其他形式的反射面天线

前面介绍了抛物面天线和卡塞格伦天线,在实际应用中,为了某些特殊的目的或为解决某方面的问题,还会遇到许多其他形式的反射面天线。

口面场的均匀照射与能量泄漏之间的矛盾是抛物面天线和卡塞格伦天线未能解决的问题。赋形卡塞格伦天线通过对卡塞格伦天线副反射面进行赋形设计,提高了天线反射面的截获效率。其设计思想是为了提高副反射面的截获效率,首先可以降低副反射面边缘的照射电平。在此基础上,修改副反射面的形状,使其顶点附近更加突出,以使经副反射面反射的能量向主反射面的边缘扩散,使主反射面边缘附近的照射强度增加。这样就达到了口面场均匀分布的目的,同时副反射面的截获效率也得以提高。由于副反射面形状发生了改变,因此为保证主反射面口径场同相,主反射面形状要根据等光程的条件加以修改。

偏置反射面天线是将馈源安装在偏离天线轴线的适当位置,从而降低馈源、副反射面、支撑结构等对于主反射面的遮挡,提高天线的增益,减小旁瓣电平。如果将馈源置于主反射面反射区域外,就可以彻底地消除遮挡。偏置反射面天线的缺点是结构的非轴对称性给大口径天线的加工带来困难,造价很高;采用一般的线极化馈源时,在偏置反射面的绕射场中会产生交叉极化分量,而采用圆极化馈源时,偏置面虽然不产生去极化现象,但天线最大辐射方向偏离天线的电轴,会产生波束倾斜效应。

6.7　缝隙天线

缝隙天线是在金属板、波导或谐振腔上开一个或几个缝隙,电磁波通过缝隙向外空间辐射而形成的一种口径天线。缝隙天线有着很广泛的应用,尤其是在诸如高速飞机等要求低轮廓或嵌入式安装的场合。

6.7.1　理想缝隙天线

如图 6.27 所示,在无限大、无限薄的理想导体平面(yOz)上开出长为 L,宽为 W 的缝隙,由外加电压或电场激励,向自由空间辐射,这种天线称为理想缝隙天线。通常,$W \ll \lambda$、$L = 2l = \lambda/2$。缝隙中存在切向的电场强度,电场强度垂直于缝隙的长边,并对缝隙的中点呈上下对称的驻波分布,即

$$E(z) = -E_m \sin[k(l - |z|)]e_y \quad (6\text{-}105)$$

式中,E_m 为缝隙中波腹处的场强值。

$x > 0$ 半空间的场是由缝隙中口面电场和磁场的再次辐射引起的。根据等效原理,此口面的辐射可由口面上的等效电流元和磁流元的辐射来代替。根据麦克斯韦方程,缝隙中切向磁场应为沿 z 轴的方向,因此等效面电流密度沿 y 轴方向,其长度为 W,由于 W 很小,其辐射可被忽略。而等效面磁流密度为

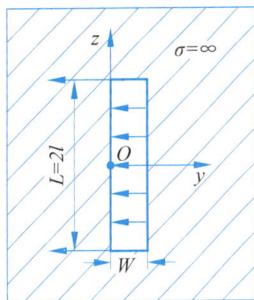

图 6.27　理想缝隙天线

$$\boldsymbol{J}^{\mathrm{m}} = -\boldsymbol{n} \times \boldsymbol{E}\mid_{z=0} = E_{\mathrm{m}}\sin[k(l-\mid z\mid)]\boldsymbol{e}_z \tag{6-106}$$

由式(6-106)可见,等效面磁流密度沿 z 方向为正弦分布。由于 $W \ll \lambda$,可将缝隙上的面磁流等效为沿 z 轴方向的线磁流。

$$\boldsymbol{I}_1^{\mathrm{m}} = \boldsymbol{J}_s^{\mathrm{m}}W = E_{\mathrm{m}}W\sin[k(l-\mid z\mid)]\boldsymbol{e}_z \tag{6-107}$$

可见,在 $x>0$ 半空间,对理想缝隙天线在远区辐射场的计算可以等效为求取无限大理想导电平面上磁对称振子的辐射场。由镜像原理,此辐射场为磁对称振子及其镜像所产生的辐射场之和。为了使产生的总场满足边界条件,水平磁对称振子的镜像必须位于导体平面下方并且与原磁对称振子对称,镜像磁流的大小和方向与原磁对称振子相同。在这里,由于等效磁对称振子位于理想导体表面,因此磁对称振子及其镜像重合。所以,总的等效磁流为

$$\boldsymbol{I}^{\mathrm{m}} = 2\boldsymbol{I}_1^{\mathrm{m}} = 2E_{\mathrm{m}}W\sin[k(l-\mid z\mid)]\boldsymbol{e}_z \tag{6-108}$$

根据电磁场的对偶原理,磁对称振子的辐射场可以直接由电对称振子辐射场的表达式(2-8)应用对偶关系得到为

$$\boldsymbol{E}^{\mathrm{m}} = -\mathrm{j}\frac{E_{\mathrm{m}}W}{\pi r}\frac{\cos(kl\cos\theta)-\cos kl}{\sin\theta}\mathrm{e}^{-\mathrm{j}kr}\boldsymbol{e}_\varphi \tag{6-109}$$

$$\boldsymbol{H}^{\mathrm{m}} = \mathrm{j}\frac{E_{\mathrm{m}}W}{\pi r}\sqrt{\frac{\varepsilon}{\mu}}\frac{\cos(kl\cos\theta)-\cos kl}{\sin\theta}\mathrm{e}^{-\mathrm{j}kr}\boldsymbol{e}_\theta \tag{6-110}$$

在 $x<0$ 的半空间内,由于等效磁流的方向相反,因此电场和磁场的表达式分别为上述两式的负值。由式(6-109)可得缝隙天线的方向函数为

$$f(\theta) = \frac{\cos(kl\cos\theta)-\cos kl}{\sin\theta} \tag{6-111}$$

可见,其最大辐射方向为垂直于缝隙轴线的平面。因此理想缝隙的 E 面为垂直于缝隙轴线和导电面的平面,H 面为通过缝隙轴线并且垂直于导电面的平面。

通常称理想缝隙与和它对偶的电对称振子为互补天线,因为它们相结合时会形成单一的导体屏而没有重叠或孔隙。理想缝隙天线的方向图与对称振子的相比,由于它们的源一个是磁流,一个是电流,相互对偶,它们在空间的场分布也具有对偶关系,因此两者场的极化不同,即二者的 H 面和 E 面互换。

无限大导体平面实际上是很难实现的,通常导电平面都是有限的。在这种情况下,由于沿缝隙轴向辐射场为零,因而 H 面内的方向函数变化很小,但对 E 面方向图影响很大,并且由于导电平面边缘的绕射作用,方向图出现波动,导电面尺寸越大,波动次数越多,幅度越小。

如果以缝隙的波腹处电压值 $U_{\mathrm{m}} = E_{\mathrm{m}}W$ 为计算辐射电阻的参考电压,缝隙的辐射功率 P_r^{m} 与辐射电阻 R_r^{m} 之间的关系可表示为

$$P_r^{\mathrm{m}} = \frac{1}{2}\frac{\mid U_{\mathrm{m}}\mid^2}{R_r^{\mathrm{m}}} \tag{6-112}$$

将电对称振子辐射电场的计算式(2-8)与式(6-109)比较可知,若理想缝隙天线与其互补的电对称振子的辐射功率相等,则 U_{m} 和对称振子的波腹处电流 $I_{\mathrm{m}}^{\mathrm{e}}$ 应满足下面的公式:

$$U_{\mathrm{m}} = \frac{\eta}{2}I_{\mathrm{m}}^{\mathrm{e}} \tag{6-113}$$

同时,电对称振子的辐射功率 $P_{r,e}$ 与其辐射电阻 $R_{r,e}$ 的关系为

$$P_r^e = \frac{1}{2} \mid I_m^e \mid^2 R_r^e \tag{6-114}$$

由 $P_r^e = P_r^m$，可得

$$\frac{1}{2} \mid I_m^e \mid^2 R_r^e = \frac{1}{2} \frac{\mid U_m \mid^2}{R_r^m} \tag{6-115}$$

将式(6-113)代入式(6-115)，可得到理想缝隙天线的辐射电阻与其互补的电对称振子的辐射电阻之间的关系为

$$R_r^m R_r^e = \frac{\eta^2}{4} \tag{6-116}$$

进一步推广，可以得到理想缝隙天线和电对称振子的辐射阻抗、输入阻抗相互间的关系分别为

$$Z_r^m Z_r^e = \frac{\eta^2}{4} \tag{6-117}$$

$$Z_{in}^m Z_{in}^e = \frac{\eta^2}{4} \tag{6-118}$$

再进一步推广，可以得到天线的输入阻抗 Z_{in} 和它的互补结构天线的输入阻抗 $Z_{in互补}$ 满足关系

$$Z_{in} \cdot Z_{in互补} = \eta^2/4 。 \tag{6-119}$$

式中，η 为媒质的波阻抗，对于自由空间，$\eta = 120\pi$。

由于半波对称振子的输入阻抗为 $Z_{in}^e = 73.1 + j42.5(\Omega)$，由式(6-118)可得半波理想缝隙天线的输入阻抗为

$$Z_{in}^m \approx 363.6 - j211.2(\Omega) \tag{6-120}$$

6.7.2 缝隙天线

在实际应用中，缝隙天线的缝隙通常开在波导的一个壁上，并且为了提高天线的方向性，经常在波导壁上开有多个缝隙，构成波导缝隙天线阵。适当地改变缝隙的位置就可调整缝隙的激励强度，从而获得所要求的振幅分布。但它的主要缺点是工作频带较窄。下面以缝隙开在由 TE_{10} 波激励的矩形波导上为例进行介绍。开缝主要遵循以下原则：

(1) 所开的缝隙必须截断波导内壁表面电流线，表面电流的一部分绕过缝隙，另一部分以位移电流的形式沿原方向流过缝隙，产生的位移电流的电力线要向波导以外的空间泄漏，从而将能量辐射到空间。为获得最强辐射，必须将缝隙开在电流密度最大的地方，即沿着磁场强度最大处的磁场方向开缝。

(2) 缝隙的长度一般约为 $\lambda/2$。与半波对称振子类似，为了得到谐振，缝隙的长度应比半波长要短一些，缩短的程度与缝隙的宽度有关。

矩形波导内激励的波形为 TE_{10} 波，其内壁上的电流分布如图 6.28 所示。为了使缝隙天线获得尽可能大的辐射，可在波导壁上开出如图 6.28 所示的几种缝隙。在宽壁上的 3 种缝隙为：

(1) 切断宽壁上的纵向电流的缝隙叫作宽壁横缝；

(2) 既切断宽壁上的纵向电流，又切断宽壁上的横向电流的缝隙叫作宽壁斜缝；

(3) 偏离波导宽壁中心线，并与波导轴向开缝平行，只切断宽壁上的横向电流的缝隙，

叫作宽壁纵缝。

在窄壁上的两种为：

（1）平行于波导轴线开缝，可切断横向电流，叫作窄壁纵缝；

（2）缝是斜开的，既可切断纵向电流，也可切断横向电流，叫作窄壁斜缝。

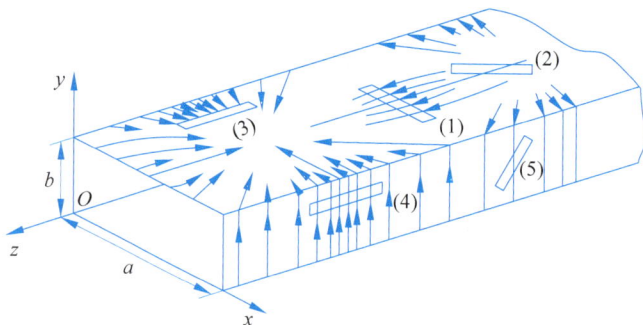

图 6.28　波导上开缝的原则

1. 方向性分析

与理想缝隙相比，波导缝隙是开在有限尺寸的波导壁上，且只向波导壁表面的外侧辐射。波导壁的有限性将引起缝隙天线的电磁波产生绕射，从而使它的波瓣图不同于理想缝隙天线的波瓣图。对于开在矩形波导上的缝隙，E 面方向图与理想缝隙天线相比有一定的畸变；由于 H 面沿金属面方向的辐射为零，所以波导的有限尺寸带来的影响相对较小，因此 H 面方向图与理想缝隙天线差别不大。矩形波导缝隙辐射的严格分析较为困难，工程上主要通过实验确定方向图。

2. 波导壁上缝隙的等效电路

当波导壁开缝后，在将传输的能量经缝隙辐射到周围空间的同时，也将导致波导内等效负载的变化，从而引起波导内部传输特性的变化。因为用场的方法分析波导壁开缝后的情况常常比较复杂，所以经常引用等效传输线的概念。当用等效传输线代替波导时，波导壁上的缝隙可以看作是和传输线并联或者串联的等效阻抗。

1）宽壁横缝的等效电路

在宽壁上横向开缝的情况下，波导内电场的变化如图 6.29（a）所示。由于宽壁横缝截断了纵向电流，纵向电流以位移电流的形式延续，其电场的垂直分量在缝隙两侧具有相反的方向，因此，在缝隙的两侧总电场发生跃变，而这种电场强度的跃变和传输线中串联阻抗处的电压跃变是相当的，所以宽壁横缝可以用传输线的串联阻抗来等效。

2）宽壁纵缝的等效电路

在波导宽壁上偏离波导宽壁中心线的地方的电流，既有平行于 z 轴的纵向分量，又有平行于 x 轴的横向分量。纵向开缝的情况如图 6.29（b）所示，可以看到，缝隙只截断宽壁上的横向电流分量。这时除在缝隙处产生位移电流保持电流的连续外，还有部分横向电流分量向缝隙两端分流，因而造成缝隙两端总纵向电流的跃变。由于在传输线上并联阻抗后，在并联阻抗处也会引起电流的跃变，因此，宽壁纵缝可等效为传输线上的并联阻抗。

3）其他缝隙的等效电路

如图 6.30（a）所示，当波导宽壁上开有斜缝时，由于沿 z 轴方向的横向电场 E_y 及纵向

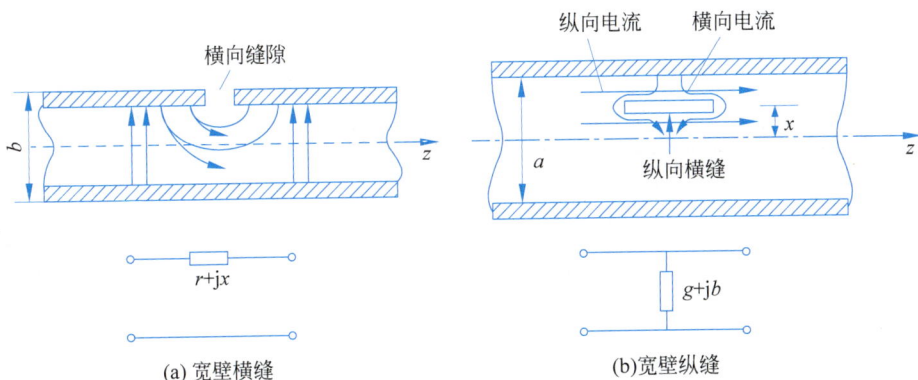

图 6.29 矩形波导宽壁开缝天线及其等效电路

电流均产生跃变,因此,宽壁斜缝可以与图 6.30(a)所示的二端口网络相等效。若在波导窄壁上开纵向缝隙,由于使窄壁上的横向电流产生附加的纵向分量,因此可用并联阻抗等效,如图 6.30(b)所示。

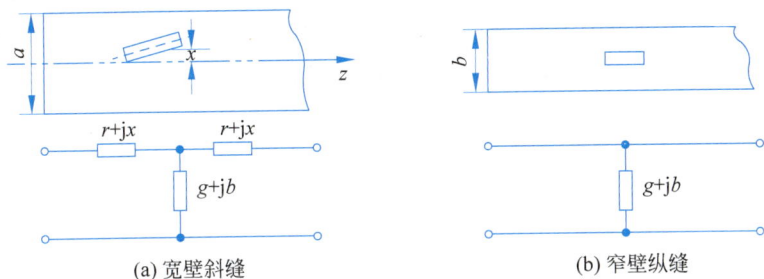

图 6.30 其他矩形波导缝隙天线及其等效电路

3. 等效阻抗的计算

当波导缝隙采用谐振长度时,其等效串联阻抗或并联阻抗只有实部,电抗或电纳为零。

下面是几种在传播 TE_{10} 波的矩形波导壁上开有半波缝隙时,缝隙的归一化电阻值或电导值。

(1) 宽壁上开有与宽壁中心线相距为 x 的纵向半波缝隙,其并联归一化的电导值为

$$g = 2.09\left(\frac{a\lambda_g}{b\lambda}\right)\sin^2\left(\frac{\pi x}{a}\right)\cos^2\left(\frac{\pi\lambda}{2\lambda_g}\right) \tag{6-121}$$

(2) 宽壁上开有与波导宽壁中心线相距为 x 的横向半波缝隙,其串联归一化的等效电阻值为

$$g = 0.523\left(\frac{\lambda_g}{\lambda}\right)^2\left(\frac{\lambda^2}{ab}\right)\cos^2\left(\frac{\pi x}{a}\right)\cos^2\left(\frac{\pi\lambda}{4a}\right) \tag{6-122}$$

(3) 窄壁上开有纵向半波缝隙的并联电导为

$$g = 2.09\left(\frac{a\lambda_g}{b\lambda}\right)\cos^2\left(\frac{\lambda\pi}{2\lambda_g}\right) \tag{6-123}$$

式中,a 为波导的宽边尺寸,b 为波导的窄边尺寸,λ_g 为波导波长,λ 为工作波长。

有了相应的等效电路,波导内的传输特性就可以依赖微波网络理论来分析,从而更方便地计算矩形波导缝隙天线的电特性。

6.8　微带天线

1953 年,Deschamps 首先提出了微带辐射器的概念。但是,直到 20 世纪 70 年代初,由于微波集成技术的发展以及各种低耗介质材料的出现,微带天线的制作才得到了工艺保证。而空间技术的发展,又迫切需要低剖面的天线。这样,微带天线的研究引起了广泛的重视,各种新形式和新性能的微带天线不断涌现。如今,微带天线已大量应用于卫星通信、雷达、遥感、导弹、环境测试、便携式无线设备等领域。

6.8.1　微带天线的结构和特点及分析方法

微带天线是在损耗和厚度都很小的介质基片两侧,分别敷设以接地板和导体贴片而形成的天线。它利用微带线或同轴线馈电,在导体贴片与接地板之间激励起射频电磁场,并通过贴片四周与接地板之间的缝隙向外辐射。

按结构特征微带天线可以分为微带贴片天线和微带缝隙天线。其中,微带缝隙天线是将接地板刻出缝隙,而在介质基片的另一面印制出微带线对缝隙馈电。微带天线也可以按贴片的形状分类,如矩形、圆形及环形微带天线等。按工作原理分类,可以分为谐振型(驻波型)和非谐振型(行波型)微带天线。

微带天线在结构和物理性能方面具有很多独特的优点。

(1) 尺寸小,重量轻,具有很小的剖面高度,能与导弹、卫星等空间飞行器的表面实现共形。

(2) 天线的辐射单元较小,易于同其他微带线路集成于同一基片,适合用印制电路技术大批量生产,价格低廉。

(3) 能得到单方向的宽瓣方向图,最大辐射方向在平面的法线方向;易于实现圆极化和多频段等性能。

与其他天线相比,微带天线存在以下缺点:

(1) 工作频带很窄。它的基本辐射单元具有明显的谐振特性,当工作频率偏离谐振点后,其输入阻抗急剧减小,在馈电点产生强烈的反射,使天线不能正常工作。

(2) 增益也比较低,由于介质损耗,单个微带元的增益只有 $4\sim8\mathrm{dB}$。

(3) 单个微带天线的功率容量较小。

6.8.2　矩形微带天线的传输线模型

矩形微带天线单元的结构尺寸如图 6.31(a)所示。矩形导体贴片的长度 $L\approx\lambda_g/2$,宽度 $W=\lambda_0/2$,介质基片的厚度 $h\ll\lambda_0$,λ_g 和 λ_0 分别为波在介质基片及自由空间中的波长。

微带天线可以看作是一个终端开路的传输线。根据传输线理论,场沿贴片的宽度(W)方向没有变化,沿纵向则呈驻波分布。开路端为电场的波腹点,由于 $L\approx\lambda_g/2$,则在馈电端也是电场的波腹点,但两处的电场方向相反,其电场分布如图 6.31(b)所示。导体贴片与接地板之间由馈源激励起的高频电磁场,通过贴片四周与接地板之间的缝隙向外辐射,图 6.31(c)画出了微带贴片四周的场分布。可以看出,沿着传播方向前后两缝上的电场可以分解为相对于接地板的垂直分量和水平分量,垂直分量反相,在远区产生的辐射场相互抵消。水平分

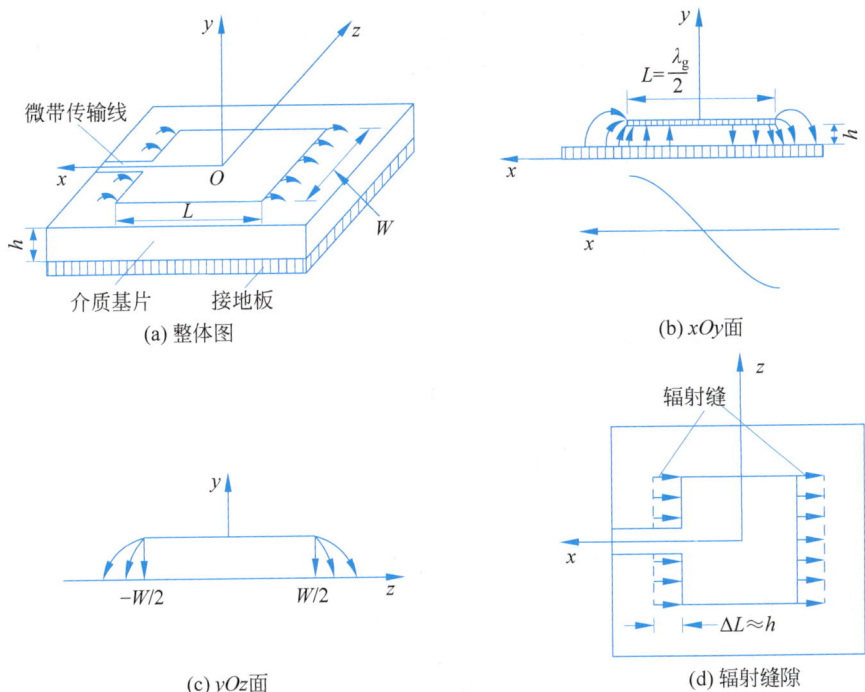

(a) 整体图

(b) xOy面

(c) yOz面

(d) 辐射缝隙

图 6.31　微带天线的结构尺寸、电场分布

量方向相同,远区场同相叠加,因此,两开路端的水平分量相当于两个同相馈电、间距为半个波长的平行缝隙。缝的长度为贴片的宽度 $W = \lambda_0/2$,缝宽 $\Delta L \approx$ 厚度 h。两缝隙将在空间产生辐射作用,辐射的最大方向为介质板的法线方向。另外,两个侧缝上电场水平分量的方向相反;垂直分量方向相同但关于 yOz 平面反相对称,故两侧缝隙的电场分量均没有辐射作用。如图 6.31(d)所示,微带天线的辐射可以等效为由两个缝隙组成的二元阵列。

下面介绍微带天线的辐射特性。首先考虑单缝的情况,如图 6.32 所示。设缝隙上的电压为 U,缝的切向电场

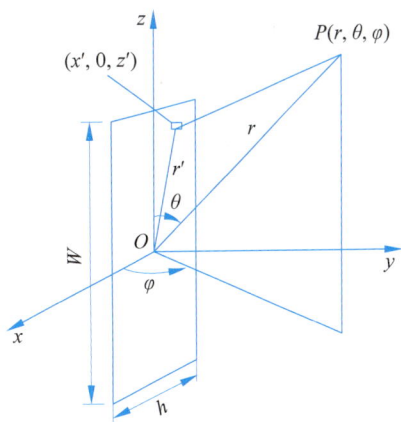

图 6.32　单缝几何坐标图

$$\boldsymbol{E}_0 = -\boldsymbol{e}_x E_0 = -\boldsymbol{e}_x \frac{U}{h} \qquad (6\text{-}124)$$

根据等效原理,辐射缝隙上的等效面磁流密度为

$$\boldsymbol{J}_s^{\mathrm{m}} = -\boldsymbol{e}_y \times \boldsymbol{E}_0 = -\boldsymbol{e}_z E_0 \qquad (6\text{-}125)$$

考虑到理想接地板上磁流的镜像,缝隙的等效面磁流为

$$\boldsymbol{J}_s^{\mathrm{m}} = -\boldsymbol{e}_z 2E_0 \qquad (6\text{-}126)$$

采用矢位法,由式(1-57)可知,对远区观测点 $P(r, \theta, \varphi)$,等效磁流产生的矢量电位为

$$\boldsymbol{F} = -\boldsymbol{e}_z \frac{1}{4\pi r} 2E_0 \int_{-W/2}^{W/2} \int_{-h/2}^{h/2} \mathrm{e}^{-\mathrm{j}k(r - x\sin\theta\cos\varphi - z\cos\theta)} \, \mathrm{d}x \, \mathrm{d}z \qquad (6\text{-}127)$$

积分得

$$\boldsymbol{F} = -\boldsymbol{e}_z \, \frac{2E_0 hW}{4\pi r} \, \frac{\sin\left(\dfrac{kh}{2}\sin\theta\cos\varphi\right)}{\dfrac{kh}{2}\sin\theta\cos\varphi} \, \frac{\sin\left(\dfrac{kW}{2}\cos\theta\right)}{\dfrac{kW}{2}\cos\theta} \, \mathrm{e}^{-\mathrm{j}kr} \tag{6-128}$$

由于 $kh \ll 1$，因此式(6-128)可简化为

$$\boldsymbol{F} = -\boldsymbol{e}_z \, \frac{2E_0 hW}{4\pi r} \, \frac{\sin\left(\dfrac{kW}{2}\cos\theta\right)}{\dfrac{kW}{2}\cos\theta} \, \mathrm{e}^{-\mathrm{j}kr} \tag{6-129}$$

由 $\boldsymbol{E} = -\nabla \times \boldsymbol{F}$ 求缝隙辐射的电场，对于远区场只保留 $1/r$ 项，得

$$\boldsymbol{E}_\varphi = \boldsymbol{e}_\varphi \mathrm{j} \, \frac{E_0 h}{\pi r} \, \frac{\sin\left(\dfrac{1}{2}kW\cos\theta\right)}{\cos\theta} \sin\theta \, \mathrm{e}^{-\mathrm{j}kr}$$

$$= \boldsymbol{e}_\varphi \mathrm{j} \, \frac{U}{\pi r} \, \frac{\sin\left(\dfrac{1}{2}kW\cos\theta\right)}{\cos\theta} \sin\theta \, \mathrm{e}^{-\mathrm{j}kr} \tag{6-130}$$

以上单缝的辐射场也可以通过将缝等效为一个磁流为 $\boldsymbol{I}_\mathrm{m} = \boldsymbol{J}_\mathrm{m} h = -\boldsymbol{e}_z 2hE_0$，长度为 W 的磁振子，利用磁基本振子在空间的辐射场通过积分得到。

单缝的辐射功率可以通过在远区对波印廷矢量积分求得，为

$$P_\mathrm{r} = \frac{1}{2} \int_0^\pi \int_0^\pi E_\varphi H_\theta^* \, r^2 \sin\theta \, \mathrm{d}\theta \, \mathrm{d}\varphi$$

$$= \frac{1}{2\eta} \int_0^\pi \int_0^\pi E_\varphi^2 r^2 \sin\theta \, \mathrm{d}\theta \, \mathrm{d}\varphi$$

$$= \frac{1}{2} \, \frac{U^2}{\pi\eta} \int_0^\pi \frac{\sin^2\left(\dfrac{1}{2}kW\cos\theta\right)}{\cos^2\theta} \sin^3\theta \, \mathrm{d}\theta \tag{6-131}$$

按辐射电导的定义式

$$P_\mathrm{r} = \frac{1}{2} U^2 G_\mathrm{r} \tag{6-132}$$

可得出单缝的辐射电导

$$G_\mathrm{r} = \frac{1}{\pi\eta} \int_0^\pi \frac{\sin^2\left(\dfrac{1}{2}kW\cos\theta\right)}{\cos^2\theta} \sin^3\theta \, \mathrm{d}\theta \tag{6-133}$$

当 $W \ll \lambda$ 时，

$$G_\mathrm{r} \approx \frac{1}{90}\left(\frac{W}{\lambda}\right)^2 \tag{6-134}$$

当 $W \gg \lambda$ 时，

$$G_\mathrm{r} \approx \frac{1}{120} \, \frac{W}{\lambda} \tag{6-135}$$

在缝隙所在的截断端附近，电场分布发生变形，其电力线要延伸到截断端的外面，表明在该局部内要存储电能，就像接了一个电容负载，根据传输线法，可以求得该等效电容 C。由所得的辐射电导 G_r 和 C 可知，单缝的等效电路为 $Y = G_\mathrm{r} + \mathrm{j}B$。

由于矩形微带天线远区场辐射可以看作两个等幅同相激励的缝隙共同作用的结果,考虑二元阵的阵因子

$$f = 2\cos\left(\frac{1}{2}kL\cos\alpha\right) = 2\cos\left(\frac{1}{2}kL\sin\theta\cos\varphi\right) \tag{6-136}$$

α 为坐标原点 O 与空间场点的射线与 $+x$ 轴的夹角,$\cos\alpha = \boldsymbol{e}_x \cdot \boldsymbol{e}_r = \sin\theta\cos\varphi$。

根据方向图乘积定理,可得到微带天线远区辐射场为

$$\boldsymbol{E}_\varphi = \boldsymbol{e}_\varphi \mathrm{j} \frac{2U}{\pi r} \frac{\sin\left(\frac{1}{2}kW\cos\theta\right)}{\cos\theta} \sin\theta\cos\left(\frac{1}{2}kL\sin\theta\cos\varphi\right) \mathrm{e}^{-\mathrm{j}kr} \tag{6-137}$$

所以,矩形微带天线的归一化方向函数为

$$F(\theta,\varphi) = \left| \frac{\sin\left(\frac{1}{2}kW\cos\theta\right)}{\frac{1}{2}kW\cos\theta} \sin\theta\cos\left(\frac{1}{2}kL\sin\theta\cos\varphi\right) \right| \tag{6-138}$$

由式(6-138)可得,矩形微带天线的最大辐射方向为垂直于微带天线的 y 方向。

将 $\varphi = 90°$ 代入式(6-138),得 H 面(yOz 面)的方向函数为

$$F(\theta,\varphi = 90°) = \left| \frac{\sin\left(\frac{1}{2}kW\cos\theta\right)}{\frac{1}{2}kW\cos\theta} \sin\theta \right| \tag{6-139}$$

将 $\theta = 90°$ 代入式(6-138),得 E 面(xOy 面)的方向函数为

$$F(\theta = 90°,\varphi) = \left| \cos\left(\frac{1}{2}kL\cos\varphi\right) \right| \tag{6-140}$$

当等效相对介电常数 $\varepsilon_{\mathrm{re}} = 2.3$,$W = \lambda_0/2$,$L \approx \lambda_\mathrm{g}/2$ 时,可由式(6-139)和式(6-140)画出 H 面和 E 面方向图,如图 6.33 所示。

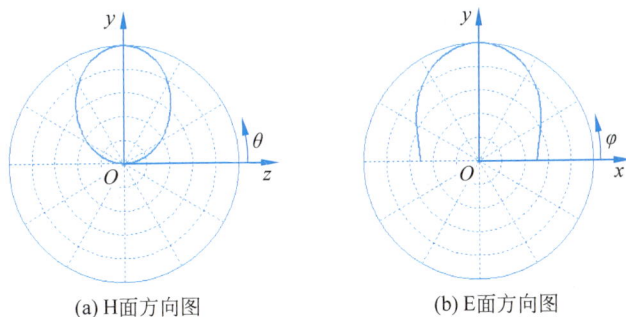

(a) H面方向图   (b) E面方向图

图 6.33　微带天线方向图

将式(6-138)代入方向系数的计算公式,当 $W \ll \lambda$ 时,可以求得矩形微带天线的方向系数为 $D \approx 2 \times 3 = 6 = 7.8\mathrm{dB}$。其中单缝的方向系数是 3。

矩形微带天线单元的输入导纳可以看成是间距为半波长的两个缝隙的输入导纳的并联,其等效电路如图 6.34 所示。

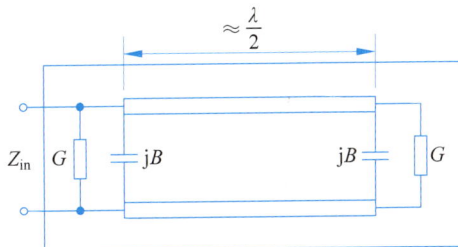

图 6.34　矩形微带天线等效电路

输入端的输入导纳为

$$Y_{in} = G_r + jB + Y_c \frac{G_r + j(B + Y_c \tan(kL))}{Y_c + j(G_r + jB)\tan(kL)} \tag{6-141}$$

式中, $Y_c = \dfrac{1}{Z_c}$ 是微带线的特性导纳; $B = \omega C$, C 是缝电容; $k = \dfrac{2\pi \sqrt{\varepsilon_{re}}}{\lambda_0}$ 是介质基片中波的传播常数。

当微带天线处于谐振状态时,输入端的输入导纳的虚部为零,由式(6-141)可得

$$\tan(kL) = \frac{2Y_c B}{B^2 + G_r^2 - Y_c^2} \tag{6-142}$$

此时,输入端的输入导纳为 $Y_{in} = 2G_r$。

6.8.3　微带天线的应用

1. 圆极化应用

微带天线的优点之一就是便于实现圆极化。通常,矩形或圆形微带天线是线极化的,若采用特殊的极化方式,在贴片中激起两个简并的正交模式,并使这两种模式幅度相等,相位相差 $90°$,便可实现圆极化。通过对矩形贴片进行角馈电,或通过矩形贴片相邻正交边相位差 $90°$ 的馈电,以及采用五边形贴片等方法都可以得到圆极化。

2. 宽频带应用

微带天线最大的缺点是工作频带窄,相对带宽一般只有百分之几。实际上,微带天线方向图带宽较宽,主要限制在于阻抗带宽。展宽微带天线的阻抗带宽有以下方法:

对于给定的贴片形式,展宽其阻抗频带有 3 条途径:

(1)降低 Q 值。主要是增大基片厚度和降低基片相对介电常数 ε_r,这些都是常用的基本方法。但增加基片厚度会导致空间波发射效率下降。

(2)修改谐振电路,采用多层结构。上层较小贴片以下层较大的贴片为金属底板,相叠的两片分别调谐于两个不同的频率,这样会使得工作频带变宽。

(3)加阻抗匹配网络。

若不限定贴片形式,则展宽频带的方法有:

(1)选择贴片形式。矩形比圆形贴片频带稍宽。选择适当馈电点,椭圆和环形贴片可获得更宽的工作频带。

(2)改造结构。例如,将矩形贴片的纵截面改成梯形或劈形,带宽约增大一倍;采用圆锥形导体结构比圆形贴片带宽约宽一倍。

(3)选择材料。例如,采用铁磁材料作基片,不但大大减小了贴片尺寸,还使频带明显展宽。

3. 多频段应用

实现多频段工作有两种方式:单片法和多片法。单片法只用一个贴片,但利用不同的模式同时工作,或利用加载来形成几个不同的谐振频率以实现多频工作。多片法是利用谐振频率不同的多个贴片来工作,通常是将较小的贴片叠在较大贴片上,称为积叠式微带天线。

多频工作的微带天线,可以根据贴片的形状、尺寸及各片间的相对位置,调整其谐振频

率。例如,在单片法中,对于矩形贴片,选用的是 TM_{01} 模和 TM_{03} 模,两者谐振频率之比约为 1:3。可插入短路针来提高 TM_{01} 模谐振频率,或在贴片上开缝来降低 TM_{03} 模的谐振频率,从而控制两频率比。

4. 微带行波天线

任何一个 TEM 波传输机构原则上都可以改造成一个行波天线。微带行波天线一般为周期性结构,利用弯曲、拐角等不连续处产生辐射。根据等效原理,直微带线两侧的磁流等幅反相,在空间的辐射场抵消。而在弯曲、拐角处,几何形状发生变形,电磁场的平衡被扰动,微带线的外边缘的磁流比内边缘的磁流分布长度大,从而向空间产生辐射。对于微带线而言,可做成两种类型的 TEM 传输线天线:微带线终端接匹配负载的行波天线、微波线终端开路或短路的驻波天线。通常驻波天线为边射,而行波天线则可设计成从后射到端射的任何方向。

5. 微带天线阵

单个微带辐射元是弱方向性的,但将若干个相同的基本微带阵元通过微带传输线串联或并联起来组成面阵,就可以得到强方向性的微带天线阵。阵元可以是矩形、圆形、环形等微带贴片,也可以是微带振子和缝隙。

微带天线阵的优点是:

(1) 结构简单,易于制作和生产;

(2) 重量轻、体积小和成本低;

(3) 容易与安装表面共形或在安装表面只有很小的凸起;

(4) 馈电网络可以与微带天线辐射元集成在同一印制板上。

本章小结

本章对面状天线的辐射机理和典型的面状天线进行了分析和介绍。6.1 节为等效原理和面元的辐射场,包括惠更斯原理、等效原理和面元的辐射场。应用惠更斯原理和等效原理可以通过面天线口面上的场计算面天线在空间的辐射场。面元作为面状天线口面上的基本组成单元,其辐射场的计算对于面状天线口面辐射场的计算具有重要的意义。6.2 节为口面场的一般表达式。6.3 节为口面场辐射特性的一般分析,包括口面场均匀分布的矩形口面、口面场振幅沿 x 轴余弦分布的矩形口面、口面场均匀分布的圆形口面、面状天线的方向系数、口面利用系数和同相口面场的特性。通过对口面场辐射特性的分析可以得出结论:若要提高天线的方向性,可以通过提高面状天线口面的面积或使口面上的场分布更加均匀来实现。6.4~6.8 节分别为喇叭天线、抛物面天线、双反射器天线(卡塞格伦天线)、缝隙天线和微带天线。缝隙天线和微带天线虽然不是严格意义上的面状天线,但其分析原理与面状天线相似,所以也将其放在本章中进行分析和介绍。通过对这些天线的介绍,可以对典型的面状天线有一个较为全面的了解。

参 考 文 献

[1] Balanis C A. Antenna Theory: Analysis and Design[M]. 4th edition. Hoboken, New Jersey: John Wiley & Sons, 2016.

[2] Stutzman W L, Thiele G A. 天线理论与设计[M]. 朱守正, 安同一, 译. 2版. 北京: 人民邮电出版社, 2006.

[3] 李莉. 天线与电波传播[M]. 北京: 科学出版社, 2009.

[4] 魏文元, 宫德明, 陈必森. 天线原理[M]. 北京: 国防工业出版社, 1985.

[5] 王华芝, 懂维仁. 天线与电波传播[M]. 北京: 人民邮电出版社, 1994.

[6] 康行健. 天线原理与设计[M]. 北京: 国防工业出版社, 1995.

[7] 钟顺时. 天线理论与技术[M]. 2版. 北京: 电子工业出版社, 2015.